Wade Anastasia Jere (Éd.)

Nokia 5800 XpressMusic

Wade Anastasia Jere (Éd.)

Nokia 5800 XpressMusic

Smartphone, Lecteur multimédia, Nokia, Symbian OS, IPhone

Equ Press

Imprint

Publisher:
Equ Press is a trademark of
International Book Market Service Ltd., 17 Rue Meldrum, Beau Bassin, 1713-01 Mauritius
Email: info@bookmarketservice.com
Website: www.bookmarketservice.com

Published in 2012

Printed in: U.S.A., U.K., Germany. This book was not produced in Mauritius.

ISBN: 978-613-5-67247-3

Contents

Articles

References

Nokia 5800 XpressMusic

Nokia 5800 XpressMusic	
Fabricant	Nokia
Année	Fin 2008-mars 2011
Écran	Écran tactile nHD 640x360 pixels ratio 16:9 de 3,2 pouces 16.7 millions de couleurs
Écran externe	Aucun
Appareil photo	3.2 mégapixels
2nd appareil photo	VGA
Type de sonnerie	Sonneries stéréo 3D polyphoniques à 64 tonalités sonneries MP3 et vidéo
Fonctions multimédia	Lecteur audio radio web TV
Processeur	ARM11 à 434
Mémoire interne	128 MB SDRAM
Espace de stockage	81 Mo
Carte mémoire	microSDHC 8Go inclus, jusqu'à 16 Go
Système d'exploitation	Symbian OS S60 v5 **Dernier firmware:** v60.0.003
Connectivité	Bluetooth WIFI MicroUSB prise Jack
Réseaux	GSM GPRS W-CDMA, HSDPA
Batterie	BL-5J (3.7V 1320mAh)
Dimensions	111 × 51.7 × 15.5 mm
Poids	109 g

Le **Nokia 5800 XpressMusic** est un smartphone et lecteur multimédia conçu par Nokia. Il a été annoncé le 2 octobre 2008 et est sorti le 27 novembre 2008 en France (commercialisé en novembre 2008 en Espagne, et en Thaïlande le 20 février 2009). Ayant pour nom de code « Tube », il est le premier téléphone tactile de Nokia sous l'interface Symbian S60 commercialisé à grande échelle. Il a été attendu pendant plusieurs mois depuis le lancement de l'Iphone, Nokia n'ayant pas de téléphone concurrent sur ce segment de smartphones. Ce téléphone fait partie de la série nommée « XpressMusic » qui est spécialisée dans la musique et le multimédia. Il dispose d'une connectivité 3G+, le Wifi, le Bluetooth ainsi qu'une puce A-GPS. L'appareil photo numérique de type Carl Zeiss dispose d'une définition de 3.2 mégapixels.

Nokia annonce le 4 mars 2011 qu'il ne sera plus commercialisé[1]. Il s'est vendu à plus de 15 millions d'exemplaires dans le monde[2].

Histoire

Le Nokia 5800 XpressMusic n'est pas le premier téléphone portable à écran tactile de Nokia[3]. En 2004, le Nokia 7700 est annoncé, il fait partie de la Série 90 de Symbian mais il est annulé. Il est suivi par le Nokia 7710[4]. Nokia a également produit le UIQ basé sur le Nokia 6708 en 2005, mais ce n'était pas un développement à l'interne mais sous traité par une autre entreprise, il a été racheté par le fabricant taïwanais BenQ[5]. Nokia a également produit une gamme de tablettes Internet basée sur Maemo, qui avaient une interface tactile. Le Nokia 5800 XpressMusic été, par conséquent, le premier téléphone Nokia à écran tactile sous Symbian S60.

Le lancement du Nokia 5800 XpressMusic en octobre 2008 a été suivi par l'annonce du Nokia N97 en décembre 2008, puis le Nokia 6208 en janvier 2009[6],[7].

En janvier 2009, Nokia affirma avoir vendu 500000 Nokia 5800 XpressMusic en 30 jours dans le monde[8]. Ce même mois, il commence à être vendu en France[9],[10],[11].

Au début de février 2009, le site *Mobile-Review.com*, qui a d'abord été très enthousiaste au sujet du téléphone, a publié ses recherches et en a conclu que le Nokia 5800 XpressMusic avait un défaut de conception. Plus précisément, lorsque le téléphone était utilisé fréquemment, les écouteurs, produits pour Nokia par un tiers, ne s'arrêtaient pas de fonctionner instantanément, il demeurait en effet un temps de latence. Les réparations effectuées sous garantie ne seraient que temporaires pour résoudre le problème. Le défaut a été constaté dans la conception de l'écouteur. Le service des relations publiques de Nokia a admis que le Nokia 5800 XpressMusic avait un vice de conception. Selon Nokia, la fabrication de l'écouteur a été confiée à un autre fabricant, de sorte que tous les 5800 produits sortis depuis février 2009 devaient être exempts de défaut. Les écouteurs produits antérieurement seront admissibles pour la réparation car encore sous garantie. De nouvelles oreillettes ont également été fournies aux centres de service et de réparation de téléphones Nokia ce qui devrait pallier définitivement au défaut[12].

Le 17 avril 2009, *DigiTimes* a indiqué que Nokia prévoit de sortir le Nokia 5800 avec un affichage à l'aide d'écrans tactiles inductifs au lieu de résistifs, qui sont utilisés dans le modèle original. Selon *Mobile-Review.com*, un écran tactile inductif est censé être en meilleur état de fonctionnement lorsqu'un stylet n'est pas utilisé. Le modèle amélioré a été prévu pour être livré en mai ou en juin 2009. À la mi-mai 2009, *DigiTimes* a écrit que les écrans inductifs pour Nokia sont sur le point d'être produits par Synaptics. Le 24 avril 2009, cette rumeur a été démentie par Nokia, qui explique : « nous ne changeons pas le matériel du Nokia 5800 XpressMusic »[13].

Le 21 août 2009, Nokia a annoncé une nouvelle variante appelée Nokia 5800 Navigation Edition. En plus des caractéristiques du Nokia 5800, il intègre la dernière version d'Ovi Maps pré-installée. Il est également livré avec un chargeur et un support pour voiture. Tant le Nokia 5800 XpressMusic que l'édition navigation, les deux versions ont la navigation et les mises à jour des cartes gratuites à vie, en raison de la nouvelle version de cartes Ovi Maps[14].

Nokia annonce le 4 mars 2011 qu'il ne sera plus commercialisé[1].

Commercialisation

Politique de prix

Dans le monde

Les réductions de prix du Nokia 5800 XpressMusic ont entraîné certains changements par rapport au paquet standard. Le câble de sortie vidéo est retiré (fonctionnalité manquante seulement pour les téléphones fabriqués en septembre 2009 en Inde[15]). Le stylet supplémentaire, la poche, ainsi que le support ont été retirés pour l'Inde par exemple.

Toutefois, en Inde, en dépit de toutes ces suppressions, le paquet standard offre un casque sennheiser d'une valeur de 55 $.

En France

Le 5800 est commercialisé en France depuis le 15 janvier 2009[16]. Il est commercialisé lors de son lancement au prix 459 euros TTC (hors subventions opérateur). Le 22 janvier 2009, des baisses significatives du prix ont pu être observés sur Internet, certains sites web le proposant à 360 euros, certains opérateurs le proposant aussi avec un abonnement à 29 euros.

SFR vend le smartphone avec abonnement à partir de 29 euros TTC. Le client s'engage pendant 12 ou 24 mois à l'un des forfaits « Illimythics 3H et + » ou « Essentiel 3h » de l'opérateur. Avec les forfaits « Illimythics » et « Essentiel » comprenant 2 heures de communication par mois, son prix passera alors à 59 euros. Avec un forfait bloqué « Spéciale Musique », le 5800 XpressMusic sera également disponible pour 189 euros contre 339 euros pour le mobile seul.

Bouygues Telecom le propose à 79 euros avec un abonnement. Le client doit s'engager pendant 24 mois à un forfait « Neo.2 3h et plus », son prix passant à 149 euros avec un forfait « 2 fois plus SMS illimités » (engagement de 24 mois toujours). Une carte de 16 Go sera offerte pour ceux acquérant le terminal au prix de 79 euros[17].

Orange pour sa part le propose à partir de 79 euros avec un abonnement. Si le client choisit un forfait Origami Star, First ou Jet il peut l'acquérir à ce prix. Avec un forfait Origami Zen, il passe à 129 euros. Le prix du 5800 XpressMusic passe à 229 euros avec un forfait bloqué, 329 euros sans engagement ou « nu » au prix de 409 euros[18].

Pour toutes les autres offres autre que celle où est fournie la carte de 16 Go, le smartphone est livré avec une carte mémoire Micro SD de 8 Go[19].

Disponibilité

Nokia a annoncé le 5800 XpressMusic à Londres le 2 octobre 2008. Le prix de détail suggéré est de 279 €, hors taxes et hors subventions opérateur. Le téléphone a été mis à disposition au 4e trimestre 2008 en Finlande et dans d'autres pays, notamment dans les pays asiatiques comme à Hong Kong, en Inde, en Indonésie, en Malaisie, au Pakistan, à Taiwan, en Thaïlande[20], dans les pays occidentaux comme en Russie, en Espagne[21], en Ukraine et pour le Moyen-Orient, aux Émirats arabes unis. Nokia a seulement fait observer qu'il a besoin de temps pour personnaliser le logiciel du téléphone et pour les opérateurs d'autres marchés. Les analystes ont spéculé sur le retard comme une manœuvre d'affaires à ne pas boucher son portefeuille de produits existants en vente pour Noël et que le téléphone est un prix très compétitif. Le téléphone a été commercialisé pour le reste de l'Europe au début de 2009. La version européenne est disponible pour les clients des États-Unis depuis le 14 décembre[22], une version nord-américaine a été publiée le 26 février et a été rapidement retirée peu de temps après à cause de problèmes de réception en 3G. Il a été remis en vente le 14 mars après que le firmware eut été mis à jour pour résoudre le problème[23]. Il est sorti en Australie le 20 mars 2009.

Le téléphone a fait ses débuts dans le monde entier dans plusieurs pays occidentaux dont la Russie, l'Espagne, en Finlande, et pour les pays asiatiques au Pakistan, en Inde, à Hong Kong, et à Taiwan le 27 novembre 2008[24]. Le prix final du Nokia 5800 fait scandale parmi les supporters de Nokia sur les forums d'Internet, une augmentation de 33 % du prix par rapport au prix initial de vente au détail estimé à 279 euros (dû au fait que Hong Kong n'a pas de TVA à compter de 2008, et que le téléphone mobile n'est pas livré avec « Nokia Comes With Music », le service de vente de musique de Nokia car il n'a pas été lancé à Hong Kong encore). En Russie, il a été au prix de 15000 roubles soit 550 $ lors de son lancement le 5 décembre 2009[25]. Lorsque le téléphone a fait ses débuts au Pakistan il était au prix de 23000 Rs. Le Nokia 5800 a finalement fait ses débuts en Malaisie le vendredi 9 janvier 2009, après avoir été annoncée en octobre 2008. Le mobile se vend 1499 MYR. Le téléphone est déjà disponible en Inde, depuis le 8 janvier 2009 par Priyanka Chopra ambassadeur de la marque pour un prix de détail de (toutes taxes comprises + TVA) 19.999 R. récemment réduite à 14.209 Rs[26]. Il est disponible en janvier 2009 aux Philippines pour 19990 Php, (maintenant 15990 pour la version complète et 14000 pour le package de base moins un câble A/V, un support, un stylet de rechange et le boîtier en caoutchouc). La date de sortie officielle pour la Suède est le 16 février. Il est disponible au Vietnam à partir du 5 janvier pour 6700000 VND, environ 385 US $, l'un des prix les plus bas. Le téléphone est ensuite disponible en Thaïlande le 28 février 2009, pour 13520 THB. Le lancement au Royaume-Uni a lieu le 23 janvier 2009 et le prix a été de 249,99 £[27]. Le 5800 a été annoncé par Nokia en Afrique du Sud au début février 2009. Son prix initial est de 555900 R, soit environ 570 US $ sur le réseau Vodacom, sur leur brochure de février 2009, ce qui en fait l'un des plus chers au monde. Il est vendu par *Rogers Communications* au Canada, en juin 2009. En raison de lois sur le WIPI, il est autorisé par la Corée du Sud à la fin novembre 2009. Disponible au Bangladesh pour 23500 BDT ou approximativement 341 US $ (maintenant réduite à 22400 BDT ou environ 325 US $ pour le forfait de base - moins un câble TV, le support, le stylet de rechange et le boîtier en caoutchouc).

Politique de communication

Un prototype de cet appareil est visible dans le film de Batman, *The Dark Knight*[28] et un certain nombre de clip musicaux tels que celui de Christina Aguilera, *Keeps Gettin 'Better*, *Womanize* de Britney Spears[29], Flo Rida *Right Round*, Pitbulls *Shut It Down*, The Pussycat Dolls *Jai Ho!* et *Hush Hush*, Katy Perry's *Waking Up In Vegas* ou encore celui de Starship Cobra *Good Girls Go Bad*.

Nokia a également mis en valeur son téléphone dans de nombreux types de publicités. Il a utilisé internet, comme par exemple sur le portail de Yahoo[30], sur Deezer[31],[32]. La société a aussi utilisée de nombreux panneaux publicitaires dans les villes.

Réception et critique

Ensemble des tests effectués pour le Nokia 5800 XpressMusic.

	Date du test	Note du test
SVMlemag.fr	08/2009	8/10[33]
Mobinaute	05/2009	6/10[34]
LesMobiles.com	03/2009	8,5/10[35]
Tekit.fr	02/2009	7,3/10[36]
Graphmobile	02/2009	✗ Non noté[37]
Ere Numérique	02/2009	7,5/10[38]
MobiFrance	01/2009	6,5/10[39]
01net	01/2009	6/10[40]
Les Numériques	01/2009	8/10[41]

CNET France	01/2009	4/5[42]
Best Of Micro	12/2008	✗ Non noté[43]
Best Of Micro	10/2008	✗ Non noté[44]
Mobile Choice	01/2009	5/5[45]
Mobile-review	09/2008	✗ Non noté[46]
Diisign	05/2009	✗ Non noté[47]
Touchmobile	04/2009	16/20[48]
Mobiles-actus	Non communiqué	95/100[49]
Mobile-phones-uk	03/2009	5/5 (exceptionnel)[50]
Softpedia	Non communiqué	• design : 8,5/10 • caractéristiques : 8,5/10 • performance : 8,3/10[51]
Infosyncworld	Non communiqué	73/100[52]

Le téléphone a reçu des commentaires généralement positifs, un site Internet du Royaume-Uni spécialisé dans les téléphones mobiles *Mobile Choice* lui attribuant un 5 étoiles plein dans son édition du 7 janvier 2009 [53]. Le magazine français *SVM* lui attribue 3 étoiles sur 5 (SVM n°283, juillet/août 2009, après une mise à jour des notes) [54]. Le site *touchmobile* lui accorde un 16/20 le 25 avril 2009 et *mobiles-actus* lui donne une note de 95/100 (pour la version navigation) [55], [56]. *CnetFrance* lui met un 4/5[42].

On pourra citer comme points forts sa qualité de réception du signal, une puce GPS efficace (accompagné d'un logiciel Ovi maps désormais gratuit), ses caractéristiques (connectivité complète, trois capteurs, 3G+), sa gestion intuitive des menus, la présence d'une touche tactile permettant d'accéder à cinq raccourcis (en haut à droite de l'écran), son navigateur Internet, la définition de l'écran, le nombre d'accessoires livrés ainsi que la présence d'une carte microSDHC de 8 Go.

Ses points faibles sont : l'appareil photo, la qualité du casque fourni, l'interface vieillissante de Symbian S60 v5, la non prise en charge de multitouch[57], la gestion aléatoire de l'accéléromètre (passage intempestif de l'écran en mode paysage) et son aspect « plastique ». Des craquements se font entendre au bout de quelques mois d'utilisation.

Conception et caractéristiques

Fonctionnalités techniques

Généralités techniques et fonctions multimédias

Les réseaux mobiles supportés sont le GSM (850, 900, 1800 et 1 900 MHz), le réseau EDGE, la 3G (900 et 2 100 MHz) et la 3G+.

L'écran du Nokia 5800 est tactile, de type résistif de 3,2 pouces avec une définition de 640 x 360 pixels (nHD) et 16 millions de couleurs au format 16:9[58],[59]. La batterie de 1320 mAh assure théoriquement une autonomie de 9 heures en communication GSM, 17 jours en veille, 35 heures en musique ou encore 5 heures en vidéo. Sa mémoire est de 81 Mo extensibles par carte mémoire MicroSDHC limitée à 16 Go, une carte de 8 Go est livrée.

Le second appareil photo est situé sur la face avant, en haut à droite permettant de faire de la visiophonie. Il a une définition QCIF de 176 x 144 pixels, avec jusqu'à 5 images/s en résolution faible, jusqu'à 10 images/s en résolution normale et jusqu'à 15 images/s en résolution élevée, dépendante de la qualité du réseau utilisé (un réseau 3G est le minimum pour pouvoir utiliser la visiophonie). Depuis la v40.0.005, il est possible de prendre des photographies et des vidéos.

Sa connectique est composée d'un module Wifi b,g, du Bluetooth 2.0 stéréo et d'une prise Jack 3,5 mm, elle permet de connecter un kit mains libres/écouteurs ou de connecter le téléphone à un téléviseur avec le câble TV fourni. Il est équipé d'un capteur de proximité[60], d'un capteur de luminosité[61] ainsi que d'un accéléromètre pour la rotation de l'écran.

Il dispose également d'un vibreur[62], de deux haut-parleurs et d'une radio FM 87,5 MHz - 108,0 MHz avec RDS (maximum vingt stations). Les touches physiques sont : décrocher (vert), raccrocher (rouge), menu (blanc), appareil photo, allumer/éteindre (légèrement encastré), ainsi qu'un interrupteur à glissement destiné au verrouillage de l'écran) et d'une touche tactile (sur la face en haut à droite permettant d'afficher cinq raccourcis). Il intègre un stylet en plastique rangé dans la coque arrière.

Ses dimensions sont de 111 x 51,7 x 15.5 mm pour 109 grammes.

Son DAS s'élève à 0,97 W/kg.

Fonctions photo et vidéo

L'appareil photo numérique de ce modèle intègre un capteur d'une définition de 3.2 mégapixels équipé d'une optique produite par Carl Zeiss Tessar. Les fonctions d'autofocus et de zoom numérique x3 viennent compléter les possibilités du 5800 en termes de photographie. Les images, enregistrées au format JPEG, sont géotaguées grâce au système A-GPS du téléphone. L'appareil photo est couplé d'un double flash à LED pour les scènes de basses luminosité ou nocturnes. Les photos prises sont au format 4:3 (2048x1536) et pèsent entre 0,4 (=400 ko) et 1 Mo.

Appareil photo du téléphone

Les paramétrages possibles sont les modes de scènes (automatique, défini par l'utilisateur, macro, portrait, paysage, sport, nuit, portrait, nuit), l'affichage d'une grille permettant de cadrer la cible à photographier, un retardateur (désactivé, 2,10 ou 20 secondes), la teinte couleur (normale, sépia, noir et blanc, vive, négatif), l'équilibrage des blancs (automatique, ensoleillé, nuageux, incandescent, fluorescent), l'exposition(2.0,1.5,1.0,0.5,0.0,-0.5,-1,0,-1,5,-2.0), la sensibilité à la lumière (automatique, faible, moyenne, élevée), le contraste, la netteté (forte, normale, douce), prise en mode rafale.

La fonction caméra offre quant à elle des vidéos en format VGA en 30 images par seconde, avec un zoom numérique allant jusqu'à x4 au ratio 16:9. Il est possible de faire de la visiophonie grâce à la caméra présente sur la face avant avec une meilleure qualité d'image.

Photographie prise avec le téléphone[63].

Environnement logiciel

Le 5800 XpressMusic est un téléphone fonctionnant avec Symbian OS S60 V5[64]. C'est le premier téléphone utilisant cet OS[65]. Son processeur est un ARM 11 à 434 MHz depuis la version du logiciel v20 (avant 369 MHz)[66],[67].

Les logiciels inclus sont Flash Lite 3.1[68]pour visionner des vidéos sur Internet, Java ME MIDP 2.1[69] pour visualiser certaines informations sur Internet, RealPlayer pour visionner des vidéos et Ovi Maps[70] ainsi que toutes les fonctionnalités de Symbian S60 V5 comme un agenda, une liste de notes, un navigateur Internet, une gestion écran tactile, une calculatrice basique, un lecteur multimédia, une gestion des applications, la reconnaissance vocale, un logiciel de positionnement (autre que Ovi Maps) pour connaître les coordonnés GPS, l'altitude avec la précision estimé de chacun et la vitesse de déplacement, un gestionnaire de fichiers, un système de messagerie instantanée, un convertisseur (devise, superficie, énergie, longueur, masse, puissance, pression, température, durée, vitesse, volume), un dictaphone, une horloge mondiale et la possibilité de modifier tout un tas de paramètres, de configurations[71]. De nombreuses applications sont également téléchargeables depuis l'Ovi store de Nokia, on peut aussi en installer depuis n 'importe quelle source du moment quelles sont signées[72].

Il est livré avec 2 jeux : Bounce[73], un jeu avec une balle rebondissante avec laquelle il faut avancer sur un chemin semé d'embuches et RT GR un jeu de voiture qui utilise l'accéléromètre pour la conduire.

Mises à jour

Le système d'exploitation du téléphone est modifié régulièrement pour apporter de nouvelles fonctionnalités ou pour améliorer les existantes, elles sont diffusées par Internet et fournis par Nokia.

La première mise à jour, la v11.0.008, publiée en **janvier 2009** apporte des modifications dans les problèmes liés aux défauts d'origine. Amélioration des performances générales, ainsi que d'autres améliorations[74].

La seconde mise à jour, la v20.0.012, publiée en **février 2009** soit 2 semaines après la première apporte le support du géotagging. Cela permet de savoir où une photographie a été prise grâce aux coordonnées GPS[75],[76].

La troisième mise à jour, la v21.0.025, publiée en **avril 2009** soit 2 mois après la seconde apporte un démarrage plus rapide ainsi que des améliorations au niveau de la partie photo[77],[78].

La quatrième mise à jour, la v30.0.011, publiée en **juillet 2009** soit 3 mois après la troisième apporte une fluidité en général, la présence des e-mail sur l'écran d'accueil, un navigateur web plus rapide avec nouveau zoom : un double tap fait un gros zoom, le lecteur de musique peut gérer le volume en tapant sur la pochette. Sur l'écran d'accueil, on peut gérer maintenant le volume avec touche +/-[79],[80].

La cinquième mise à jour, la v31.2.008, publiée en **septembre 2009** soit 2 mois après la quatrième apporte Ovi Maps v3.01, Ovi Store v1.05, ainsi que l'amélioration des performances[81].

La sixième mise à jour, la v40.0.005, publiée en **janvier 2010** soit 4 mois après la cinquième apporte le scroll cinétique (attendu depuis le début de la commercialisation du téléphone) partout sauf dans le menu principal/applications et le navigateur web, l'écran d'accueil du 5530 avec la barre de contact de 20 contacts et les raccourcis en bas de l'écran est disponible pour le 5800, lors de la réception d'un appel quand l'écran est verrouillé, possibilité de déverrouiller l'écran ou de répondre en glissant le doigt sur l'écran à la manière de l'Iphone ou du Nokia N97, pendant le fonctionnement du lecteur audio, le « Player » s'affiche sur l'écran d'accueil, le clavier passe automatiquement en mode AZERTY plein écran quand on tient le téléphone horizontalement, de nouvelles icônes « Partage lg », « Config. acces. », « Config. tél », l'application « Mise à jr log. » a été améliorée, l'application « Echange » a été ajoutée dans « Paramètres », mise à jour de Real Player du 12 octobre 2009 qui permet le changement de format d'image de vidéos en streaming, l'écran tactile répond mieux, la stabilité améliorée, lorsqu'une alarme se déclenche quand l'écran est verrouillé, il est possible de l'arrêter ou de la faire répéter en glissant le doigt sur l'écran, OVI Contacts installé, l'application « Téléchargez! » est supprimée et laisse place à la Boutique OVI Store. Un problème est apparu : la fonctionnalité de la radio RDS ne fonctionne plus[82],[83].

La septième mise à jour, la v50.005, publiée en **avril 2010** soit 3 mois après la sixième apporte le défilement cinétique dans les menus (applications ...) ainsi que dans le navigateur, le navigateur web se met en plein écran automatiquement, plus besoin de 2 clics mais 1 seul clic lance une application ou autre, le nouveau design du lecteur audio avec les pochettes[84],[85]. Cependant, il est devenu impossible aux abonnés Orange et SFR, d'accéder au service TV part l'intermédiaire des portails Orange World / Vodafone Live[86],[87].

La huitième mise à jour, la v51.0.006, publiée en **août 2010** soit 4 mois après la septième apporte des performances dans Mail for Exchange et des progrès pour les appels vidéos ainsi qu'une nouvelle version du navigateur Internet (il passe le test Acid3 avec un score de 47/100) mais ne résous toujours pas le problème de la radio[88].

La neuvième mise à jour, la V52.0.007, publiée en **novembre 2010** soit 3 mois après la huitième apporte une meilleure sensibilité, de meilleures performances, Ovi Maps pré-installé V3.04, Ovi contact mis à jour en version 1.50.17, le navigateur web est mis à jour en v7.2.6.9, real player à jour et la correction du bug du RDS de la radio[89].

La dixième mise à jour, la V60.0.003, publiée en **octobre 2011** soit 11 mois après la neuvième apporte Ovi Maps pré-installé V3.06, le navigateur web est mis à jour (le même que la version de Symbian 3 "Anna", test Acid 3 : 93/100) en v7.3.1.33, il suffit de faire glisser le doigt de droite à gauche pour débloquer le téléphone,support des émoticônes, taille : environs 140 Mo via le logiciel Nokia Ovi Suite[90].

Problèmes des mises à jour

Les mises à jour peuvent être téléchargées par le réseau téléphonique de l'opérateur (*en anglais* : OTA : Over The Air) ou par le logiciel Nokia PC Suite. Les opérateurs peuvent personnaliser les téléphones et leurs donner un numéro spécifique. Cela permet pour eux de contrôler une partie du trafic sur leur réseau. Certains codes empêchent d'obtenir les mises à jour. Il est alors nécessaire d'utiliser un logiciel tiers pour le modifier. Il existe 2 logiciels JAF[91] et NSS[92]. Les codes conseillés sont pour le Nokia 5800 Rouge : 0559052, le Nokia 5800 Bleu : 0559366 et le Nokia 5800 Noir : 0573737.

Contenu du paquet

Le téléphone et la batterie.

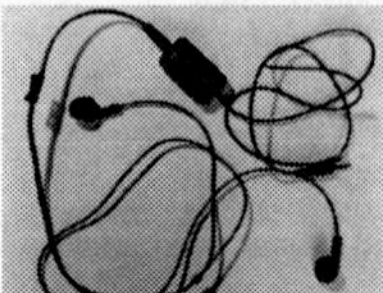
Les écouteurs.

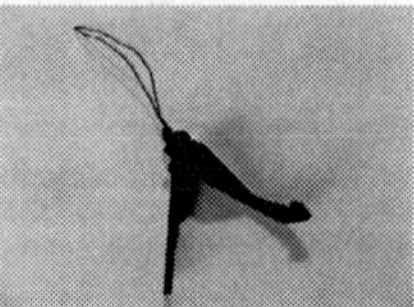
Le support.

Le médiator.

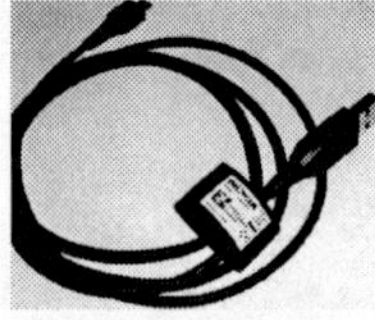
Le câble de connexion USB.

Le câble de connexion TV.

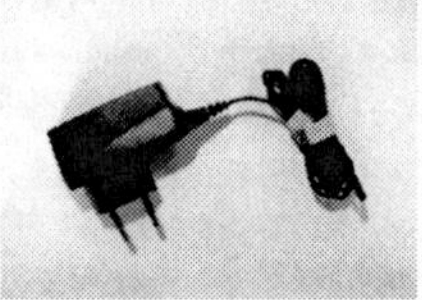
Le chargeur.

La housse.

La boite est couverte d'ovales de couleurs vives sur un fond noir. Dès que l'on ouvre celle-là, on a un petit morceau de carton coloré que l'on soulève et on a accès au téléphone. En enlevant l'emballage du téléphone on accède à une autre « porte » où le téléphone est en photo sur un fond de rayures rouges et violettes. En le soulevant, on accède aux câbles, notices et aux autres objets fournis. C'est un emballage à étages.

Le pack comprend le téléphone, une batterie (BL-5J 3.7V 1320mAh), un kit main libres (HS-45, AD-54), un support (CP-306) permettant d'incliner le téléphone pour regarder une vidéo par exemple, 2 stylets en plastique de 8.5 cm, un médiator (sa couleur dépend de la couleur du téléphone) qui fait office de stylet mais il est attaché au téléphone avec une dragonne extensible, un câble USB (CA-101), un câble TV (CA-75U) permettant d'afficher l'écran du téléphone sur un téléviseur, un chargeur (AC-8E) certifié Energy Star, une housse de protection où le téléphone s'insère dedans, une carte microSDHC de 8 Go (MU-43), un mini DVD avec Nokia Pc suite et les pilotes, un guide de démarrage rapide et la notice.

Annexes

Articles connexes

- Nokia
- Nokia 5730 XpressMusic
- Symbian OS
- Téléphonie mobile

Liens externes

Sites officiels

- Site officiel du Nokia 5800 XpressMusic [93]
- **(en)** Photographies officielles de qualité relatives au Nokia 5800 XpressMusic pour la presse [94]
- **(en)** Vidéo de présentation officielle du Nokia 5800 XpressMusic [95]

- **(en)** Vidéo de présentation officielle du Nokia 5800 Navigation Edition [96]

Tests et évaluations

- Test sur Symbian France du Nokia 5800 XpressMusic [97]
- Test sur Mobiles-Actus du Nokia 5800 Xpress Music navigation Edition [98]
- Test du Nokia 5800 XpressMusic sur Diisign [99]
- **(en)** Test du Nokia 5800 XpressMusic sur mobile-review [100]

Divers, autre

- Informations sur le Nokia 5800 XpressMusic sur le site de MobiFrance [101]
- Article sur GNT, 500 000 5800 XpressMusic vendus en 30 jours [102]
- Article sur GNT sur le nouveau OS : Symbian S60 qui équipe pour la première fois un téléphone et sur le kit de développement [103]

Notes et références

Notes

[1] http://www.gamespain.com/noticias/2132_Adios-al-Nokia-5800-XpressMusic-Nokia-ha-decidido-jubilar-uno-de-los-sma.html

[2] http://www.blogdemoviles.com.ar/nokia-5800-se-deja-de-fabricar/

[3] **(en)** Nokia, « Press releases (http://www.nokia.com/A4136001?newsid=1256590) », Nokia. Consulté le 20 avril 2010.

[4] clubic, « Nokia 7710 : un écran de ciné dans la poche (http://www.clubic.com/actualite-50854-.html) », clubic. Consulté le 25 avril 2010.

[5] **(en)** Mobile Gazette, « *Nokia's First Touchscreen Phones ?* (http://www.mobilegazette.com/nokia-first-touchscreen-08x09x29.htm) », Mobile Gazette. Consulté le 20 avril 2010

[6] **(en)** Nokia, « *Press bulletin board* (http://pressbulletinboard.nokia.com/2008/12/31/the-new-nokia-6208c/) », Nokia. Consulté le 20 avril 2010.

[7] **(en)** Nokia, « press-releases (http://www.nokia.com/press/press-releases/archive/archiveshowpressrelease?newsid=1274500) », Nokia Consulté le 20 avril 2010.

[8] GNT, « 500.000 Nokia 5800 XpressMusic livrés en 30 jours (http://www.generation-nt.com/nokia-estimation-livraisons-nokia-5800-xpressmusic-mobile-actualite-221321.html) », GNT. Consulté le 20 avril 2010.

[9] **(en)** Nokia, « Press releases (http://www.nokia.com/press/press-releases/showpressrelease?newsid=1256586) », Nokia. Consulté le 20 avril 2010 .

[10] **(en)** Nokia, « Press Release (http://www.nokia.com/press/press-releases/showpressrelease?newsid=1273587) », Nokia. Consulté le 20 avril 2010.

[11] BeMobile, « Le Nokia 5800 XpressMusic commence sa commercialisation en fanfare (http://www.bemobile.be/2008/11/28/le-nokia-5800-xpressmusic-commence-sa-commercialisation-en-fanfare/) », BeMobile. Consulté le 20 avril 2010.

[12] **(en)** Mobile-Review, « *All Nokia 5800 come with a defect ?* (http://www.mobile-review.com/articles/2009/5800-brak-en.shtml) », Mobile-Review. Consulté le 20 avril 2010.

[13] **(en)** Official Nokia Blog, « *Sorting through 1100 rumors a day* (http://conversations.nokia.com/2009/04/24/sorting-through-1100-rumors-a-day/) », Official Nokia Blog. Consulté le 20 avril 2010.

[14] Nokia, « Ovi Cartes : Nokia offre la navigation piétonne et routière (http://www.generation-nt.com/commenter/nokia-ovi-cartes-navigation-pietonne-routiere-gratuite-actualite-947411.html) », Nokia. Consulté le 20 avril 2010.

[15] **(en)** Mobiclue, « *Nokia 5800 Xpress music price reduced in India* (http://www.mobiclue.com/2009/09/nokia-5800-xpress-music-price-latest.html) », Mobiclue. Consulté le 20 avril 2010.

[16] mobinaute, « Nokia lance en France son smartphone S60 tactile 5800 XpressMusic (http://www.mobinaute.com/251340-nokia-france-smartphone-tactile-5800-xpressmusic.html) », mobinaute. Consulté le 25 avril 2010.

[17] mobinaute, « Bouygues Telecom casse les prix du smartphone tactile Nokia 5800 XpressMusic (http://www.mobinaute.com/251788-bouygues-telecom-casse-prix-smartphone-tactile-nokia-5800-xpressmusic.html) », mobinaute. Consulté le 25 avril 2010.

[18] mobinaute, « Orange offre à son tour le Nokia 5800 XpressMusic à 79 euros (http://www.mobinaute.com/252220-orange-offre-tour-nokia-5800-xpressmusic-79.html) », mobinaute. Consulté le 25 avril 2010.

[19] mobinaute, « Nokia 5800 XpressMusic : le point sur son prix chez Orange, SFR et Bouygtel (http://www.mobinaute.com/252692-nokia-5800-xpressmusic-point-prix-orange-sfr-bouygtel.html) », mobinaute. Consulté le 25 avril 2010.

[20] Symbianfrance, « Reportage Lancement du Nokia 5800 XpressMusic en Thaïlande (http://www.symbianfrance.com/2009/03/01/reportage-lancement-du-nokia-5800-xpressmusic-en-thailande/) », Symbianfrance. Consulté le 20 avril 2010.

[21] GNT, « Nokia 5800 XpressMusic : premières livraisons du smartphone (http://www.generation-nt.com/nokia-5800-xpressmusic-telephone-portable-mobile-gsm-hsdpa-wifi-gps-actualite-194401.html) », GNT. Consulté le 20 avril 2010.

[22] **(en)** Engadget, « *European Nokia 5800 XpressMusic now available at Chicago flagship store* (http://mobile.engadget.com/2008/12/14/european-nokia-5800-xpressmusic-now-available-at-chicago-flagshi/) », Engadget. Consulté le 20 avril 2010.

[23] **(en)** Engadget, « *North American Nokia 5800 XpressMusic available once again, with feeling* (http://mobile.engadget.com/2009/03/14/north-american-nokia-5800-xpressmusic-available-once-again-with/) », Engadget. Consulté le 20 avril 2010.

[24] **(en)** Nokia, « *Nokia 5800 XpressMusic now shipping* (http://www.nokia.com/press/press-releases/showpressrelease?newsid=1273587) », Nokia. Consulté le 20 avril 2010.

[25] **(en)** loopygadgets, « Russia first to get the Nokia 5800 XpressMusic (http://www.loopygadgets.com/russia-first-to-get-the-nokia-5800-xpressmusic/) », loopygadgets. Consulté le 25 avril 2010.

[26] nokia5800downloads, « Latest Price of Nokia 5800 XpressMusic in Indian Market (http://nokia5800downloads.blogspot.com/2009/12/latest-price-of-nokia-5800-xpressmusic.html) », nokia5800downloads. Consulté le 25 avril 2010.

[27] **(en)** All about symbian, « *Covering The UK Launch of the Nokia 5800* (http://www.allaboutsymbian.com/news/item/8827_Covering_The_UK_Launch_of_the_.php) », All about symbian. Consulté le 20 avril 2010.

[28] touchemon5800, « Nokia AEON au cinéma !!! (http://touchemon5800.canalblog.com/archives/2009/04/11/13348514.html) », touchemon5800. Consulté le 25 avril 2010.

[29] mobinaute, « 5800 XpressMusic : Nokia se paie Batman et Britney Spears (http://www.mobinaute.com/168588-5800-xpressmusic-nokia-batman-britney-spears.html) », mobinaute. Consulté le 25 avril 2010.

[30] symbianfrance, « Le Nokia 5800 XpressMusic s'affiche sur Yahoo! (http://www.symbianfrance.com/2009/02/26/le-nokia-5800-xpressmusic-saffiche-sur-yahoo) », symbianfrance. Consulté le 25 avril 2010.

[31] symbianfrance, « Nokia fait la pub du 5800 XpressMusic sur Deezer (http://www.symbianfrance.com/2009/04/17/nokia-fait-la-pub-du-5800-xpressmusic-sur-deezer) », symbianfrance. Consulté le 25 avril 2010.

[32] ecranmobile, « Nokia fait la pub du 5800 XpressMusic sur Deezer (http://www.ecranmobile.fr/Nokia-fait-la-pub-du-5800-XpressMusic-sur-Deezer_a626.html) », ecranmobile. Consulté le 25 avril 2010.

[33] SVMlemag, « Nokia 5800 XpressMusic SUR LE BOUT DES DOIGTS (http://www.svmlemag.fr/tests/04807/nokia_5800_xpressmusic?comparatif=4806) », SVMlemag. Consulté le 25 avril 2010

[34] mobinaute, « Test du 5800 Xpress Music : Nokia franchit (enfin) la marche du tactile (http://www.mobinaute.com/272418-test-5800-xpress-music-nokia-franchit-tactile.html) », mobinaute. Consulté le 25 avril 2010

[35] LesMobiles.com, « Test Nokia 5800 XpressMusic 1/6 (http://www.lesmobiles.com/telephones/nokia-5800-xpressmusic,test.html) », LesMobiles.com. Consulté le 25 avril 2010

[36] testmateriel.com, « Nokia 5800 XpressMusic (http://www.testmateriel.com/mobilite/test-nokia-5800-xpressmusic-3814.html) », testmateriel.com. Consulté le 25 avril 2010

[37] graphmobile.com, « Nokia 5800 XpressMusic - Test complet du Nokia 5800 XpressMusic (http://www.graphmobile.com/test/nokia-5800-xpressmusic.htm) », graphmobile.com. Consulté le 25 avril 2010

[38] erenumerique.fr, « Nokia 5800 Xpress Music : Nokia se met au tactile (http://www.erenumerique.fr/smartphones_demandez_en_plus_votre_mobile-art-2268-4.html) », erenumerique.fr. Consulté le 25 avril 2010

[39] mobifrance.com, « Test du smartphone Nokia 5800 XpressMusic (http://www.mobifrance.com/articles/testssmartphone/id1060/Test-du-smartphone-Nokia-5800-XpressMusic/) », mobifrance.com. Consulté le 25 avril 2010

[40] 01net, « Un téléphone multimédia pas très doué pour la photo (http://www.01net.com/fiche-produit/prise-main-4748/telephones-portables-nokia-5800-xpressmusic/) », 01net. Consulté le 25 avril 2010

[41] Les numériques, « Nokia 5800 XpressMusic (http://www.lesnumeriques.com/article-407-3851-34.html) », Les numériques. Consulté le 25 avril 2010

[42] Cnetfrance, « Nokia 5800 XpressMusic (http://www.cnetfrance.fr/produits/nokia-5800-xpressmusic-39386724.htm) », Cnetfrance. Consulté le 25 avril 2010

[43] Best Of Micro, « Le meilleur téléphone de l'année (http://www.bestofmicro.com/actualite/test/378-2-meilleur-telephone-comparatif.html) », Best Of Micro. Consulté le 25 avril 2010

[44] Best Of Micro, « Mobiles tactiles : le Nokia 5800 face à ses concurrents (http://www.bestofmicro.com/actualite/test/362-2-comparatif-tactile-nokia-5800.html) », Best Of Micro. Consulté le 25 avril 2010

[45] **(en)** Mobile Choice, « Nokia 5800 XpressMusic Review (http://www.mobilechoiceuk.com/Phone-review?product_id=447) », Mobile Choice. Consulté le 25 avril 2010

[46] **(en)** mobile-review, « Review of GSM/UMTS-smartphone Nokia 5800 XpressMusic (Tube) (http://www.mobile-review.com/review/nokia-5800-2-en.shtml) », mobile-review. Consulté le 25 avril 2010

[47] diisign, « Test : deux semaines avec un Nokia 5800 Xpress Music (http://www.diisign.com/2009/05/test-deux-semaines-avec-un-nokia-5800-express-music/) », diisign. Consulté le 25 avril 2010

[48] touchmobile, « Test du Nokia 5800 XpressMusic (http://www.touchmobile.fr/339-test-du-nokia-5800-xpressmusic.html) », touchmobile. Consulté le 25 avril 2010

[49] mobiles-actus, « Nokia 5800 Navigation Edition (http://www.mobiles-actus.com/test-nokia-5800-navigation-edition.htm) », mobiles-actus. Consulté le 25 avril 2010

[50] **(en)** mobile-phones-uk, « Nokia 5800 XpressMusic Review (http://www.mobile-phones-uk.org.uk/nokia-5800-xpressmusic.htm) », mobile-phones-uk. Consulté le 25 avril 2010

[51] **(en)** softpedia, « Nokia 5800 XpressMusic (http://mobile.softpedia.com/phones/Nokia/Nokia-5800-XpressMusic.shtml) », softpedia. Consulté le 25 avril 2010

[52] **(en)** infosyncworld, « We check out Nokia's new unlocked touchscreen phone. Can Nokia's touch interface hang with the big boys? Find out in our Nokia 5800 review. (http://www.infosyncworld.com/reviews/cell-phones/nokia-5800/10243.html) », infosyncworld. Consulté le 25 avril 2010

[53] **(en)** Mobilechoiceuk, « Nokia 5800 XpressMusic Review (http://www.mobilechoiceuk.com/Phone-review?product_id=447) », Mobilechoiceuk. Consulté le 20 avril 2010

[54] Svmlemag, « Nokia 5800 XpressMusic SUR LE BOUT DES DOIGTS (http://www.svmlemag.fr/tests/04807/nokia_5800_xpressmusic?comparatif=4806) », Svmlemag. Consulté le 24 avril 2010

[55] Touchmobile, « Test du Nokia 5800 XpressMusic (http://www.touchmobile.fr/339-test-du-nokia-5800-xpressmusic.html) », Touchmobile. Consulté le 24 avril 2010

[56] Mobiles-actus, « Nokia 5800 Navigation Edition (http://www.mobiles-actus.com/test-nokia-5800-navigation-edition.htm) », Mobiles-actus. Consulté le 24 avril 2010

[57] permettant d'utiliser plusieurs doigts sur l'écran tactile (par exemple pour la fonction zoom sur une photographie en écartant deux doigts.

[58] **(en)** Nokia, « Device Details Device Details (http://www.forum.nokia.com/devices/5800_XpressMusic) », Nokia. Consulté le 20 avril 2010

[59] Farlex, « QHD TheFreeDictionary (http://acronyms.thefreedictionary.com/QHD) », Farlex. Consulté le 20 avril 2010

[60] destiné à bloquer toute action sur l'écran lorsque le téléphone est proche de l'oreille lors d'un appel

[61] Cela permet de régler la luminosité de l'écran en fonction de l'éclairage ambiant

[62] Lors de la réception d'un SMS, lorsque une alarme se déclenche ou bien lorsque l'on appuie sur l'écran et que la demande est validée

[63] Photo du Makra Pahari au Pakistan

[64] Le nouveau système d'exploitation Symbian S60 V5 est adapté aux écrans tactiles

[65] generation-nt, « Nokia 5800 XpressMusic : tactile, WiFi et sous S60 5e Ed. (http://www.generation-nt.com/nokia-comes-with-music-5800-xpressmusic-tactile-actualite-164271.html) », generation-nt. Consulté le 27 avril 2010

[66] **(en)** Nokia, « Device Details (http://www.forum.nokia.com/devices/5800_XpressMusic/) », Nokia. Consulté le 20 avril 2010

[67] Après la v20

[68] adobe, « Nokia 5800 XpressMusic v30.0.011 firmware is a Flash Lite 3.1 enabled phone (http://www.adobe-flashlite.com/?p=1063) », adobe. Consulté le 14 mai 2010

[69] s60blog, « Java Runtime 2.1 for Symbian Now Available for Download (http://s60blog.com/2010/04/java-runtime-2-1-for-symbian-now-available-for-download) », s60blog. Consulté le 27 avril 2010

[70] Logiciel de navigation routière ou piétonne fournie par Nokia pour les téléphones portables équipés de puces GPS.

[71] **(en)** articlesbase, « Nokia 5800 Xpress Music Review (http://www.articlesbase.com/gadgets-and-gizmos-articles/nokia-5800-xpress-music-review-747601.html) », articlesbase. Consulté le 28 avril 2010

[72] mon5800, « FAQ : Foire aux questions; Q/R 5. Je n'arrive pas à Installez une application (http://www.mon5800.com/faq/) », mon5800 Consulté le 26 avril 2010

[73] symbianpoint, « Bounce Touch (http://symbianpoint.com/bounce-touch-s60v5-mobile-game-preinstalled-5800.html) », symbianpoint. Consulté le 28 avril 2010

[74] Symbianfrance, « Nokia 5800 XpressMusic: mise a jour disponible (v11.0.008) (http://www.symbianfrance.com/2009/01/15/nokia-5800-xpressmusic-mise-a-jour-disponible-v110008/) », Symbianfrance. Consulté le 20 avril 2010

[75] Symbianfrance, « Mise à jour disponible pour le Nokia 5800 XpressMusic (v20.0.012) avec support du Geotagging (http://www.symbianfrance.com/2009/02/09/mise-a-jour-disponible-pour-le-nokia-5800-xpressmusic-v200012-avec-support-du-geotagging/) », Symbianfrance. Consulté le 20 avril 2010

[76] **(en)** symbianworld, « Nokia 5800: Major Firmware Update to v20.0.012 (http://symbianworld.org/1235-nokia-5800-major-firmware-update-to-v200012/) », symbianworld. Consulté le 28 avril 2010

[77] Symbianfrance, « Nokia 5800 XpressMusic: mise à jour disponible (v21.0.025) (http://www.symbianfrance.com/2009/04/21/nokia-5800-xpressmusic-mise-a-jour-disponible-v210025/) », Symbianfrance. Consulté le 20 avril 2010

[78] s60blog, « Nokia 5800 Firmware Updates To v21.0.025 – Available In India (http://s60blog.com/2009/04/nokia-5800-firmware-updates-to-v210025-available-in-india/) », s60blog. Consulté le 27 avril 2010

[79] Symbianfrance, « Nokia 5800 XpressMusic: mise à jour disponible (v30.0.011) (http://www.symbianfrance.com/2009/07/27/nokia-5800-xpressmusic-mise-a-jour-disponible-v30-0-011/) », Symbianfrance. Consulté le 20 avril 2010

[80] **(en)** s60blog, « Nokia 5800 Firmware Updates To v30.0.011 (Changelog Inside) (http://s60blog.com/2009/07/nokia-5800-firmware-updates-to-v30-0-011/) », s60blog. Consulté le 28 avril 2010

[81] Symbianfrance, « Nokia 5800 XpressMusic: mise à jour disponible (v31.0.008) (http://www.symbianfrance.com/2009/09/14/nokia-5800-xpressmusic-mise-a-jour-disponible-v31-2-008/) », Symbianfrance. Consulté le 20 avril 2010

[82] Forum du Nokia 5800 XpressMusic, « Mise à jour v40.0.005 (http://nokia-5800.my-goo.net/mises-a-jour-code-produit-f10/maj-mise-a-jour-v400005-t3967.htm) », Forum du Nokia 5800 XpressMusic. Consulté le 20 avril 2010

[83] **(en)** s60blog, « Nokia 5800 Firmware Updates To v40.0.005 Adds Kinetic Scrolling And Revived Homescreen (http://s60blog.com/2010/01/nokia-5800-firmware-updates-to-v40-0-005-adds-kinetic-scrolling-and-revived-homescreen/) », s60blog. Consulté le 27 avril 2010

[84] **(it)** Punto cellulare.it, « Disponibile l'agiornamento (http://www.puntocellulare.it/notizie/20522/Nokia-5800-XpressMusic-v50.0.005-aggiornamento-software.html) », Punto cellulare.it. Consulté le 20 avril 2010

[85] **(en)** s60blog, « Nokia 5800 XpressMusic Firmware Updates To v50.0.005 (http://s60blog.com/2010/04/nokia-5800-xpressmusic-firmware-updates-to-v50-0-005/) », s60blog. Consulté le 27 avril 2010

[86] De nombreux utilisateurs se plaignent de ce souci sur les forums.

[87] nokia-5800.my-goo, « Mises à Jour - Code Produit (http://nokia-5800.my-goo.net/mises-a-jour-code-produit-f10/maj-mise-a-jour-v500005-t4926-100.htm#52548) », nokia-5800.my-goo. Consulté le 29 avril 2010

[88] symbianfrance, « Nokia 5800 et 5530: mises a jour disponibles (v51.0.066 et v31.0.005) (http://www.symbianfrance.com/2010/08/09/nokia-5800-et-5530-mises-a-jour-disponibles-v51-0-066-et-v31-0-005/) », symbianfrance. Consulté le 21 août 2010

[89] Atervista, « Nokia 5800: mise à jour firmware v52.0.007 (http://geekfiles.altervista.org/fr/nokia-5800-update-firmware-v52-0-007/) », Altervista, 2010. Consulté le 27 septembre 2010

[90] Nokiainnovation, « Nokia 5800 firmware updated to 60.0.003 (http://nokiainnovation.com/2011/10/nokia-5800-firmware-updated-to-60-0-003/) », Nokiainnovation, 2011. Consulté le 24 octobre 2011

[91] Mon5800.com, « Changer code Produit avec NSS (http://www.mon5800.com/changer-son-code-produit-avec-nss/) », Mon5800.com. Consulté le 21 avril 2010

[92] Mon5800.com, « Changer code Produit avec JAF (http://www.mon5800.com/changer-son-code-produit-avec-jaf/) », Mon5800.com. Consulté le 21 avril 2010

[93] http://www.nokia.fr/les-produits/tous-les-mobiles/nokia-5800xpressmusic

[94] http://www.nokia.com/press/media_resources/photos/devices/showphotos?category=5800xpressmusic

[95] http://www.youtube.com/watch?v=R4kq4_-wUZ0

[96] http://www.youtube.com/watch?v=dphfPDQuXuw

[97] http://www.symbianfrance.com/2008/11/25/test-du-nokia-5800-xpressmusic

[98] http://www.mobiles-actus.com/test-nokia-5800-navigation-edition.htm

[99] http://www.diisign.com/2009/05/test-deux-semaines-avec-un-nokia-5800-express-music

[100] http://www.mobile-review.com/review/nokia-5800-2-en.shtml

[101] http://www.mobifrance.com/fichetechnique/produit~categorie-mobiles-smartphones~modele-nokia-5800-xpressmusic.html

[102] http://www.generation-nt.com/nokia-estimation-livraisons-nokia-5800-xpressmusic-mobile-actualite-221321.html

[103] http://www.generation-nt.com/nokia-symbian-s60-5the-edition-support-tactile-actualite-164541.html

Références

- **(en)** Cet article est partiellement ou en totalité issu de l'article de Wikipédia en anglais intitulé « Nokia 5800 XpressMusic (http://en.wikipedia.org/wiki/En:nokia_5800_xpressmusic?oldid=cur) » (voir la liste des auteurs (http://en.wikipedia.org/wiki/En:nokia_5800_xpressmusic?action=history))

Smartphone

Un **smartphone**, **ordiphone** ou **téléphone intelligent**, est un téléphone mobile disposant aussi des fonctions d'un assistant numérique personnel. La saisie des données se fait par le biais d'un écran tactile ou d'un clavier. Il fournit des fonctionnalités basiques comme : l'agenda, le calendrier, la navigation sur le web, la consultation de courrier électronique, de messagerie instantanée, le GPS, etc. À partir de fin 2007, des smartphones sont beaucoup utilisés (iPhone et d'autres)[2].

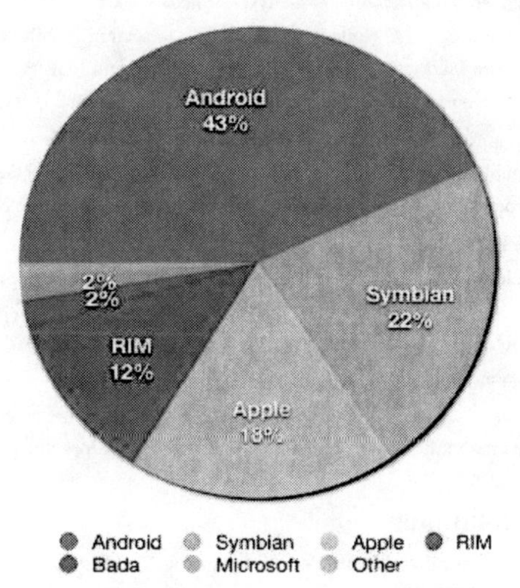

Part de marché au 2e trimestre 2011 des ventes de smartphones dans le monde par systèmes d'exploitation, selon Gartner[1].

Terminologie

D'autres dénominations sont utilisées : comme « téléphone intelligent » au Canada francophone[3], « ordiphone », ou « terminal de poche » (TP).

Les termes officiels en France sont « terminal de poche » et « ordiphone »[4], un mot-valise formé à partir des mots « ordinateur » et « téléphone ». Au Québec, « téléphone intelligent » est le terme recommandé mais « ordiphone » est accepté comme synonyme[5].

Histoire

Le premier smartphone, l'IBM Simon **(en)**, fut conçu en 1992. Mais à l'époque, la téléphonie mobile en est à ses débuts, et il faut attendre 10 ans pour que les réseaux évoluent (avec l'arrivée du Edge et de la 3G/3G+). Les principaux fabriquants de téléphones de l'époque se lancent dans l'aventure (comme Nokia, le leader de l'époque, LG ou Samsung), ainsi que de nouvelles sociétés spécialisées dans les smartphones (comme Research In Motion avec le Blackberry). L'OS de référence est alors Symbian

En 2007 sortit l'iPhone d'Apple dont le succès commercial contribua à démocratiser les smartphones, rendant accessible au consommateur lambda ce qui ne l'était pas avant. Face à ce marché très prometteur, les constructeurs adaptent leurs produits, et Google rachète fin 2007 la startup Android qui développe un système d'exploitation pour smartphone, et qui commence à équiper de nombreux constructeurs (comme Samsung ou HTC).

En 2010, le marché des applications dépasse les 2 milliards de chiffre d'affaires, et Microsoft lance son OS, Windows Phone 7 qui équipe notamment les Nokia. 2011 est l'année du croisement entre les smartphones et les téléphones classiques, qui se vendent désormais moins bien dans plusieurs pays (dont la France[6]). Une course à la performance se met en place, qui n'est pas sans rappeler celle des PC au tournant du XXIe siècle. Les processeurs sont désormais double, voire quadri-cœurs, atteignent des fréquences de près de 1,5 Ghz, et iOS et Android se livrent une bataille sans merci pour devenir le système d'exploitation de référence.

Données personnelles

Les smartphones, et notamment leurs applications téléchargeables, transmettent en temps réel aux sections marketing des fournisseurs de services des données personnelles des usagers, le plus souvent sans leur consentement[7]. Ces données sont savamment analysées, mettant ainsi en œuvre un véritable profilage et une segmentation des usagers. Selon Meghan O'Holleran, directrice de la section mobile et publicité dynamique de la régie publicitaire américaine Traffic Marketplace, « c'est comme ça qu'on peut tout tracer, en regardant quelles sont les applications téléchargées par le mobinaute, leur fréquence d'utilisation ainsi que le temps qu'il y passe »[7].

Il est de plus impossible de désactiver *a posteriori* le traçage de l'usager qui ne peut donc exercer aucun droit à l'oubli. Il est aussi impossible d'effacer l'identifiant unique d'un smartphone[8],[7],[9]. Une part importante des producteurs d'applications ne fourniraient pas de règles de confidentialité : 45 sur 101 applications testées lors d'une enquête du *Wall Street journal*[8],[7],[9].

Selon Max Binshtok, créateur de DailyHoroscope, une application sur Android, la publicité ciblée, basée sur le lieu où se trouve l'utilisateur, rapporterait de deux à cinq fois plus que la publicité classique. Au point que certaines régies publicitaires souhaitent aussi récolter des renseignements comme l'« origine ethnique [voir marketing ethnique], les revenus, l'orientation sexuelle et les opinions politiques[7] ».

L'enjeu de la protection des données personnelles dans ce cadre est celui du respect de l'autonomie de volonté ; plus de cinq millions de personnes, 10 % de la population, utilisent en 2010 des smartphones[7].

Technique

Il peut permettre d'installer des applications additionnelles sur l'appareil. Les applications peuvent être développées par le fabricant, par l'opérateur ou par n'importe quel autre éditeur de logiciel.

Systèmes d'exploitation

Il existe plusieurs systèmes d'exploitation spécifiques aux smartphones.

Un smartphone à base de logiciel libre, le Neo FreeRunner

Ventes mondiales de smartphones aux deuxièmes trimestres 2009 et 2010 et au premier trimestre 2011[10] selon le système d'exploitation[11]

Système d'exploitation	2011		2010		2009	
	Unités	Part de marché	Unités	Part de marché	Unités	Part de marché
Symbian Nokia	27598500	27,4 %	25386800	41,2 %	20880800	51 %
RIM BlackBerry	13004000	12,9 %	11228500	18,2 %	7782200	19 %
Android Google	36267800	36 %	10606100	17,2 %	755900	1,8 %
iOS Apple	16883200	16,8 %	8743000	14,2 %	5325000	13 %
Windows Mobile	3658700	3,6 %	3096400	5 %	3829700	9,4 %
Linux	N/A	N/A	1503100	2,4 %	1901100	4,6 %
Autres	3357200	3,3 %	1804800	1,8 %	497100	1,2 %
Total	**100769300**	**100 %**	**61649100**	**100 %**	**40971800**	**100 %**

Au premier trimestre 2011, 427.8 millions de téléphones mobiles (dont 23.6 % sont des smartphones, 101 millions) sont vendus dans le monde, +19 % sur la même période en 2010 (+85 % pour les smartphones). Au troisième trimestre sont vendus 117 millions de smartphone [12].

En France en 2010, selon l'ARCEP, l'augmentation est 4.6 % par rapport à 2009 des lignes mobiles (64.4 millions soit quasi 100 % de pénétration). Entre janvier et août 2010 en France en comparaison à l'année précédente, la vente de non smartphones a baissé de 9 % tandis que les ventes de smartphones croissent à 138 %. Au premier trimestre 2011, le taux d'équipement des français en smartphone est 31.4 % [12].

D'autres systèmes d'exploitation existent aussi comme :

- MeeGo, développé par Intel et Nokia ;
- Bada, développé par Samsung ;
- WebOS, développé par Palm.

Nombre des ces systèmes utilisent le moteur de rendu HTML WebKit intégré dans un navigateur pour l'affichage des sites sur la toile. Il équipe les nouveaux Blackberry, Nokia travaille à son intégration sur Symbian et il est la référence sur Android et iOS[13].

Normes de communication haut débit

Les ordiphones ont besoin d'une connexion à haut débit vers l'opérateur téléphonique pour tirer parti de toutes les fonctionnalités (Push Mail, VoIp, etc.). À ce jour, plusieurs normes coexistent :

- GPRS (ou 2.5 G) ;
- EDGE (ou 2.75 G);
- 3G ou UMTS;
- HSDPA (ou 3G+ ou 3.5 G);
- HSUPA ou HSPA+ (ou 3.75 G).
- LTE (ou 4 G).

La plupart d'entre eux proposent en plus une connexion Wi-Fi permettant de se connecter à Internet par l'intermédiaire d'un réseau privé ou d'une borne Wi-Fi.

Économie

Marché mondial

Ventes mondiales de téléphones mobiles aux deuxièmes trimestres 2009 et 2010 et au premier trimestre 2011[14] selon le fabricant[11]

Fabricant	2011		2010		2009	
	Unités	Part de marché	Unités	Part de marché	Unités	Part de marché
Nokia	107556100	25,1 %	111473800	34,2 %	105413400	36,8 %
Samsung	68782000	16,1 %	65328200	20,1 %	55430100	19,3 %
LG	23997200	5,6 %	29366700	9 %	30497000	10,7 %
Research In Motion (BlackBerry)	13004000	3 %	11228800	3,4 %	7678900	2,7 %
Sony Ericsson	7919400	1,9 %	11008500	3,4 %	13574300	4,7 %
Motorola	8789700	2,1 %	9109400	2,8 %	15947800	5,6 %
Apple	16883200	3,9 %	8743000	2,7 %	5434700	1,9 %
HTC	9313500	2,2 %	5908800	1,8 %	2471000	0,9 %
ZTE	9826800	2,3 %	5545800	1,7 %	3697900	1,3 %
Huawei	7002900	1,6 %	5208600	1,6 %	N/A	N/A
Autres	154770900	36,2 %	62635200	19,3 %	45977200	16,1 %
Total	**427846000**	**100 %**	**325556800**	**100 %**	**286122300**	**100 %**

Les ventes de téléphones mobiles en 2011 sont 1.6 milliard[15] dont 0.49 milliard de smartphones (31 %).

Part de marché trimestrielle des principaux vendeurs de smartphones 2009 - 2011 (IDC)[16]

Vendeur	Q1 2009	Q2 2009	Q3 2009	Q4 2009	Q1 2010	Q2 2010	Q3 2010	Q4 2010	Q1 2011	Q2 2011	Q3 2011	Q4 2011
Apple	10,9 %	12,1 %	17,3 %	16,1 %	15,7 %	13 %	17,4 %	16,1 %	18,8 %	19,1 %	14,5 %	23,9 %[17]
Samsung		2,6 %	3 %	3,3 %	4,3 %	5,6 %	8,9 %	9,6 %	10,8 %	16,2 %	20 %	23,5 %[17]
Nokia	39,3 %	39,4 %	38,3 %	38,6 %	38,8 %	37,3 %	32,7 %	28 %	24,3 %	15,7 %	14,2 %	12,6 %[18]
RIM	20,9 %	18,6 %	19,9 %	19,9 %	19,1 %	17,4 %	15,3 %	14,5 %	14 %	11,6 %	10 %	
HTC	4,3 %	4,9 %	4,9 %	4,5 %	4,9 %	6,8 %	7,2 %	8,5 %	8,9 %	11 %	10,8 %	
Motorola	3,4 %											3,4 %[19]
Autres	20,6 %	20 %	16,6 %	17,6 %	17,1 %	19,9 %	18,6 %	23,3 %	23,3 %	26,4 %	30,5 %	

Au deuxième trimestre mondial 2011, vente de + 65 % en un an de smartphones[16]. Apple est le premier avec 20.3 millions de smartphones vendus et Samsung le deuxième avec 17.3 millions[16].

Au dernier trimestre 2011, Apple a largement battu son record de revenus depuis que la firme existe avec 62 millions d'appareils vendus dont 37 millions de smartphones (premier)[20]. Le deuxième est Samsung avec 36.5 millions mais en 2011 avec une gamme plus large qu'Apple, il a vendu 97.4 millions (19.9 %) de smartphones en 2011, pour Apple c'est 93 millions[21].

Marché chinois

D'après un rapport du cabinet d'étude Strategy Analytics, le marché chinois est devenu le premier marché mondial au troisième trimestre 2011 avec 23.9 millions d'unités vendues pendant cette période, contre 23.3 millions aux États-Unis[22].

Marché français

Les opérateurs de téléphonie Orange, SFR, Bouygues Telecom et Free Mobile proposent les produits suivants :

- Acer
- HP iPAQ
- HTC/Qtek/SPV
- iPhone
- LG
- Motorola
- Nokia
- Palm (racheté depuis par HP et en voie d'abandon)
- Samsung
- Sony Ericsson

Marché américain

Le marché du smartphone aux États-Unis est dominé par trois principaux systèmes d'exploitation, à savoir, RIM/BlackBerry, Apple iOs et Google Android. ComScore annonçait le 1er avril 2011, qu'en février 2011 la répartition des OS mobiles était la suivante[23] :

- RIM/BlackBerry : 28,9 %
- Android : 33 %
- iOS (Apple) : 25,2 %
- Microsoft : 7,7 %
- Palm : 2,8 %

Les données en provenance de ComScore représentent un instantané des systèmes d'exploitation pour ordiphones en circulation, et sont donc différentes des parts de marché des systèmes d'exploitation sur les ordiphones vendus.

Marché européen

En 2010, 22 % des mobiles vendus sont des smartphones puis 45 % en décembre 2011[24].

Usages professionnels

En France, 11 % des actifs feraient usage d'un smartphone dans le cadre de leurs activités professionnelles en 2011. Ce taux peut être doublé si les actifs faisant un usage professionnel de leur propre terminal personnel sont pris en compte et il devrait plus que doubler d'ici 2013.[réf. nécessaire] Ces données confirment la poussée des usages des smartphones en entreprise et la réalité de l'engouement du côté notamment des dirigeants, des top managers, des commerciaux itinérants, des fonctions marketing et relation client ainsi que des professions nomades ou mobiles[25].

Notes et références

[1] Gartner (10 November 2010). *Gartner Says Worldwide Mobile Phone Sales Grew 35 Percent in Third Quarter 2010; Smartphone Sales Increased 96 Percent* (http://www.gartner.com/it/page.jsp?id=1466313). Communiqué de presse. Consulté le 18 November 2010.

[2] Vous êtes déjà en 2020 : "Bientôt la 5G ! (http://www.zdnet.fr/blogs/digiworld/vous-etes-deja-en-2020-bientot-la-5g-39758570.htm) Zdnet.fr, 25 février 2011

[3] Voir la partie Terminologie

[4] Journal officiel n° 0300 du 27 décembre 2009 (http://www.legifrance.gouv.fr/affichTexte.do;?cidTexte=JORFTEXT000021530617)

[5] Entrée « Téléphone intelligent » (http://liendex.ptaff.ca/v2/fr_CA/francais/grand_dictionnaire_terminologique/tÃ©lÃ©phone+intelligent) sur *Grand dictionnaire terminologique*, OQLF.

[6] http://www.cnetfrance.fr/news/fin-2011-il-se-vendra-plus-de-smartphones-que-de-mobiles-classiques-39762437.htm

[7] Ordiphone : des données personnelles qui valent de l'or pour les publicitaires (http://www.publicsenat.fr/lcp/politique/smartphone-des-donnees-personnelles-qui-valent-l-publicitaires-63410) - Public Sénat, 22 décembre 2010

[8] **(en)** Your Apps Are Watching You (http://online.wsj.com/article/SB10001424052748704694004576020083703574602.html) - Scott Thurm et Yukari Iwatani Kane, *The Wall Street Journal*, 17 décembre 2010

[9] L'espion qui vous vend des biens (http://www.lequotidien.lu/multimedia/18360.html) - *Le Quotidien*, 23 décembre 2010

[10] http://android.connexion-mobile.net/2011/05/android-domine-marche-smartphones.html

[11] Étude Gartner d'août 2010, Android, le troisième OS mobile le plus populaire au monde (http://www.silicon.fr/fr/news/2010/08/12/android__le_troisieme_os_mobile_le_plus_populaire_au_monde) sur *www.silicon.fr*

[12] Le marché des Smartphones et des tablettes numériques (http://marketing-webmobile.fr/2011/11/le-marche-des-smartphones-et-des-tablettes-numeriques/) Marketing webmobile.fr, publié le 10 novembre 2011.

[13] **(fr)** Vidéo : le nouveau navigateur BlackBerry basé sur WebKit (http://www.clubic.com/os-mobile/blackberry-os/actualite-352264-video-navigateur-blackberry-base-webkit.html)

[14] Les ventes de mobiles en hausse de 19% sur T1 2011 (http://www.lesmobiles.com/actualite/6099-les-ventes-de-mobiles-en-hausse-de-19-sur-t1-2011.html) - LesMobiles.com, 20 mai 2011

[15] 1,6 milliard de téléphones mobiles ont été vendus en 2011 (http://www.businessmobile.fr/actualites/16-milliard-de-telephones-mobiles-ont-ete-vendus-en-2011-39767937.htm) - Business mobile.fr, 27 janvier 2012

[16] Apple et Samsung dominent le marché des smartphones en 2011 dans le monde (IDC) (http://www.eco-conscient.com/art-714-quels-sont-les-parts-de-marche-des-fabricants-de-smartphone-apple-rim-htc-samsung-nokia.html) - EcoConscient 11 février 2012

[17] L'iPhone d'Apple repasse devant Samsung au quatrième trimestre (http://www.challenges.fr/high-tech/20120127.CHA9708/l-iphone-d-apple-repasse-devant-samsung-au-quatrieme-trimestre.html) - *Challenges*, 27 janvier 2012

[18] Nokia : ses ventes de smartphones continuent de sombrer. Les Lumia ne sont pas encore les sauveurs (http://www.pcinpact.com/news/68588-nokia-ventes-smartphones-sombrer-lumia.htm) - Pcinpact.com, 28 janvier 2012

[19] Motorolola a vendu 5,3 millions de smartphones au 4ème trimestre (http://www.mobiletest.fr/motorola/motorolola-vendu-53-millions-de-smartphones-au-4eme-trimestre) - Mobile test.fr, 10 janvier 2012

[20] Tout ce que vous avez toujours voulu savoir sur les ventes records d'Apple au dernier trimestre (et au total) (http://www.iphon.fr/post/resultats-ventes-apple-trimestre-iphone-ipad) - Iphon.fr, 25 janvier 2012

[21] Apple reprend la place de numéro 1 des smartphones devant Samsung (http://www.lesmobiles.com/actualite/7147-apple-reprend-la-place-de-numero-1-des-smartphones-devant-samsung.html) - Les mobiles.com, 28 janvier 2012

[22] Ventes de smartphones : La Chine passe devant les États-Unis (http://www.lemondeinformatique.fr/actualites/lire-ventes-de-smartphones-la-chine-passe-devant-les-etats-unis-46781.html) - *Le Monde informatique*, 25 novembre 2011

[23] Étude Comscore Février 2011, Android, dépasse iPhone sur le segment des ordiphones (http://www.eco-conscient.com/art-969-part-de-marche-android-depasse-apple-sur-le-segment-des-smartphones-android-apple-ios-rim-blackberry-aux-usa.html) sur *www.eco-conscient.com*

[24] 36% des mobiles vendus en Europe sont des smartphones (http://www.metrofrance.com/high-tech/36-des-mobiles-vendus-en-europe-sont-des-smartphones/rlbn!rmtrT@Iu1sWRcAP7tpUcAA/) Métro France.com, le 14 février 2012

[25] Principaux usages professionnels sur smartphones et tablettes numériques (http://blog.markess.fr/2012/01/usages-professionels-smartphones-et-tablettes-numeriques.html) - MARKESS International, 6 janvier 2012

Annexes

Articles connexes

- Tablette tactile
- Vie privée et informatique

Lecteur multimédia

Un lecteur multimédia est un périphérique ou une application qui permet de restituer des données visuelles et auditives. Les données multimédia sont visualisées sur une surface réceptrice (écran, Projecteur) et écoutées par des haut-parleurs (enceintes) et parfois interactive par l'utilisation d'une surface de contrôle (clavier, souris, stylo).

Logiciel de lecture multimédia

La lecture des données se fait grâce à un logiciel qui fonctionne sur un Compatible PC. Les logiciels de lecture sont les logiciels de lecture simple et les logiciels d'édition : logiciel de montage vidéo, audio, logiciel d'animation, logiciel d effets, logiciel 3D.

Certains sont de vrais gestionnaires de données multimédia permettant d'acheter de fichiers en ligne et de gérer les DRM. D'autres sont capables grâce à un moteur de recherche local de cataloguer et organiser de ses données comme Phase One Media Pro ou Google local search, Whereisit ; ces logiciels utilisent des players pour visualiser le contenu multimédia et permettent la lecture de métadonnées (IPCT des fichiers images) comme MetadataMiner. Ces gestionnaires sont des GED pour les documents informationnelles. Dans le monde audio les logiciels savent gérer par des playlist sous le format pls, M3U,XSPF (IDtag,media database).

- BSplayer
- ITunes : gestionnaire multimédia, DRM (qt), lecteur audio, webradio, vidéo, webTV, images
- Jaangle[1]
- Kaffeine
- Media Player Classic
- MPlayer
- Quicktime Player : gestionnaire
- Real Player : gestionnaire multimédia DRM?, lecteur audio vidéo,
- RM-X Player
- Songbird
- Totem
- The KMPlayer
- VLC media player : lecteur audio, vidéo, webTV, webradio
- Winamp: lecteur radio audio vidéo
- Windows Media Player gestionnaire DRM (wmv, wma), lecteur audio vidéo
- XBMC Media Center
- Xine
- xmplay : gestionnaire audio, webradio, audio

Matériel de lecture

La lecture proprement dite peut se faire sur des périphérique de stockage par bandes magnétiques ou par mémoire. Ces périphériques sont capables de lire les données mais aussi selon les cas de copier (Magnétoscope, Numériscope) ou capturer (Caméscope, Appareil photographique numérique) les données multimédia. La Lecture actuelle utilise les données sous forme numérisée et de moins en moins analogique. Les données des appareils photos et les caméras sont stockées sur un film argentique qui peut être visualiser directement avec table de lumière ou un projecteur. Les images peuvent aussi être visualisées sans son (Chronophone, pas multimédia) après Impression,peinture (Fresque),sculpture Bas-relief et Holographie(Hologramme).

Protocole de transmission des données

La transmission des données numérisées se fait par modulation sur différents supports conducteurs à l'origine de véritables réseaux.

Support ondulatoire :

- TV : TDF
- mobile : SFR, Orange, Bouygues
- satellite : Astra, Eutelsat
- radio FM : TDF, Towercast
- WinMAx : Maxtel, Bolloré, Iliad, Free, HDRR, France Télécom, Société du Haut Débit

Support conducteur :

- cuivre : France Telecom
- câble : Numericable

Support optique :

- fibre optique FTTH : Iliad (FRee, CitéFibre), Orange

En informatique les données passent sur l'un des réseaux nommés ci-dessous en se basant sur un protocole compatible IP et l'utilisation d'un lecteur compatible avec le fichier ou son flux (serveur) :

- streaming : UPnP ou SHOUTcast. Ils possèdent souvent des connecteurs permettant l'accès à des périphériques de stockage (disque dur, clé usb, SD card, Compact Flash ..)
- internet : HTTP

Notes et références

[1] **(en)** Site de Jaangle (http://www.jaangle.com/)

Annexes

Articles connexes

- Comparaison de lecteurs multimédia
- Lecteur audio
- Magnétoscope et numériscope associé à un téléviseur (écran + haut-parleurs)

Nokia

Nokia Corporation

Création

Création	1965

Données clés

Action	OMX : **NOK1V** [1] NYSE : **NOK** [2] FWB: **NOA3** [3]
Siège social	Keilaniemi, Espoo (Finlande)
Direction	Stephen Elop, PDG actuel Jorma Ollila, ancien PDG
Activité	Télécommunications
Produits	Téléphones mobiles
Filiales	Nokia Siemens Networks (50 %), NAVTEQ, Symbian ltd, Vertu, Qt Development Frameworks
Effectif	132427 (2010)
Site web	www.nokia.com [4]

Données financières

Capitalisation	15.69 milliards € (1/02/09)[5]
Chiffre d'affaires	▲ 41 milliards € (2010)
Résultat net	▼ -4 milliards € (2008)

Nokia Corporation est une entreprise de télécommunications finlandaise. En 2006, Nokia et Siemens fusionnent leurs activités d'équipements pour réseaux télécoms dans la coentreprise Nokia Siemens Networks. En 2008, Nokia est le plus grand constructeur mondial de téléphones mobiles, devant Motorola et Samsung, avec, près de 39 % de parts du marché mondial (-1 % lors du premier trimestre de l'année 2008)[6]. En 2011, Nokia est numéro un mondial pour la quatorzième année consécutive[7]. En 2012, Nokia perd son titre de numéro un mondial au profit de Samsung[8].

Étymologie

En finnois, *Nokia*, est le nom ancien de la zibeline, qui a donné son nom à une grande rivière, la Nokia, située à l'ouest de la Finlande, sur laquelle on a fondé la ville Nokia, où était basée l'entreprise à l'origine.

Histoire

Le siège de Nokia

Le groupe Nokia est né en juin 1966 de la fusion de trois industries remontant au XIXe siècle et portant déjà ce nom : papeterie, caoutchouc et câbles.

Dans les années 1970, la firme se lance dans les téléviseurs , mais continue à être un conglomérat « touche à tout », d'envergure modeste.

En 1992, la marque décolle lorsque le groupe se débarrasse de toutes ses activités sauf une, la téléphonie mobile, encore balbutiante. Le groupe fait alors le pari que le téléphone mobile peut toucher des centaines de millions de personnes à travers le monde, pour peu que son prix baisse suffisamment. À l'époque, la plupart des industriels des télécommunications estiment que la technologie mobile, déjà connue et développée, ne peut bénéficier qu'à une clientèle limitée.

Dès 1994, pour pallier l'étroitesse du marché financier finlandais, Nokia se fait coter sur le Nasdaq. L'action voit son prix multiplié par *600* entre 1992 et 2000, période pendant laquelle le groupe a multiplié son chiffre d'affaires par 8 et son bénéfice par 12 (après plusieurs années de pertes lors des efforts d'investissement dans le téléphone mobile).

Vers l'an 2000, le groupe connait son plus grand succès en télécommunications avec son téléphone portable Nokia 3310, mais à partir de l'année 2000, ses rivaux mettent les bouchées doubles et Nokia voit sa part du marché mondial (35 %) se contracter.

Le 18 juin 2006, Nokia et Siemens AG annoncent la fusion de leurs activités de télécommunications, donnant ainsi naissance à un géant mondial : Nokia Siemens Networks[9].

En août 2007, la firme annonce le rappel de 46 millions de batteries de la marque Matsushita en Inde, à cause des risques de surchauffe de celles-ci[10]. Cela provoque d'immenses manifestations dans tout le pays[10]. Devant des scènes d'émeutes, tous les magasins Nokia sont fermés en Inde et placés sous protection policière jusqu'au 19 août[10].

En janvier 2008, la décision de l'entreprise de délocaliser son usine de Bochum, en Allemagne, afin d'augmenter les marges de production, et ce, alors que des bénéfices records ont été réalisés en 2007, a donné lieu à d'importantes manifestations et à de vives protestations de la part de nombreux hommes politiques allemands - plusieurs ont ainsi rendu leur portable Nokia. Selon des sondages de janvier 2008, plus de la moitié des Allemands seraient prêts à renoncer à l'achat d'un Nokia.[évasif][réf. nécessaire]

En 2008, le parlement finlandais envisage de passer une loi qui permettrait aux employeurs d'analyser les journaux des courriels transmis et reçus par les employés. À cause d'un effort certain de lobbying de la part de Nokia, la loi est surnommée *Lex Nokia*[11]. En 2000 et en 2001, dans le but de prévenir l'espionnage industriel, Nokia aurait illégalement surveillé les activités électroniques de ses employés finlandais(en Finlande et au Portugal), mais la justice finlandaise a décidé de ne pas poursuivre le dossier, jugeant que le délai de prescription avait expiré[12]. En février 2005, Nokia aurait encore illégalement surveillé les activités électroniques de ses employés finlandais[13].

Selon une étude de Greenpeace de 2009, Nokia est en tête des entreprises éco-responsables[14]. Le fabricant finlandais doit son rang à sa campagne de récupérations des mobiles usagés qui s'étend sur 84 pays, avec près de 5000 points de collecte.

Le 22 octobre 2009, Nokia intente une poursuite, de 1 milliard de dollars, contre Apple, alléguant que cette dernière viole dix brevets détenus par Nokia[15],[16].

En juillet 2010, Nokia annonce l'acquisition de « la majeure partie de la division équipements réseaux sans fil » de Motorola pour une somme de 1,2 milliard USD[17].

le 21 septembre 2010, Nokia change de PDG, en remplaçant Olli-Pekka Kallasvuo par Stephen Elop, qui, jusqu'à lors travaillait dans la division Business de Microsoft[18].

Début février 2011, l'ancien dirigeant de Microsoft annonce un partenariat avec cette même entreprise et la nomination d'un ancien de l'entreprise à la tête de Nokia États-Unis. Il a été qualifié de « cheval de Troie » et d'être la septième personne détenant le plus de parts de l'action Microsoft, ce dont il se défend[19]. Depuis l'annonce, les marchés boursiers ont très mal accueilli le partenariat, enfonçant le titre, qui perd plus de 20 % de sa valeur[20]. Microsoft semble avoir déboursé plus d'un milliard d'euros pour éviter que Nokia ne se tourne vers Android[21]. Début mars 2011, on apprend les termes de l'accord, qui sont considérés comme bénéficiant uniquement à Microsoft[22].

En avril 2011, Nokia annonce 4000 suppressions de postes et 3000 externalisations vers des sous-traitants[23].

En septembre 2011, Nokia annonce la fermeture de ses activités à Cluj en Roumanie, et la suppression de 3500 emplois dans le monde en plus que ceux annoncés en avril[24].

En octobre 2011, Nokia a lancé sa nouvelle gamme de smartphone utilisant l'OS mobile de Microsoft (Windows Phone 7). Cette gamme, nommée Lumia, se compose de trois modèles, le Lumia 800, le Lumia 900 et le Lumia 710.

Produits

Téléphonie mobile

Nokia est un constructeur de téléphones mobiles dont la gamme est très étendue et qui sort régulièrement de nouveaux modèles.

La serie N de Nokia est le fleuron du groupe. Elle permet de faire fonctionner plusieurs applications en même temps, offrant par exemple la possibilité d'écouter de la musique sur son téléphone portable tout en jouant à un jeu ou en consultant son agenda. Les séries N de Nokia se rapprochent des ordinateurs dans la mesure où ils permettent de lire de nombreux fichiers (Office), d'écouter de la musique et de servir de GPS pour les modèles plus coûteux.

Console de jeux

Nokia tenta d'entrer sur le marché des consoles de jeux portables avec son téléphone/console N-Gage. Sortie une première fois fin 2003 en France, la console a reçu un accueil mitigé dû à son manque de jeux et des problèmes de conception. Nokia en a tenu compte et a sorti une nouvelle version en 2004 : la N-Gage QD. Malgré ses améliorations, la console n'est toujours pas un franc succès.

Pas conçu pour le jeu, le téléphone N93 équipé d'un processeur 3D OpenGL ES 1.1 pourrait se présenter comme une relève potentielle, mais ne semble pas présenté comme tel à ce jour.

Tablette

Les concepteurs de Nokia ont conçu en 2006 une tablette tactile Wi-Fi axée sur Linux, dont le code est complètement libre, nommée Nokia 770 ; suivie en 2007 du Nokia N800, puis du Nokia N810, et enfin du Nokia N900. L'interface graphique est fortement axée sur GTK et est nommée Hildon. Le développement de logiciels s'effectue sur la plate-forme Maemo. Hormis le récent N 900, la tablette ne dispose pas de *slot* pour carte SIM : ce n'est pas un téléphone. Mais elle possède beaucoup des fonctionnalités principales d'un assistant personnel et permet de lire les fichiers au format flash.

Recherche en nanotechnologies

Nokia a présenté le concept *Morph* au *Museum of Modern Art* (MoMA) basé sur les nanotechnologies.

Il est développé en partenariat avec l'université de Cambridge. Il est composé d'un écran tactile entièrement pliable pour s'adapter aux usages de son propriétaire. Il peut changer de forme, d'apparence et de couleur. Ses touches peuvent apparaître de sa surface. En plus des activités multimédias, il est équipé de capteur chimique pour détecter les particules de son environnement ou de son utilisateur. Enfin, sa structure autonettoyante et rechargeable par l'énergie solaire lui assure une durée de vie infinie.

Recherche en interfaçage homme/machine

Nokia a présenté un nouveau concept d'interaction avec l'utilisateur lors des Nokia World 2011[25]. L'appareil a la forme d'une tablette avec un écran couleur, mais qui a la particularité d'être flexible et d'être contrôlé par la torsion. Il est donc possible de zoomer et de de-zoomer en pliant l'appareil, ou de naviguer dans les menus en le tordant sur les côtés.

Logiciel

Nokia développe deux plateformes à l'aide de l'entreprise européenne SYMBIAN ; la série 40 et la série 60/ La série 40 est la plus simple, celle qui a fait tout le succès de la marque. la plate-forme Série 60, basée sur le système d'exploitation Symbian OS, et utilisée sur ses propres téléphones haut de gamme « *Smartphones* ». Nokia licencie aussi cette plate-forme aux autres constructeurs, on la trouve donc sur des téléphones mobile de marque Samsung, Siemens, Sendo, ou encore LG. Nokia a également développé Sensor, une application destinée à partager des albums.

Nokia Software Updater est une application créée par Nokia pour mettre à jour le logiciel d'un téléphone équipé de la plate-forme S60 (E61i, N70, N73, N95, N97, N82, 6630, 6680...) et de certaines séries 40 (6131, 6288, 6300...).

Une mise à jour logicielle permet de corriger certains dysfonctionnements ou bien d'incorporer de nouvelles fonctionnalités à un téléphone.

Le 28 janvier 2008, Trolltech, société développant notamment Qt, a annoncé avoir accepté une offre d'achat de la totalité de la compagnie par Nokia.

Le 24 juin 2008, Nokia lance une offre d'achat totale sur Symbian pour 264 millions d'euros, une entreprise de logiciels pour téléphones portables dont elle détient déjà 48 %.

Le 11 février 2011, l'ancien cadre de Microsoft annonce la fermeture des services Symbian et MeeGo pour utiliser les services de Microsoft[26].

Services

Nokia est une entreprise qui offre des services permettant de transférer des données multimédia provenant de l'internet ou capturer/receptionner par leur téléphone (logiciel ovi).

Visual radio permet d'avoir un fichier playlist permettant d'éviter la configuration des radios FM puisque il n'existe pas de recherche automatique de radio sur les téléphones compatibles radio FM analogique (Nokia N95).

Nokia propose un ensemble de services internet pour avoir un lien entre ordinateur et téléphone portable/smartphone sous le nom d' Ovi.

Informations financières

Les actions Nokia sont cotées sur plusieurs bourses. Elles furent introduites en 1975 à la bourse d'Helsinki. Aujourd'hui, Nokia est présent sur les bourses de Stockholm, Londres, Francfort et New York.

Le chiffre d'affaires en 2005 est de 34.19 milliards d'euros en progression de près de 16 %. La firme a vendu 265 millions de téléphones en 2005.

Le chiffre d'affaires publié en janvier 2011 est de 12.65 milliards d'euros. La firme a vendu 123.7 millions de téléphone en 2011[27].

En mai 2011, l'action a dégringolé de près de 20 % en séance pour toucher son niveau le plus bas en plus de treize ans, à 4.716 euros. Elle a clôturé sur une perte de 17,53 % à 4.75 euros, alors qu'elle culminait à 65 euros en 2000[28].

Filmographie

- *Blood in the Mobile*, documentaire de Frank Piasecki Poulsen réalisé en 2010.

Notes et références

[1] http://www.nasdaqomxnordic.com/aktier/shareinformation?Instrument=HEX24311

[2] http://www.nyse.com/about/listed/lcddata.html?ticker=NOK

[3] http://www.boerse-frankfurt.de/de/aktien/+FI0009000681

[4] http://www.nokia.com/

[5] Cours de Nokia (http://finance.google.com/finance?q=NYSE:NOK) sur http://finance.google.com"

[6] Alexandre Habian, « Nokia : des résultats en hausse, une part de marché en baisse », dans *Mobinaute*, 17 avril 2008 [texte intégral (http://www.neteco.com/136418-nokia-resultats-hausse-baisse.html) (le 2 février 2009)]

[7] Miyoung Kim et Tarmo Virki, « Samsung ne doute pas de détrôner Nokia en 2012 dans les mobiles », dans *Reuters France*, 11 janvier 2012 [texte intégral (http://fr.reuters.com/article/technologyNews/idFRPAE8090FV20120110) (le 11 janvier 2012)]

[8] Christophe Lagane, « Téléphones : Samsung passe devant Nokia au premier trimestre », dans *Silicon.fr via Reuters*, 13 avril 2012 [texte intégral (http://www.silicon.fr/telephones-samsung-passe-devant-nokia-au-premier-trimestre-73725.html) (le 28 avril 2012)]

[9] la Presse canadienne, « L'action de Nortel chute à la suite de la fusion de Nokia et Siemens », dans *Argent*, 19 juin 2006 [texte intégral (http://argent.canoe.com/infos/canada/archives/2006/06/20060619-170236.html) (le 2 février 2009)]

[10] Julien Bouissou, « Des portables Nokia défectueux provoquent la colère en Inde », dans *Le Monde*, 20 août 2007 [texte intégral (http://www.lemonde.fr/web/article/0,1-0@2-3234,36-945844@51-941701,0.html) (le 2 février 2009)]

[11] **(en)** Personnel de rédaction, « "Lex Nokia" gets blessing from Constitutional Law Committee », dans *Helsingin Sanomat*, 2 février 2009 [texte intégral (http://www.hs.fi/english/article/âLex+Nokiaä+gets+blessing+from+Constitutional+Law+Committee/1135241092046) (le 2 février 2009)]

[12] **(en)** Prosecutor: Nokia dug up e-mails in effort to plug information leaks in 2000-2001 (http://www.hs.fi/english/article/Prosecutor+Nokia+dug+up+e-mails+in+effort+to+plug+information+leaks+in+2000-2001/1135219561241) - *Helsingin Sanomat*, 18 avril 2006

[13] **(en)** Nokia snooped on employee e-mail communications in 2005 (http://www.hs.fi/english/article/Nokia+snooped+on+employee+e-mail+communications+in+2005/1135237031018) - *Helsingin Sanomat*, 9 juin 2008

[14] Nokia et Samsung en tête du classement Greenpeace des entreprises électroniques éco-responsable (http://blog.pixmania.com/high-tech/2723-classement-greenpeace-des-entreprises-electroniques-eco-responsable.html) - Blog Pixmania

[15] **(en)** Personnel de rédaction, « **(en)** A nasty legal spat among tech giants pits Nokia against Apple », dans *The Economist*, 23 octobre 2009 [texte intégral (http://www.economist.com/node/14731923?story_id=14731923&source=features_box_main) (le 7 janvier 2011)]

[16] **(en)** Tarmo Virki, « Nokia could seek up to $1 billion for iPhones: analysts », dans *Reuters*, 23 octobre 2009 [texte intégral (http://www.reuters.com/article/technologyNews/idUSTRE59L3QU20091023) (le 26 octobre 2009)]

[17] « En bref - Nokia Siemens rachète des activités de Motorola », dans *Le Devoir*, 20 juillet 2010 [texte intégral (http://www.ledevoir.com/economie/actualites-economiques/292867/en-bref-nokia-siemens-rachete-des-activites-de-motorola) (le 21 juillet 2010)]

[18] Nokia a recruté son nouveau PDG chez Microsoft (http://www.latribune.fr/technos-medias/telecoms/20100910trib000547615/nokia-a-recrute-son-nouveau-pdg-chez-microsoft.html), le 10 septembre 2010 sur La Tribune

[19] Le PDG de Nokia, un cheval de Troie de Microsoft ? (http://www.gizmodo.fr/2011/02/14/le-pdg-de-nokia-un-cheval-de-troie-de-microsoft.html), Gizmodo, 14 février 2011

[20] Bourse-Nokia poursuit sa chute après son alliance avec Microsoft (http://fr.reuters.com/article/frEuroRpt/idFRLDE71D0Q420110214), Reuters, 14 février 2011

[21] Courtisé par Google, Nokia a préféré les millions de Microsoft (http://www.lemondeinformatique.fr/actualites/lire-courtise-par-google-nokia-a-prefere-les-millions-de-microsoft-32899.html), Le monde informatique, 14 février 2011

[22] Le deal avec Microsoft, une véritable entourloupe pour Nokia (http://pro.01net.com/editorial/529687/le-deal-avec-microsoft-une-veritable-entourloupe-pour-nokia/), 01.net,Gilbert Kallenborn, 9 mars 2011
[23] Nokia annonce 4000 suppressions de postes et 3000 externalisations (http://www.liberation.fr/economie/01012334052-nokia-annonce-4000-suppressions-de-postes-et-3000-externalisations)
[24] Nokia supprimera 3500 emplois de plus (http://info.france2.fr/economie/nokia-supprimera-3500-emplois-de-plus-70605760.html) - France 2, 29 septembre 2011
[25] Kinetic Device : La tablette flexible de Nokia, la tablette du futur ! (http://www.firasofting.com/blog/2011/kinetic-device-la-tablette-flexible-de-nokia-la-tablette-du-futur/) - Firasofting, 28 octobre 2011
[26] Suppression d'emplois chez Nokia après l'alliance avec Windows (http://www.lemonde.fr/technologies/article/2011/02/11/les-smartphones-de-nokia-tourneront-desormais-sous-windows-phone_1478408_651865.html) - *Le Monde*, 11 février 2011
[27] La fin d'année 2010 n'augure rien de bon pour Nokia (http://lexpansion.lexpress.fr/high-tech/la-fin-d-annee-2010-n-augure-rien-de-bon-pour-nokia_247821.html) - *L'Expansion, 27 janvier 2011*
[28] Nokia renonce à ses objectifs, l'action chute (http://www.usinenouvelle.com/article/nokia-renonce-agrave-ses-objectifs-l-039-action-chute.N152955) - Ritsuko Ando, *L'Usine Nouvelle*, 31 mai 2011

Annexes

Articles connexes

- Symbian ltd
- Ovi
- Nokia Beta Labs

Lien externe

- Site officiel (http://www.nokia.com)

Symbian OS

Symbian OS	
Langue	Anglais, français, allemand, italien, portugais, espagnol et d'autres
État du projet	annulé[1]
Entreprise / Développeur	Symbian ltd + Symbian Foundation
Licence	Eclipse Public License (EPL) / Logiciel propriétaire (suivant version)
Dernière version stable	Symbian^3 Anna (le Septembre 2011)
Méthode de mise à jour	Via internet (Nokia Software Updater), Ovi suite, Fota
Environnement graphique	Symbian
Site web	symbian.org [2]

Symbian OS est un système d'exploitation pour téléphones portables (on parle de « *Smartphone* ») et PDA conçu par Symbian ltd.

Historique

C'est l'héritier du système d'exploitation Epoc32 qui équipait les Psion. Il est né d'un consortium de différents constructeurs [3]. Il dispose de nombreuses API spécifiques pour la communication mobile voix et données, et utilise des protocoles standards de communication réseaux: IPv4/IPv6, WAP, MMS, Bluetooth, GPRS/UMTS, Java, SyncML... Le 16 novembre 2006, 100 millions de téléphones mobiles ont été vendus avec cet OS. Il est adopté par différents fabricants de téléphones portables de deuxième génération (GSM et GPRS) et troisième génération (UMTS).

Il est racheté en 2008 à 100 % par Nokia qui n'en détenait jusqu'alors que 48 %, le reste étant réparti entre Sony Ericsson, Siemens, Samsung et Panasonic[4].

À la suite de ce rachat Nokia décide de changer la licence de Symbian OS et d'en faire un logiciel Open Source le 21 octobre 2009[5] (mais reviendra sur cette décision en avril 2011). Le code source est officiellement téléchargeable à partir du 4 février 2010.

Le 11 février 2011, le nouveau PDG de Nokia, Stephen Elop, ancien cadre de Microsoft, annonce qu'il abandonne le système d'exploitation de Nokia pour celui de son ancienne entreprise, en raison de la baisse importante de la part de marché de Nokia sur les smartphones, segment dominé par Apple (iPhone) et Google (Android)[6],[7]. Symbian et Meego seront donc remplacés par Windows Phone 7. L'annonce provoque la grève de milliers d'employés de Nokia[8] ainsi qu'une forte chute du cours de l'action Nokia[9].

Le 5 avril 2011, Nokia décide de revenir à un modèle propriétaire pour Symbian — les dernières versions libres du code source restent téléchargeables depuis des sites tiers[10],[11].

Le 27 avril 2011, Nokia annonce le transfert de Symbian ainsi que des quelque 3000 employés travaillant dessus à la société Accenture[12].

En juin 2011, bien qu'ayant opté pour Windows Phone 7, Nokia annonce la sortie de plusieurs modèles utilisant encore Symbian pour l'année à venir.

Versions

Symbian OS v5 ou **EPOC Release 5**. Dernière itération de l'OS qui est utilisé pour des PDA comme **le Psion Series 5** ou le **Psion Revo**

Symbian OS v5.1 ou **ER5u**. Support de l'Unicode. Version utilisée dans l'Ericsson R380.

Symbian OS v6.0. Premier téléphone 'open source', le Nokia 9210 sort avec la version 6.0.

Symbian OS v6.1. Première version de Symbian OS utilisé comme base aux téléphones Series 60.

Symbian OS v7.0et **v7.0s** (2003). Version majeure sur laquelle beaucoup d'interfaces utilisateurs ont été développées : UIQ, Series 80, Series 90.

Symbian OS v8.0. (2004). Cette version introduit un nouveau cœur (EKA2) radicalement différent dans son fonctionnement.

Symbian OS v8.1. Amélioration de 8.0 disponible en 8.1a qui continue de supporter EKA1 et 8.1b qui supporte EKA2.

Symbian OS v9.1 (2005). Cette version met l'accent sur la sécurité. Seules les applications signées peuvent accéder aux fonctionnalités critiques du téléphone.

Symbian OS v9.2 (2006). Les téléphones qui l'utilisent sont Nokia E90-Nokia N95-Nokia N82 et Nokia 5700.

Symbian OS v9.3 (2007). Cette version supporte maintenant le Wifi et le HSDPA. Les téléphones qui l'utilisent sont Nokia E72, Nokia 5730 XpressMusic, Nokia N79, Nokia N96, Nokia E52, Nokia E75.

Symbian OS v9.4 -Symbian^1-^1.5 (2008-2009). Cette version a été annoncée en mars 2007. Première version de Symbian OS utilisé comme base aux téléphones tactiles Nokia 5800 XpressMusic-Nokia N97-Nokia X6- Samsung i8910-Omnia HD-Sony Ericsson Satio. Toujours mise à jour[13].

Symbian^2(2009-2010). Version corrigée de symbian^1 par la Symbian Foundation. Marques qui ont adopté l'OS : Futjisu et Sharp.

Symbian^3 (2010)[14],[15],[16]

Le Nokia N8 est le premier téléphone à utiliser cet OS depuis la fin octobre 2010. Des outils de développement pour Symbian^3 ont été mis à disposition et promettent de rendre la création d'applications « aussi facile que de créer une page Web »[17].

Symbian^3 est la dernière version majeure du système. Nokia ayant annoncé qu'il développerait uniquement des mises à jour du système, il n'y aura donc plus de version majeure et donc pas de Symbian^4[18].

Symbian^3 Anna et Belle sont des mises à jour majeures du système Symbian^3 seulement.

Les interfaces utilisateur

Symbian OS fournit les fonctionnalités essentielles du système d'exploitation, notamment le cœur (nommé EKA2 dans la dernière version), ainsi que les API communes et une interface utilisateur de référence. Chaque constructeur développe sa propre interface utilisateur, et ajoute ou enlève des fonctionnalités. Ainsi, Série 60 et UIQ sont deux branches différentes de Symbian OS. Chaque version de ces branches se base sur une version déterminée de Symbian OS.

Les principales interfaces utilisateurs sont :

Series 60, renommée **S60**. Cette interface utilisateur est la plus répandue sur les téléphones basés sur Symbian OS. Créée par Nokia, elle se caractérise jusqu'à la version 3 par un écran non tactile, le support d'un clavier numérique, parfois d'un clavier alphanumérique (E90 communicator) et quelques touches additionnelles comme un joystick, ainsi que des touches à contexte applicatif (Softkeys). À partir de la version 3 principalement, l'interface se fait plus dynamique et l'écran peut avoir plusieurs tailles et formes. Serie 60 est l'interface utilisateur phare de Nokia, qui en a concédé la licence à d'autres constructeurs comme Lenovo, LG, Panasonic, Samsung, Sendo, Siemens.

Series 80. Créée par Nokia, cette interface utilisateur est destinée à la famille des « Communicator » ancienne génération (antérieurs à l'E90) et se caractérise par un clavier alphanumérique, 4 touches applicatives sur le côté droit et un écran large non tactile.

Series 90. Créée par Nokia et n'est maintenant plus en développement. Cette interface utilisateur se destinait aux matériels style PDA, avec support de l'écran tactile, pas de clavier. Ses concepts ont été réutilisés comme base à l'interface utilisateur Maemo de Nokia qui tourne sur une base Linux.

UIQ. Développée par UIQ Technology, aujourd'hui appartenant à Sony Ericsson et à Motorola. Cette plateforme s'est distinguée par son interface utilisateur de type PDA avec écran tactile (UIQ2). Elle supporte maintenant (UIQ3) également une interface classique sans écran tactile. UIQ est la deuxième interface utilisateur la plus répandue sur les téléphones Symbian OS.

MOAP(S). Disponible uniquement au Japon, cette plateforme a la particularité d'être fermée ; il est en effet impossible d'installer des applications tierces.

Interface utilisateur	Version de Symbian OS
Series 60 v1.0	v6.1
UIQ 2.0, UIQ 2.1	v7.0
Series 60 2nd FP 1, Series 80	v7.0s
Series 60 2nd FP 2	v8.0a
Series 60 2nd FP 3	v8.1a
S60 3rd, UIQ 3.1	v9.1
S60 3rd FP1	v9.2
S60 3rd FP2	v9.3
S60 5th	v9.4

Les applications

mNotes 5 et mSuite 5 de CommonTime permettent de synchroniser les mails et l'agenda Lotus Notes sur un smartphone Serie 60 3e ou 5e édition.

Développement

Le SDK, l'Application Developpement Toolkit, et le Product Developpement Toolkit sont librement téléchargeables après inscription sur le site de la communauté de développeurs Symbian.

Notes et références

[1] Comment Nokia compte vous vendre ses 150 derniers millions de smartphones sous Symbian (http://www.symbianfrance.com/2011/03/03/comment-nokia-compte-vous-vendre-ses-150-derniers-millions-de-smartphones-symbian/) Sur le site symbianfrance le 3 mars 2011

[2] http://www.symbian.org

[3] initialement Psion, Nokia, Motorola, Ericsson et Matsushita/Panasonic)

[4] *Nokia prend le contrôle de Symbian et le transforme en logiciel libre* (http://www.neteco.com/145438-fondation-symbian-nokia.html), Neteconomie, 24 juin 2008

[5] Symbian est officiellement Open Source (http://www.symbianfrance.com/2009/10/21/symbian-est-officiellement-open-source/) sur *www.symbianfrance.com*, octobre 2009. Consulté le 21 octobre 2009

[6] La stratégie de Nokia repose officiellement sur windows (http://www.symbianfrance.com/2011/02/11/la-strategie-de-smartphones-de-nokia-repose-officiellement-sur-windows-phone-7), Symbian France, 11 février 2011

[7] Microsoft-Nokia l'accord qui avantage l'emploi qt (http://www.pcinpact.com/actu/news/61883-microsoft-nokia-accord-consequence-avantage-emploi-qt.htm) Sur le site pcinpact

[8] **(en)** Nokia workers walk out in protest after Microsoft news (http://www.geek.com/articles/mobile/nokia-workers-walk-out-in-protest-20110211/), Geek.com, 11 février 2011

[9] L'action Nokia dégringole après l'annonce de sa nouvelle stratégie (http://www.tdg.ch/action-nokia-degringole-annonce-nouvelle-strategie-2011-02-11), tribune de Genève, 11 février 2011

[10] This project contains a full dump of all the public source code from the Symbian project (http://sourceforge.net/projects/symbiandump) Sur le site sourceforge.net

[11] {en} public source code from the Symbian project (http://code.google.com/p/symbian-incubation-projects/) Sur le site code.google

[12] Nokia se sépare de Symbian (http://www.presence-pc.com/actualite/nokia-symbian-43468/) Sur le site presence-pc

[13] Nokia annonce Symbian S60 5th Edition avec support tactile (http://www.generation-nt.com/nokia-symbian-s60-5the-edition-support-tactile-actualite-164541.html), GNT, 3 ocotbre 2008

[14] Des smartphones Symbian^3 à 100 € dès cette année (http://www.generation-nt.com/symbian-smartphones-open-source-annnonce-actualite-963961.html), GNT, 17 février 2010

[15] Le Nokia N8 sous Symbian 3 disponible en septembre ? (http://www.cnetfrance.fr/news/nokia-n8-symbian-3-date-disponibilite-39750379.htm), cnet france, 25 mars 2010

[16] Nouveau design pour Symbian 3 (http://www.ubergizmo.com/fr/archives/2010/03/nouveau_design_pour_symbian_3.php), übergizmo, 11 mars 2010

[17] Symbian^3 : mise à disposition d'outils de développement Web (http://www.generation-nt.com/symbian-open-source-outils-developpement-web-actualite-1007731.html), GNT, 30 avril 2010
[18] Nokia choisit Qt comme framework unique pour le développement mobile sur MeeGo et Symbian et il n'y aura pas de Symbian 4 (http://www.developpez.com/actu/22456/Nokia-choisit-Qt-comme-framework-unique-pour-le-developpement-mobile-sur-MeeGo-et-Symbian-et-il-n-y-aura-pas-de-Symbian-4), Developpez.com, 22 octobre 2010

Voir aussi

Liens externes

- ancien Site officiel de la Fondation Symbian (http://www.symbian.org/) (fermé)
- Site Symbianfrance (http://www.symbianfrance.com/)

iPhone

iPhone	
iPhone 4S	
Développeur	Apple
Fabricant	Foxconn (sous-traitance)
Type	Smartphone
Génération	5e (iPhone 4S)
Date de sortie	14 octobre 2011 (génération actuelle) 24 juin 2010 (quatrième génération) 19 juin 2009 (troisième génération) 11 juillet 2008 (deuxième génération) 29 juin 2007 (première génération)
Système d'exploitation	iOS 5.1.1 (sortie le 7 mai 2012)
Alimentation	Batterie lithium-polymère
Processeur	Puce bicœur Apple A5 800 MHz
Stockage	16/32/64 Go de mémoire flash
Mémoire	512 Mo de DRAM
Écran	Écran multi-touch de 3.5 pouces
Résolution	960 × 640 px (326 ppp)
Carte graphique	PowerVR SGX 543 GPU

Caméra	Arrière : 8 mégapixels, vidéo 1080p avec Flash LED Avant : VGA
Services	iTunes Store, App Store, iCloud, iBooks
Produits connexes	iPad, iPod touch (Comparaison)
Site web	www.apple.com/fr/iphone [1]

iPhone est une ligne de smartphones conçue et commercialisée par Apple Inc. depuis 2007. Les modèles, dont l'interface utilisateur a été conçue autour du multi-touch, disposent d'un appareil photo, d'un iPod intégré, d'un client Internet (pour naviguer sur le Web ou consulter son courrier électronique), et de fonctions basiques telles que les SMS (messages texte) et les MMS (depuis une mise à jour en ce qui concerne les anciens modèles, sauf pour la première génération) ; mais disposent aussi de la messagerie vocale visuelle et de l'App Store, qui permet de télécharger des applications, allant des jeux aux réseaux sociaux, en passant par les GPS, la télévision, la presse électronique ou encore les bandes-dessinées. Au mois de mars 2011, on compte plus de 550000 applications disponibles pour la plateforme iOS.

Steve Jobs présente, après des mois de rumeurs et de spéculations, le tout premier iPhone le 9 janvier 2007. Rétroactivement appelé **iPhone EDGE** ou **iPhone Original**, il est lancé aux États-Unis le 29 juin 2007, avant d'être commercialisé dans quelques pays d'Europe à la fin de cette même année. Il inclut un GSM quadri-bande, compatible EDGE. Le magazine *Time* le nomme « Invention de l'année 2007 ».

Sorti le 11 juillet 2008 dans le monde et le 18 juillet en France, l'**iPhone 3G** prend en charge la norme 3G via UMTS avec HSDPA 3.6 Mb/s et embarque un GPS.

L'**iPhone 3GS** possède une caméra vidéo intégrée, une meilleure résolution pour sa fonction photo (3.2 MP contre 2.0 MP et un autofocus), une meilleure autonomie ainsi que de meilleures performances (la vitesse d'où le S pour "Speed" de iPhone 3GS)[2] et inclut notamment un contrôle vocal et une boussole. Il supporte le téléchargement de données 3G à 7,2 Mb/s HSDPA, mais reste quand même bridé à 384 kb/s, Apple n'ayant pas mis en œuvre le protocole HSPA. Il est commercialisé depuis le 19 juin 2009 aux États-Unis, au Canada ainsi que dans six pays européens.

L'**iPhone 4** a été annoncé à la conférence du 7 juin 2010 (en même temps que IOS 4) par Steve Jobs et dispose, par rapport au modèle 3GS, d'un écran à résolution quadruplée (960 x 640 pixels contre 480 x 320 pixels auparavant) appelé *Écran Retina*, d'un flash LED, d'une caméra en façade pour la visioconférence (ne fonctionne qu'en Wi-Fi pour l'instant et uniquement avec un autre iPhone 4, un iPod Touch équipé d'une caméra en façade, un iPad 2 ou un Mac) utilisant le logiciel *FaceTime* et d'un design général revu.

L'**iPhone 4S**, d'apparence identique, a été présenté au siège d'Apple à Cupertino par Timothy D. Cook, nouveau CEO de la firme, le 4 octobre 2011. Doté d'une nouvelle puce « A5 bicœur », il présente comme principales innovations un appareil photographique 8 mégapixels et l'assistant personnel à reconnaissance vocale *Siri*, en étant animé par le système d'exploitation iOS 5 dont la commercialisation s'effectue concomitamment le 14 octobre 2011[3].

Les modèles EDGE et 3G ne sont plus en vente. Le modèle 3GS est commercialisé avec 8 Go en tant que modèle d'entrée de gamme. Le modèle 4 est lui aussi commercialisé avec 8 Go en tant que modèle milieu de gamme. l'iPhone EDGE ainsi que l'iPhone 3G ne bénéficient pas des améliorations de la nouvelle version d'iOS 5[2], disponible pour les autres modèles à partir de l'iPhone 3GS[4].

Historique

Un iPhone au côté d'un Newton MessagePad.

Le développement de l'iPhone a débuté par la recherche d'ingénieurs sous la direction du CEO d'Apple Steve Jobs travaillant sur les écrans tactiles. Les étapes de recherche et développement engagées par la société se déroulèrent notamment à Paris, et furent menées par une cellule d'Apple sous la tutelle de l'ingénieur français Jean-Marie Hullot[5],[6]. Apple a par la suite créé le dispositif au cours d'une collaboration avec AT&T Mobility-Cingular Wireless, à un coût de développement estimé de 150 millions de dollars sur plus de trente mois. Apple a rejeté l'approche qui avait amené le Motorola ROKR E1. Au lieu de cela, Cingular a donné la liberté d'Apple pour développer l'iPhone et les logiciels en interne.

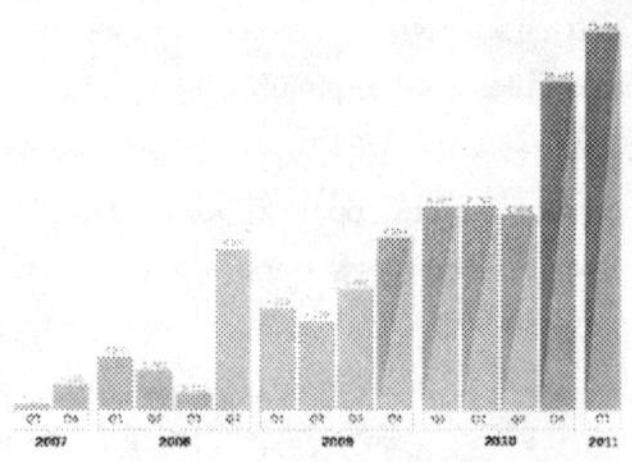
Vente d'iPhone par trimestre dans le monde (en million d'appareils vendus). Q1 correspond à oct-déc. iPhone EDGE iPhone 3G iPhone 3GS iPhone 4

Jobs a dévoilé l'iPhone au public le 9 janvier 2007. Apple a été tenu de déposer les permis d'exploitation auprès de la FCC, mais puisque de tels dépôts sont à la disposition du public, l'annonce a été faite quelques mois avant que l'iPhone ait reçu l'agrément. L'iPhone a été mis en vente aux États-Unis le 29 juin 2007. La première version de l'iPhone a été rendue disponible au Royaume-Uni, en France et en Allemagne en novembre 2007, et en Irlande et en Autriche au printemps 2008.

Le 11 juillet 2008, Apple a lancé l'iPhone 3G dans vingt-deux pays[7]. Apple a depuis commercialisé l'iPhone 3G dans plus de quatre-vingts pays et territoires. Apple annonce la sortie de l'iPhone 3GS le 8 juin 2009. Beaucoup d'utilisateurs se sont opposés au coût excessif de l'iPhone. Dans une tentative de gagner un marché plus large, Apple a conservé l'iPhone 3GS de 8 Go, qui a un prix largement inférieur.

Distribution

Disponibilité des iPhone : iPhone EDGE était disponible, actuellement 3GS iPhone 3G et 3GS À venir

L'iPhone est annoncé le 9 janvier 2007[8], et commercialisé le 29 juin 2007 aux États-Unis[9], le 9 novembre 2007 en Allemagne et au Royaume-Uni, et le 28 novembre 2007 en France. Puis durant l'année 2008 en Asie, dans le reste de l'Europe et au Canada.

La version suivante de l'iPhone, l'iPhone 3G, est annoncée le 9 juin 2008 lors de la *Worldwide Developers Conference* d'Apple. Il reprend presque la même architecture que la première mouture avec en plus le support de la 3G et un GPS fonctionnant avec Google Maps. Il est sorti dans de nombreux pays le 11 juillet 2008 et en France le 17 juillet 2008. Il remplace totalement la première version dès sa sortie.

En Chine, il est distribué par China Unicom depuis 2009 avec toutefois des limitations au niveau des fonctionnalités, entre autres les iPhone distribués en Chine ne sont pas équipés de la technologie Wi-Fi[10].

Un produit très attendu

File d'attente au lancement de l'iPhone 3GS à l'Apple Store de Zurich.

Après une importante campagne publicitaire aux États-Unis, près de 200000 exemplaires de l'iPhone furent vendus durant trois semaines de vente. Le développement de l'iPhone a, selon Steve Jobs, pris deux ans et demi, et le PDG d'Apple a présenté l'appareil le 9 janvier 2007 au discours d'ouverture du salon professionnel Macworld, à San Francisco. La rumeur selon laquelle l'entreprise travaillait sur un téléphone mobile intégrant des fonctionnalités similaires à celle de l'iPod courait depuis déjà près d'un an. En septembre 2005, Apple, Motorola et Cingular avaient présenté le ROKR, un téléphone mobile compatible avec le logiciel iTunes d'Apple. L'appareil n'avait toutefois connu qu'un succès très mitigé, entaché de problèmes techniques de synchronisation avec iTunes (Motorola lança par la suite une nouvelle version de son RAZR, lui aussi compatible avec iTunes, mais sans grande publicité).

Steve Jobs voit le lancement de l'iPhone comme une « révolution » comparable à celle des innovations technologiques que représentèrent respectivement en 1984 et 2001 deux autres produits d'Apple, le Macintosh et l'iPod. Lors de son discours d'ouverture à Macworld, le dirigeant d'Apple a déclaré viser 1 % de parts de marché pour 2008, soit environ 10 millions d'appareils au niveau mondial[11]. Le prix sur contrat de deux ans est de 399 €.

Il est vendu exclusivement par AT&T aux États-Unis, T-Mobile en Allemagne et O2 au Royaume-Uni. Environ 10000 exemplaires du mobile se sont vendus la première journée dans chacun de ces deux derniers pays.

La France a été le quatrième pays à recevoir l'iPhone, Orange France en était le distributeur exclusif depuis le 28 novembre 2007. Le constructeur de l'appareil, Apple, a accordé par contrat et avec des contreparties financières[12] à Orange France l'exclusivité pour la distribution de l'iPhone sur le territoire français jusqu'en juillet 2009. Mais, sur saisine de son concurrent Bouygues Telecom, le Conseil de la concurrence (devenu l'Autorité de la concurrence) a, le 17 décembre 2008, notamment enjoint, à titre conservatoire, la suspension des stipulations de la convention qui accordaient à Orange France cette exclusivité[13]. L'opérateur mobile (ainsi qu'Apple) a alors interjeté appel, le 29 décembre 2008[14], de cette décision devant la cour d'appel de Paris. Cependant, l'appel n'étant pas suspensif, les deux autres opérateurs mobiles français que sont SFR et Bouygues Telecom ont décidé de rendre disponible l'iPhone avant la fin décembre 2008[15],[16]. Toutefois les délais de commercialisation de l'iPhone annoncés courant décembre 2008 se sont avérés trop justes et l'appareil n'était commercialisé ni chez SFR ni chez Bouygues Telecom au lendemain des fêtes de fin d'année[17]. La cour d'appel de Paris a, dans son arrêt du 4 février 2009, rejeté le recours notamment d'Orange France qui visait à annuler la décision du Conseil de la concurrence ou à aménager les mesures conservatoires qui avait été décidées[18]. Par suite, la distribution de l'iPhone a pu continuer chez d'autres opérateurs[19]. Orange France s'est pourvu en cassation contre l'arrêt rendu par la cour d'appel[20]. Finalement, Apple et Orange France ont proposé les 29 et 30 octobre 2009 à l'Autorité de la concurrence des engagements, pour une durée de trois ans, visant à maintenir les mesures conservatoires[21]. À l'issue de cette période, l'Autorité de la concurrence rendra éventuellement obligatoire ces engagements, s'ils répondent aux préoccupations de concurrence, et clôturera l'affaire. Dans son arrêt du 16 février 2010[22], la Cour de cassation a cassé l'arrêt précité de la cour d'appel de Paris aux motifs notamment que la cour aurait dû rechercher si l'existence de terminaux concurrents de l'iPhone fabriqué par Apple, nouvel entrant sur le marché des terminaux, n'était pas de nature à permettre à des opérateurs de téléphonie mobile concurrents d'Orange, de proposer aux consommateurs des offres de services de téléphonie et Internet haut débit mobiles associées à des terminaux, concurrentes de celles proposées par Orange avec l'iPhone. Malgré cet arrêt, l'accord conclu avec l'Autorité de la concurrence ne serait pas remis en cause, selon les déclarations d'Orange[23].

En France, des iPhone déverrouillés (sans dispositif d'attachement à un opérateur) ont été commercialisés par un centre Leclerc, pour le prix de 999 euros, le 12 octobre 2007[24]. Ils furent rapidement retirés[25], vraisemblablement pour des raisons légales.

Le déverrouillage

Le déverrouillage ou désimlockage (ce dernier terme permet de le distinguer du débridage ou jailbreak) à titre gratuit des téléphones est parfois obligatoire dans certains pays (Singapour et Israël au moins puisque la Belgique a dû rentrer dans le rang en 2009 d'après une directive européenne[26]) ou, comme en France, possible après un délai actuellement de trois mois (il était initialement de six mois) après l'achat auprès d'un opérateur. Le désimlockage n'est pas automatique mais doit être demandé à cet opérateur (et non à Apple) en lui fournissant l'IMEI (littéralement « l'identité internationale d'équipement mobile ») qu'on trouve sur le téléphone lui-même. Après cinq à sept jours, Apple autorise l'iPhone à s'identifier par iTunes auprès d'un autre opérateur. Il faut pour cela se procurer une carte SIM d'un autre opérateur que l'opérateur initial (inutile d'éteindre l'iPhone mais il faut entrer les quatre chiffres de la carte SIM), connecter l'iPhone à iTunes qui envoie aussitôt le message « Félicitation, votre iPhone est maintenant déverrouillé ». On rend alors la carte SIM empruntée et l'iPhone est alors désimlocké pour l'ensemble des opérateurs du monde entier. Au cas où on ne détient pas d'autre carte SIM, il faut sauvegarder ses données sous iTunes puis restaurer depuis cette sauvegarde[27].

Résultats commerciaux

Lors de l'Apple Keynote du 13 mars 2009, la marque annonce avoir dépassé son objectif de vente de 10 millions d'iPhone en un an, déclarant avoir vendu 13.7 millions d'iPhone dans le monde[28].

En mars 2009, l'opérateur français Orange, qui détenait jusqu'à cette date l'exclusivité iPhone en France, annonce avoir vendu 810000 appareils depuis sa sortie.

Le 22 mai 2009, Orange affirme en avoir écoulé un million d'exemplaires[29].

Le 22 juin 2009, Apple annonce *via* un communiqué de presse[30] que l'iPhone 3GS, commercialisé depuis le 19 juin 2009, a été vendu en trois jours à plus d'un million d'exemplaires.

Le 20 octobre 2009, Apple annonce avoir vendu plus de 7.3 millions d'iPhone[31].

Le 25 janvier 2010, Apple annonce avoir vendu 8.7 millions d'iPhone pendant le dernier trimestre de 2009[32].

Le 18 janvier 2011, Apple annonce avoir vendu 16.24 millions d'iPhone pendant le dernier trimestre de 2010.

Le 2 mars 2011, durant la Keynote de présentation de l'iPad 2, Apple annonce avoir franchi le cap des 100 millions d'iPhone vendus dans le monde.

Description

Production

L'iPhone est assemblé par les ouvriers de la société Foxconn à Shenzhen, dans le sud de la Chine[33]. Cette société est souvent pointée du doigt pour les conditions de travail inhumaines qu'elle applique à ses 600 000 employés de la ville de Shenzhen, avec des journées de travail de plus de 15 heures, des heures supplémentaires forcées, des châtiments corporels et des pressions psychologiques poussant les travailleurs les moins productifs et les moins rentables à se suicider[34],[35],[36].

Innovations

Selon Apple, l'appareil intègre des innovations décrites dans plus de 300 brevets[réf. souhaitée]. Parmi les fonctionnalités qui démarquent l'iPhone des produits concurrents figurent une interface constituée d'un écran tactile multipoint, remplaçant les boutons ou claviers traditionnels, et la représentation graphique de la boîte de messagerie vocale, fruit de la collaboration d'Apple avec l'opérateur de téléphonie mobile d'AT&T (anciennement Cingular Wireless).

Caractéristiques techniques

Modèle	iPhone "EDGE"	iPhone 3G	iPhone 3GS	iPhone 4	iPhone 4S
Date de sortie (France)	28 novembre 2007	18 juillet 2008	19 juin 2009	24 juin 2010	14 octobre 2011 [37]
Version initiale de l'OS	firmware 1.0	iPhone OS 2.0	iPhone OS 3.0	iOS 4.0	iOS 5.0
Plus haute version d'OS supportée	iPhone OS 3.1.3	iOS 4.2.1	iOS 5.1.1		
Écran	480 × 320 px - 3.5 pouces (163 ppp)			960 × 640 px - 3.5 pouces (326 ppp) dit "écran Retina"	
Processeur	Samsung S5L8900 ARM1176JZF-S 412 MHz		Samsung S5PC100 Cortex-A8 600 MHz	Apple A4 Cortex-A8 1 GHz	Apple A5 2x Cortex-A9 1 GHz
Processeur graphique	PowerVR MBX Lite		PowerVR SGX 535	PowerVR SGX 535 (intégré à l'Apple A4)	PowerVR SGX 543MP2 (intégré à l'Apple A5)
Capacité	4, 8 & 16 Go	8 & 16 Go	8, 16 & 32 Go	8, 16 & 32 Go	16, 32 & 64 Go
Mémoire vive	128 Mo		256 Mo	512 Mo	
Autonomie annoncée	Audio : 22 h Vidéo 5 h Veille : 250 h	Audio : 24 h Vidéo 7 h Veille : 300 h	Audio : 30 h Vidéo 10 h Veille : 300 h	Audio : 40 h Vidéo 10 h Veille : 300 h	Audio : 40 h Vidéo 10 h Veille . 200 h
Batterie	1400 mah[38]	1150 mah[38]	1219 mah[38]	1420 mah[39]	1432 mah[39]
Appareil photo numérique	2 Mpx sans flash, capable de vidéo via des applications tierces		3.2 Mpx sans flash, autofocus, avec vidéo en 480p (VGA) natif et mise au point automatique	5 Mpx avec Flash (LED), capteur rétro-éclairé, vidéo en 720p natif, capteur VGA (480p pour les vidéos et 0,3 MPx pour les photos) en face avant pour la vidéo conférence et les autoportraits.	8 Mpx avec Flash (LED), capteur rétro éclairé, vidéo en 1080p natif, capteur VGA (480p pour les vidéos et 0,3 MPx pour les photos) en face avant pour la vidéo conférence et les autoportraits.
Capteurs environnementaux	Accéléromètre, capteur de luminosité ambiante		Idem + Magnétomètre (pour la boussole numérique)	Idem + Gyroscope	Idem
Réseaux	• Quadri-bande (GSM 850, 900, 1800 et 1900 MHz) • normes GPRS/EDGE, Wi-Fi (802.11b/802.11 g) • Bluetooth 2.0 avec EDR (*Enhanced Data Rate*)	Idem + Tri-bande HSDPA (UMTS 850, 1900, 2100 MHz)	Idem + Tri-bande HSDPA 7.2 Mb/s, Bluetooth 2.1 avec EDR[a]	Idem + Quadri-bande HSDPA/HSUPA (UMTS 850, 900, 1900, 2100 MHz), Wi-Fi 802.11n (2.4 GHz uniquement)	Idem + HSDPA 14,4 Mb/s, Bluetooth 4.0[a]

DAS (W/kg)[40]	0,974	1,388	0,79	0,93	0,988
Fonctionnalités ajoutées	• accéléromètre • Hi-Fi • iPod • Safari • e-Mail • localisation par triangulation GSM	• GPS • internet 3G	• boussole • *Voice control* • Possibilité de prendre une vidéo	• gyroscope • Deux microphones pour réduire le bruit de fond • Une caméra frontale pour FaceTime • Utilisation d'une Micro SIM	• coprocesseur dédié à la suppression du bruit de fond et à l'amélioration de la reconnaissance vocale[41] • assistant à reconnaissance vocale Siri
Taille et Masse	115 mm (h) 61 mm (l) 11.6 mm (p) 145 g	115.5 mm (h) 62.1 mm (l) 12.3 mm (p) 134 g		115.2 mm (h) 58.6 mm (l) 9.3 mm (p) 137 g	115.2 mm (h) 58.6 mm (l) 9.3 mm (p) 140 g

Notes :

a. Remplace le Bluetooth 2.0 des modèles précédents.

Faces avant d'un iPhone de première génération, d'un iPhone 3GS et d'un iPhone 4.

Faces arrière d'un iPhone de première génération, d'un iPhone 3GS et d'un iPhone 4.

Fonctionnalités

L'innovation majeure de l'iPhone est la possibilité de pouvoir interagir avec l'écran à travers une interface tactile qui permet d'utiliser deux doigts simultanément et qui a été reconnue comme très intuitive. Cela se traduit par un taux d'utilisation très important de la fonction navigation (> 90 %) à la différence d'autres terminaux mobiles équipés de la fonction navigation.

Cette interface a été également déclinée sur d'autres applications :

- la possibilité de naviguer par exemple dans sa bibliothèque musicale en faisant défiler les pochettes d'album avec ses doigts sur l'écran tactile : le *CoverFlow* ;
- le visionnement de photos, dont on change la taille ou l'orientation d'un seul geste de deux doigts ;
- on peut aussi par un simple contact sur l'écran envoyer par courrier électronique une photo à un contact pioché dans le carnet d'adresses intégré.

Cette interface a été implémentée dans la génération d'iPod touch lancée en septembre 2007.

Baladeur numérique

L'iPhone possède les mêmes fonctionnalités que les iPods quant à la lecture des formats multimédia (musiques, livres audio, podcasts (balados), clips vidéos, films, séries télévisées, photographies) et se synchronise tout comme lui à l'aide du logiciel iTunes. Il permet également l'accès à une version optimisée de YouTube.

Depuis octobre 2007, l'iPhone peut également accéder à une version simplifiée de l'iTunes Store, permettant de rechercher le magasin en ligne, d'écouter des extraits musicaux, d'acheter et télécharger de la musique ainsi que des podcasts. Un accord avec Starbucks permet également d'obtenir des informations sur la musique diffusée en temps réel dans certains magasins de la chaîne aux États-Unis.

Dans la mise à jour iOS 5 dévoilée le 6 juin par Apple lors de la WWDC 2011, l'application iPod se voit divisée en deux applications : **Musique** et **Vidéos**, comme sur l'iPod Touch[42].

Téléphonie mobile

L'écran peut accueillir douze pages dont onze d'applications et une dédiée à la recherche Spotlight, qui permet de rechercher n'importe quel fichier, contact ou application présent sur l'iPhone.

- Appels : en touchant du doigt et en faisant glisser noms et numéros dans la liste de contacts, des favoris, des appels récents.
- Interface visuelle et sélective de la boîte de messagerie vocale - comme pour le courrier électronique - afin d'écouter les messages prioritaire rapidement, par un simple toucher.
- Audioconférence
- Intégration avec un carnet d'adresse illustrable
- Synchronisation des contacts
- Composition facultative de numéros sur l'écran tactile
- Écriture de SMS directement sur l'écran
- Session multiple de SMS

Assistant personnel

- Safari, le navigateur web d'Apple en version complète.
- Widgets d'Apple (météo, bourse, horloge, etc.) : petites applications d'informations utiles actualisées en temps réel.
- Réception du courrier électronique grâce aux protocoles POP3, IMAP (et intégration de l'extension Push-IMAP spécialement pour Yahoo! Mail), et lecture *via* un client HTML riche, gérant texte et images.
- Application Google Maps dédiée permettant la visualisation de cartes, d'images satellites, d'informations de navigation routière et de trafic.
- Carnet d'adresses.
- Système d'exploitation multitâche (depuis iOS 4 et ne concerne que les iPhone 3GS et postérieurs).

Applications

Le 6 mars 2008, Steve Jobs a présenté lors d'une conférence[43] à San Francisco un kit de développement (SDK) pour iPhone destiné à la fois aux professionnels et aux particuliers. Ce dernier est téléchargeable gratuitement sur le site d'Apple et permet de développer des applications pour iPhone et iPod Touch et de les tester dans un simulateur. Une inscription payante au « programme de développement » permet de tester les logiciels sur des machines physiques et donne l'accès à la distribution des applications *via* les serveurs d'Apple. Ce kit est actuellement utilisé pour développer des logiciels de messagerie instantanée (comme AIM ou MSN Messenger), des utilitaires divers (retouches photos, banques de données pour les professionnels) et bien sûr des jeux. On a pu apercevoir lors de la présentation des jeux vidéo comme Spore (EA Games), Super Monkey Ball (SEGA), ou encore Doodle Jump le célèbre jeu ou il faudra faire sauter le personnage de plateformes en plateformes en inclinant l'iPhone.

Dès juin 2008, les développeurs distribuent leurs applications à travers un portail dédié sur iPhone : App Store. Les développeurs ont le choix du prix sachant qu'Apple prélève une commission de 30 %, cependant Apple propose aux développeurs qui désirent distribuer leurs applications gratuitement de pouvoir le faire sans aucuns frais autres que l'inscription au « programme de développement » (99 USD).

À sa mise en ligne, le prix médian est de 0.99 USD et la moyenne de 3.33 $. La répartition est aussi intéressante, 25 % des logiciels sont gratuits et 90 % sont inférieurs à 9.99 USD. Ces chiffres montrent que les logiciels sont des petits utilitaires développés par des « petites structures ». La maîtrise du kit du développement par les éditeurs permettra prochainement de proposer des produits plus aboutis à 14.99 $, 19.99 $ ou 29.99 USD.

Le succès du kit est immédiat, la communauté de développeurs a effectué 100000 téléchargements le 1er week-end. L'iPhone 3G se positionne fortement comme plateforme d'excellence sur le marché du jeu vidéo, du communautaire et du GPS. Ainsi, les jeux représentent 33 % des logiciels développés à un prix moyen de 7.99 USD. *Monkey Ball*, par exemple, connaît un véritable succès dès le premier week-end, les 3927 clients ont permis un bénéfice net à son éditeur de 2746 $. Ensuite, les outils communautaires sont les plus populaires et reposent sur la publicité (AIM, Facebook, Kyte Producer, MySpace, Twitterific, TypePad). De plus, TomTom, constructeur de GPS, a lancé la commercialisation de son application iPhone au mois d'août 2009 pour un prix de 69.99 € (pour la cartographie France).

En juillet 2009, soit un an après l'ouverture de l'App Store, le nombre d'applications disponibles dépasse les 85000, mais à peine plus de 5 % d'entre-elles sont disponibles en français[44]. Chaque jour, plusieurs centaines de nouvelles applications sont disponibles. Le 4 novembre 2009, Philip Schiller, le vice-président sénior d'Apple, annonce que l'App Store a atteint le chiffre symbolique des 100000 applications[45].

Le 6 janvier 2010, Apple annonce avoir dépassé les 3 milliards de téléchargements d'applications iPhone. Début mars 2010, plus de 150000 applications, développées par plus de 28000 développeurs[46], sont disponibles au téléchargement sur l'*app store* (au niveau mondial).

Le 7 juin 2010, Apple annonce que 225000 applications sont disponibles sur l'app store. Chaque semaine, 15000 applications sont soumises et 95 % sont acceptées[47]. Depuis le lancement de l'app store 1 milliard de dollars a été reversé aux développeurs[48].

En mars 2012, Apple fait un concours, la personne qui téléchargera la 25 000 000 000ème application gagnera une carte iTunes de 10 000$. Elle pourra la télécharger parmis 550 000 apps. Le jeu est terminé, la 25 milliardieme app a été téléchargée le 03/03/12.

Critiques et controverses

iPhone, marque déposée

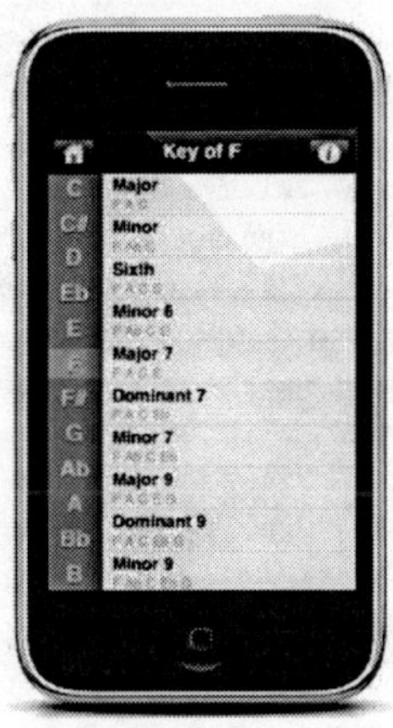

Un iPhone.

La marque « iPhone » a été au centre d'un contentieux entre Apple et la société Cisco. Cette dernière a racheté en 2000 la société Infogear, qui avait déposé cette marque le 20 mars 1996 (Infogear avait hérité des droits sur la marque après que la société l'ayant précédemment déposée, Cisco, renonça à l'exploiter)[49]. Cisco, *via* sa filiale Linksys, a ensuite utilisé cette marque pour commercialiser différents produits destinés à des appareils utilisant la technologie VoIP, mais n'en a pas fait usage avant 2006, lorsque la société renouvelle ses droits sur la marque auprès de l'USPTO le 4 mai 2006 en l'amendant, selon le règlement, d'une photo d'un produit Linksys portant la marque « iPhone » sur son emballage[50]. En décembre 2006, Cisco présente une nouvelle gamme de produits sous cette marque.

Apple avait fait l'acquisition du nom de domaine iphone.org en 1999. Selon Cisco, les deux sociétés étaient en cours de négociations lorsque Apple, le 9 janvier 2007, utilise la marque pour présenter son produit, sans qu'un accord final ait été trouvé. Cisco intente dès le lendemain une action en justice auprès de la *United States District Court for the Northern District of California*, avec pour but officiel d'empêcher Apple d'utiliser délibérément la marque « iPhone ». Apple a considéré que de nombreuses sociétés utilisaient déjà cette marque, et qu'elle était la première à l'utiliser pour un téléphone mobile[51]. Cisco aurait perdu les droits sur la marque en 2006, après avoir manqué de renouveler son dépôt avant le 16 novembre 2005, soit six ans après l'enregistrement de la marque.

Pour mettre fin à cette querelle, Apple et Cisco ont signé un accord le 21 février 2007[52].

Manques fonctionnels

L'iPhone a été critiqué pour l'absence de certaines fonctionnalités par rapport à des produits concurrents, comme la radio FM, l'impossibilité d'afficher une vue par semaine dans le calendrier, l'absence d'une option « accusé de réception » pour un message, l'absence de support de Flash dans le navigateur : l'ajout futur de cette fonctionnalité est réellement peu probable, au vu de l'opinion de Steve Jobs sur ces technologies[53],[54], ainsi que de l'aveu d'Adobe de son désintérêt pour ce projet[55] ;

- l'absence d'accusé de réception pour les SMS, bien qu'une amélioration ait été apportée avec iMessage (IOS 5), service permettant d'envoyer des messages entre possesseurs d'iPhone sous IOS 5, sans passer par le réseau classique. Ces iMessages (sous la même forme que les SMS classiques) ne sont donc pas décomptés du forfait, et ont l'avantage de fournir une preuve d'envoi et une confirmation de lecture (accusé de réception).
- l'absence d'emplacement pour cartes mémoires[56] ;
- l'impossibilité de changer sa batterie lui est également reprochée : lorsque la batterie possède un défaut ou bien qu'elle arrive en fin de vie, il faut soit jeter l'appareil, soit le retourner en usine, ce qui est écologiquement discutable[57] ;
- l'impossibilité d'utiliser l'iPhone comme un UMS (périphérique de stockage de masse).
- l'impossibilité d'envoyer des photos à d'autres appareils via Bluetooth, qui est supposée être une norme universelle.
- l'impossibilité de faire nativement de la visiophonie via la 3G, comme tous les autres concurrents équipés d'une caméra frontale, ce qui rend l'utilisation du logiciel FaceTime obligatoire ainsi qu'un réseau Wi-Fi.

La FSF (Free Software Foundation) reproche l'utilisation des Gestion des Restrictions Numériques (DRM) et la non possibilité pour les développeurs d'utiliser une licence libre pour leurs applications[58].

Écologie, toxicité et danger

Cette section **ne cite pas suffisamment ses sources**. Merci d'ajouter en note des références vérifiables ou le modèle {{Référence souhaitée}}.

Selon Greenpeace, l'iPhone serait un téléphone toxique. L'association écologiste a soumis l'iPhone à un laboratoire d'analyses indépendant. Il en ressort que le produit phare (iPhone Edge, 3G et 3GS) de la firme américaine intégrait un certain nombre de produits toxiques, notamment du PVC, contenu dans les câbles de l'appareil pour les modèles Edge et 3G, ainsi que de l'arsenic, contenu dans les vitres d'écran des modèles Edge, 3G et 3GS. L'ONG dénonce la présence d'éléments dangereux dans l'appareil d'Apple. Le téléphone d'Apple recelait des substances et des matériaux nocifs pour l'environnement. Un résultat décevant étant donné que Steve Jobs avait annoncé vouloir faire de son entreprise « une pomme plus verte » puisque les conditions de fabrication et de recyclage des composants de l'iPhone étaient déplorables. Depuis lors, la société a longuement étudié le phénomène, et propose désormais depuis l'iPhone 4 : Combiné sans PVC, Écouteurs sans PVC, Câble USB sans PVC, Plaquettes de circuits imprimés sans brome, Écran LCD sans mercure, Verre sans arsenic.

Depuis la sortie de l'iPhone, divers dysfonctionnements se sont produits suivant le modèle de l'iPhone : l'iPhone 3G et 3GS sont la cible de prétendues explosions "inexpliquées" lors d'une utilisation normale de l'appareil[59] (problème fortement sujet à caution[60]). La cause principale était une chute préalable, couplée à un iPhone que l'on utilisait posé sur une couverture, empêchant une bonne répartition de la chaleur. Les microfisures causées par la chute préalable ont fait gonfler certains écrans, pour le faire éclater. Cependant, les problèmes observés[61] ci-dessus ont été corrigés lors de nouvelles fabrications des produits ou ont été échangés sous garanties.

Antenne

Peu après que l'iPhone 4 a été lancé, plusieurs consommateurs ont rapporté que la puissance de l'appareil était fortement diminuée si l'appareil était tenu par le coin gauche inférieur[62]. Apple a publié un communiqué qui affirme que les utilisateurs ne « devraient pas tenir [le téléphone] par le coin gauche inférieur[63] » lorsqu'ils font ou reçoivent un appel téléphonique[64].

Le tout accrédita dans l'esprit du grand public l'idée que ce modèle avait une réception de moins bonne qualité que ses prédécesseurs, poussant la marque à réagir, devant un marché de l'occasion en pleine expansion.

Le 2 juillet 2010, plusieurs clients d'Apple et AT&T avaient l'intention de les poursuivre pour ce « défaut ». Un bureau d'avocats californiens a mis en ligne un site pour faciliter leur recrutement visant à entamer une telle poursuite[65],[66]. Plus tard la même journée, Apple a émis un communiqué affirmant que ses ingénieurs avaient découvert la cause de la « chute dramatique dans les barres[67] »[68] : la formule utilisée pour calculer le nombre de barres à afficher était « fautive ». La société a promis de corriger ce problème et a publié une mise à jour logicielle quelques semaines plus tard. Cette « erreur » était présente depuis le lancement du premier iPhone[68]. *The New York Times* a commenté cette situation : « l'incapacité à détecter ce problème, présent depuis longtemps, est incroyable[69] »[70]. Cet « antennagate » a entraîné le départ de Mark Papermaster (« senior vice president of Devices Hardware Engineering »), débauché un an auparavant d'IBM[71].

Consumer Reports a rejeté les affirmations d'Apple après avoir conduit des expériences en milieu contrôlé et comparé les résultats avec ceux d'iPhones des générations précédentes. Le magazine recommande aux consommateurs qui « veulent un iPhone qui fonctionne bien sans appliquer un correctif temporaire[72] » d'acheter plutôt un iPhone 3GS[73]. Le magazine rapporte également qu'un « Bumper » (coque plastique qui entoure le téléphone) vendu par Apple, lequel empêche un contact direct avec l'antenne, corrige le problème[74]. *CNN* a rapporté que coller un bout de duct tape suffit à corriger ce problème[75]. Le 16 juillet 2010, Apple a annoncé qu'elle remettrait gratuitement un étui à tous les propriétaires d'iPhone 4 et qu'elle rembourserait tout propriétaire ayant acquis un Bumper d'Apple. *Consumer Reports* affirme que la solution proposée est un pas dans la bonne direction, mais n'est pas permanente[76]. Cependant, Steve Jobs n'ayant publié aucune échéance pour mettre fin au problème et l'offre relative aux étuis et aux cadres métalliques étant temporaire (30 septembre 2010), *PC World* a décidé de retirer le produit de sa liste des dix meilleurs téléphones cellulaires[77]. Ceux qui désormais expérimentent des problèmes d'antenne devront contacter l'AppleCare pour demander un étui gratuit.

Les problèmes relatifs à l'antenne sont surtout détectés aux États-Unis et au Royaume-Uni. À Hong Kong et à Singapour, pratiquement personne n'a signalé un tel problème[78]. Malgré une couverture médiatique souvent négative relativement à l'antenne, 72 % des utilisateurs de l'iPhone 4 seraient très satisfaits[79].

Apple ayant, semble-t-il, caché volontairement les problèmes d'antenne de l'iPhone 4, cette situation a été désignée par l'expression « *antennagate* »[80],[81].

Les problèmes seraient réparés pour l'iPhone 4S, annoncé en Octobre 2011.[réf. nécessaire]

Jailbreak

Article connexe : Jailbreak d'iOS.

Contournement de l'activation opérateur

L'iPhone est conçu pour empêcher l'utilisation du terminal tant qu'il n'a pas été activé chez l'un des opérateurs de téléphonie choisis par Apple.

Réplique géante de l'iPhone, présentée aux employés de Fido

Le 3 juillet 2007, Jon Lech Johansen annonce sur son blog qu'il a réussi à débloquer l'iPhone sans souscrire à un abonnement chez AT&T[82]. Une nouvelle étape technique est franchie quelques jours après, le 18 juillet : il devient en effet possible de désimlocker le terminal en utilisant n'importe quelle carte SIM AT&T, carte que l'on peut se procurer aux États-Unis sans obligatoirement s'engager auprès d'AT&T pendant deux ans, en prenant par exemple une carte prépayée[83]. Le 21 août de la même année, George Hotz déverrouille également le terminal, cette fois-ci *via* une modification matérielle[84], et l'équipe de iPhoneSimFree annonce pouvoir effectuer ce désimlockage avec l'aide d'un simple logiciel[85]. Une mise à jour d'iTunes bloque les iPhone désimlockés[86], mais il est rendu à nouveau possible par voie logicielle, sans modification requise de ce dernier[87].

Outils de Jailbreak

Geohot sort le 11 octobre 2009 un outil universel nommé *Blackra1n* permettant le jailbreak de tous les iPhone[88]. Apple a très rapidement réagi en mettant à jour la rom de démarrage du téléphone de tous les appareils neufs, comblant la faille utilisée par les outils de jailbreak à l'époque[89].

Un outil similaire à *Blackra1n*, *Limera1n*, est par la suite développé et publié lors de la sortie de la version 4.1 d'iOS, malgré un problème présent dans la première version de cet outil.

Des outils comme redsn0w, Pwnage Tool et Sn0wbreeze ainsi que GreenPois0n, Absinthe (pour l'iPhone 4S et l'Ipad 2) permettent de « jailbreaker » les versions plus récentes du terminal.

Notes et références

Traductions de

[1] http://www.apple.com/fr/iphone/

[2] **(en)** Apple - iPhone - Comparez iPhone 3GS et iPhone 3G (http://www.apple.com/fr/iphone/compare-iphones/). Consulté le 17 juin 2011.

[3] l'iPhone 4S sur apple.com, consulté le 05/10/2001 (http://www.apple.com/fr/iphone/)

[4] Apple - iPhone - Nouvelles fonctionnalités de la mise à jour logicielle iOS 5 (http://www.apple.com/fr/iphone/ios/)

[5] Article de l'Express sur Jean-Marie Hullot (http://www.lexpress.fr/actualite/high-tech/ce-francais-qui-a-inspire-l-iphone_841728.html).

[6] Article sur l'histoire de l'iPhone (http://www.graphmobile.com/dossier/2-iphone-histoire.htm).

[7] **(en)** *Apple Introduces the New iPhone 3G* (http://www.apple.com/pr/library/2008/06/09iphone.html) - Apple.com.

[8] Communiqué de presse d'Apple : « Apple réinvente le téléphone avec iPhone » (http://www.apple.com/fr/pr/20070109iphone.html).

[9] Communiqué de presse d'Apple : « Apple choisit Cingular comme opérateur exclusif aux États-Unis pour son révolutionnaire iPhone » (http://www.apple.com/fr/pr/20070109cingular.html).

[10] Site d'Apple Chine (http://apple.com.cn/iphone/buy/), 2009. Consulté le 14 octobre 2009.

[11] **(en)** Vidéo du discours d'ouverture de Steve Jobs à Macworld, le [[9 janvier |9 (http://phobos.apple.com/WebObjects/MZStore.woa/wa/viewPodcast?id=212293773)] janvier 2007] (logiciel iTunes nécessaire).

[12] iPhone : ce que contenait l'accord entre Apple et Orange (http://www.lesechos.fr/info/hightec/300317673.htm) LesEchos.fr.

[13] Décision intégrale du Conseil de la concurrence du 17 décembre 2008 **[PDF]** (http://www.autoritedelaconcurrence.fr/pdf/avis/08mc01.pdf).

[14] [Voir l'arrêt de la cour d'appel de Paris cité à la note de bas de page 17]

[15] SFR : « Nous ferons tout pour avoir l'iPhone en rayon à Noël » (http://www.01net.com/editorial/399567/sfr-nous-ferons-tout-pour-avoir-l-iphone-en-rayon-a-noel-/) - 01net.com.

[16] Bouygues dévoile ses offres iPhone (http://blogs.lexpress.fr/virtuel/2008/12/iphone-dapple-bouygues-telecom.php).

[17] Fin de l'exclusivité iPhone Orange (http://tempsreel.nouvelobs.com/depeches/medias/multimedia/20081230.ZDN7751/fin_de_lexclusivite_iphone_orange_quels_benefices_pour_.html) - NouvelObs.com.

[18] Arrêt intégral de la cour d'appel de Paris du 4 février 2009 **[PDF]** (http://www.autoritedelaconcurrence.fr/doc/ca08mc01_iphone_fev09.pdf).

[19] À qui profite l'iPhone ? (http://www.lemonde.fr/technologies/article/2009/02/06/entretien-avec-thomas-husson-specialiste-du-marche-des-mobiles-chez-forrester_1151977_651865.html) - LeMonde.fr, publié le 6 février 2009.

[20] iPhone : Orange se pourvoit en cassation (http://www.lefigaro.fr/flash-actu/2009/02/04/01011-20090204FILWWW00411-iphone-orange-se-pourvoit-en-cassation.php) - LeFigaro.fr, 4 février 2009.

[21] Communiqué de l'Autorité de la concurrence du 3 novembre 2009 (http://www.autoritedelaconcurrence.fr/user/standard.php?id_rub=305&id_article=1264).

[22] Cour de cassation, chambre commerciale, 16 février 2010 (http://www.arcep.fr/fileadmin/reprise/dossiers/contenus/cass_08mc01_fev2010.pdf)

[23] Exclusivité sur l'iPhone : la Cour de cassation donne raison à Orange (http://www.lemonde.fr/technologies/article/2010/02/16/exclusivite-sur-l-iphone-la-cour-de-cassation-donne-raison-a-orange_1306973_651865.html) - LeMonde.fr, 16 février 2010.

[24] Un Centre Leclerc vend l'iPhone, malgré l'exclusivité d'Orange (http://www.lemonde.fr/web/article/0,1-0@2-651865,36-966576@51-941701,0.html) - Article du journal Le Monde du 14 octobre 2007.

[25] Plus d'Iphone chez Leclerc (http://www.gizmodo.fr/2007/10/12/plus_diphone_chez_leclerc.html) - Gizmodo.fr.

[26] voir l'article anglais de Wikipedia sur les législations de différents pays sur le désimlockage.

[27] Explication d'un opérateur français (http://www.espaceclient2.bouyguestelecom.fr/assistance/utiliser-votre-apple-iphone-sur-le-reseau-d-un-autre-operateur) sur l'opération de désimlockage.

[28] **(en)**Keynote - Présentation iPhone OS 3.0 (http://events.apple.com.edgesuite.net/0903lajkszg/event/index.html) Apple.com.

[29] Orange : 1000000 d'iPhone vendus en France (http://www.mac4ever.com/news/44712/orange_1_000_000_iphones_vendus_a_ce_jour/) Mac4Ever.com.

[30] **(en)** Communiqué de presse d'Apple : « *Apple Sells Over One Million iPhone 3GS Models.* » (http://www.apple.com/pr/library/2009/06/22iphone.html)

[31] Apple vend plus de 3 millions de Mac et 7.3 millions d'iPhone (http://www.pcinpact.com/actu/news/53691-apple-3-millions-mac-iphone-ipod.htm) - PCInpact.com.

[32] 3,38 milliards de bénéfices pour Apple (http://www.maximejohnson.com/techno/2010/01/338-milliards-de-benefices-pour-apple/) - MaximeJohnson.com.

[33] D'une usine de fabrication d'iPhone à vedette du Web ! (http://blog.idoo.com/isoft/post/43167-d'une usine de fabrication d'iphone Ã vedette du web!) - Blog iSoft.

[34] http://player.vimeo.com/video/17558439 [archive]

[35] http://vimeo.com/22934476 [archive]

[36] "Suicides à la chaîne chez le géant Foxconn" [archive] Libération, 3 juin 2010
[37] Iphone4s.fr, publié le 4 octobre 2011. (http://www.iphone4s.fr/date-de-sortie-de-liphone-4s/) Date de sortie de l'iPhone 4S, consulté le 18 janvier 2012.
[38] iPhone 3 GS (http://www.cnetfrance.fr/produits/iphone-3-gs-39700133.htm) Cnet France.fr, 19 juin 2009]
[39] iPhone 4S gets torn down, reveals slightly bigger battery and Sony camera sensor (http://blog.gsmarena.com/iphone-4s-gets-torn-down-reveals-slightly-bigger-battery-and-sony-camera-sensor/) Blog gsm arena.com, 15 octobre 2011
[40] **(en)** *iPhone 4 clears FCC* (http://reviews.cnet.com/8301-19512_7-20007214-233.html) - cnet.com.
[41] macworld.fr, publié le 6 février 2012. (http://www.macworld.fr/2012/02/06/ipad/iphone/ipod/iphone-puce-audio-specifique-siri/524509/) identification de la puce, consulté le 13 février 2012.
[42] Source : Apple - iOS 5 - Fonctionnalités (http://www.apple.com/fr/ios/ios5/features.html)
[43] **(en)** Vidéo de la *Keynote* de Steve Jobs (6 mars 2008) (http://www.apple.com/quicktime/qtv/iphoneroadmap/).
[44] Annuaire des applications disponibles en français (http://monappstore.com/).
[45] **(en)** *Apple Announces Over 100,000 Apps Now Available on the App Store* (http://www.apple.com/pr/library/2009/11/04appstore.html) - Communiqué officiel d'Apple.
[46] Conseils aux Développeurs (http://www.bemobee.com/actu-mobile/1584/les-preceptes-pour-reussir-le-developpement-de-son-application-iphone/) - Bemobee.com.
[47] **(en)** WWDC 2010, 12e minute (http://www.youtube.com/watch?v=rM6xCmtHQT0), youtube.com. Consulté le 8 juin 2010.
[48] Chiffres d'Apple lors de la *keynote* consacré à l'iPhone 4 (http://iphone-apple.fr/2010/06/07/details-des-chiffres-presentes-lors-de-la-keynote/) - iPhone-Apple.fr, publiés le 7 juin 2010.
[49] **(en)** Fiche Trademark Electronic Search System(Tess) de l'United States Patent and Trademark Office (http://tess2.uspto.gov/bin/showfield?f=doc&state=n8008e.2.6)
[50] **(en)** Cisco lost rights to iPhone trademark last year, experts say (http://blogs.zdnet.com/Burnette/?p=236) ZDNet, 12 janvier 2007
[51] L'iPhone tiraillé entre Cisco et Apple (http://www.lemonde.fr/web/article/0,1-0@2-651865,36-854139@51-849972,0.html) - Le Monde.fr, 11 janvier 2007.
[52] Apple et Cisco d'accord pour se partager la marque iPhone (http://www.lemonde.fr/cgi-bin/ACHATS/acheter.cgi?offre=ARCHIVES&type_item=ART_ARCH_30J&objet_id=978286) - LeMonde.fr, 21 février 2007.
[53] **(en)** Lettre ouverte de Steve Jobs concernant le Flash (http://www.apple.com/hotnews/thoughts-on-flash/) - Apple.com
[54] Pour Steve Jobs, Flash est à oublier (http://www.futura-sciences.com/fr/news/t/informatique/d/pour-steve-jobs-flash-est-a-oublier_22724/#xtor=RSS-8) - Futura-Sciences.com
[55] Flash sur iPhone OS : Adobe jette l'éponge (http://www.mac4ever.com/news/53621/flash_sur_iphone_os_adobe_jette_l_eponge/) - Mac4Ever.com
[56] Article de Greenpeace (http://www.greenpeace.org/international/news/iPhone-test-hazardous-toxic-chemicals151007)
[57] Des précisions sur la durée de vie de la batterie de l'iPhone (http://www.iphon.fr/post/2007/04/20/Des-precisions-sur-la-duree-de-vie-de-la-batterie-de-lIPhone) - iPhon.fr
[58] Agissez contre l'iPhone ! (http://www.fsf.org/fr/iphone-flyer/)
[59] http://www.iphon.fr/post/2009/08/12/Un-iPhone-qui-explose-Plus-d-infos
[60] http://blog.lefigaro.fr/technotes/2009/08/10-verites-sur-les-explosions-diphone.html
[61] http://www.blogduhightech.com/telephonie/iphone-fissure-iphone-repare/
[62] iPhone 4 Loses Reception When Holding it By Antenna Band? (http://gizmodo.com/5571171/iphone-4-loses-reception-when-you-hold-it-by-the-antenna-band), *Gizmodo*, 24 juin 2010. Consulté le 24 juin 2010
[63] **(en)** « *avoid gripping [the phone] in the lower left corner* »
[64] Cellan-Jones, Rory : *Apple issues advice to avoid iPhone flaw* (http://news.bbc.co.uk/1/hi/technology/8761240.stm), *BBC News* (25 juin 2010). Consulté le 25 juin 2010.
[65] iPhone 4: Apple Is Sued After Complaints Of Reception Problems With The New Smartphone (http://news.sky.com/skynews/Home/Technology/iPhone-4-Apple-Is-Sued-After-Complaints-Of-Reception-Problems-With-The-New-Smartphone/Article/201007115658175?), *Sky News*, 2 juillet 2010. Consulté le 4 juillet 2010
[66] Madway, Gabriel, « Consumers sue Apple over iPhone antenna problems (http://news.yahoo.com/s/nm/20100701/tc_nm/us_apple_lawsuits) », *Yahoo! News*, 1er juillet 2010. Consulté le 4 juillet 2010
[67] **(en)** « *dramatic drop in bars.* »
[68] Apple Inc. (2 juillet 2010). *Statement by Apple on iPhone 4 reception issues* (http://www.apple.com/pr/library/2010/07/02appleletter.html). Communiqué de presse. Consulté le 2 juillet 2010.
[69] **(en)** « *the failure to detect this longstanding problem earlier is astonishing.* »
[70] Apple Acknowledges Flaw in iPhone Signal Meter (http://www.nytimes.com/2010/07/03/technology/03apple.html?src=un&feedurl=http://json8.nytimes.com/pages/technology/index.jsonp), The New York Times, 2 juillet 2010. Consulté le 2 juillet 2010
[71] Antennagate : Mark Papermaster a quitté Apple (http://www.macgeneration.com/news/voir/164331/antennagate-mark-papermaster-a-quitte-apple), MacGénération. Mis en ligne le 8 août 2010, consulté le 8 août 2010
[72] **(en)** « *want an iPhone that works well without a masking-tape fix* »
[73] Lab tests: Why Consumer Reports can't recommend the iPhone 4 (http://blogs.consumerreports.org/electronics/2010/07/apple-iphone-4-antenna-issue-iphone4-problems-dropped-calls-lab-test-confirmed-problem-issues-signal-strength-att-network-gsm.html),

Consumer Reports, 12 juillet 2010. Consulté le 12 juillet 2010
[74] Apple's Bumper case alleviates the iPhone 4 signal-loss problem (http://blogs.consumerreports.org/electronics/2010/07/apple-iphone4-iphone-4-bumper-case-fixes-antenna-issue-problem-signal-loss-tested-verified-consumer-reports-labs-quick-fix.html), Consumer Reports, 13 juillet 2010. Consulté le 13 juillet 2010
[75] *iPhone duct tape fix* (http://www.cnn.com/2010/TECH/mobile/07/13/iphone.4.duct.tape/index.html?hpt=C1), CNN (13 juillet 2010). Consulté le 13 juillet 2010.
[76] Bumper and all, Consumer Reports still doesn't recommend iPhone 4 (http://www.cnn.com/2010/TECH/mobile/07/16/consumer.reports.iphone.case/), CNN, 17 juillet 2010. Consulté le 17 juillet 2010
[77] iPhone 4: Why We've Reconsidered Its Rating (http://www.pcworld.com/article/201320/iphone_4_why_weve_reconsidered_its_rating.html), PC World, 17 juillet 2010. Consulté le 17 juillet 2010
[78] iPhone 4 fault fails to surface for Sydney fans (http://www.theage.com.au/digital-life/iphone/iphone-4-fault-fails-to-surface-for-sydney-fans-20100730-10zsp.html), The Age, 31 juillet 2010. Consulté le 31 juillet 2010
[79] http://pcworld.com/article/202625/survey_most_iphone_4_users_very_satisfied.html?tk=hp_blg
[80] Antennagate - Google (http://www.google.ca/search?q="antennagate"&hl=en&meta=), Google, 8 août 2010. Consulté le 8 août 2010
[81] Aux États-Unis, plusieurs scandales d'importance sont désignés par un nom se terminant par « *gate* » : scandale du Watergate, Monicagate ou Irangate.
[82] **(en)** iPhone Independance Day (http://nanocr.eu/2007/07/03/iphone-without-att/) - Nanocr.eu
[83] **(en)** iPhone Partially Unlocked, Calls Without AT&T Contract (http://gizmodo.com/gadgets/breaking/iphone-partially-unlocked-calls-without-att-contract-279606.php) - Gizmodo.com
[84] **(en)** Full Hardware Unlock Of Iphone Done (http://iphonejtag.blogspot.com/2007/08/full-hardware-unlock-of-iphone-done.html) - Blog de George Hotz
[85] Désimlocker l'iPhone par voie logicielle ? (http://forum.macbidouille.com/index.php?showtopic=231678) - Forums MacBidouille
[86] iTunes 7.4 bloque les activations d'iPhone sans AT&T (http://www.macbidouille.com/news/2007-09-07/#14909) - MacBidouille.com
[87] iUnlock, le désimlockage logiciel gratuit pour l'iPhone (http://www.macbidouille.com/news/2007-09-12/#14934) - MacBidouille.com
[88] BlackRa1n est disponible (http://www.iphon.fr/post/2009/10/11/Blackra1n-est-disponible) - iPhon.fr
[89] Jailbreak iPhone : Apple réagit rapidement (http://www.iphon.fr/post/2009/10/14/Jailbreak-iPhone-:-Apple-rÃ©agit-rapidement) - iPhon.fr

Notes

Références

- **(en)** Cet article est partiellement ou en totalité issu de l'article de Wikipédia en anglais intitulé « IPhone 4 (http://en.wikipedia.org/wiki/En:iphone_4?oldid=cur) » (voir la liste des auteurs (http://en.wikipedia.org/wiki/En:iphone_4?action=history))

Voir aussi

Articles connexes

- Jailbreak
- Gestionnaire d'iPod
- iTunes

Produits utilisant la même architecture

- iPod Touch

Liens externes

- **(fr)** Page d'accueil d'iPhone sur le site Apple France (http://www.apple.com/fr/iphone)
- **(fr)** Catégorie iPhone (http://www.dmoz.org/World/FranÃ§ais/Informatique/Plateformes/Apple/iPhone/) de l'annuaire dmoz

Bluetooth

Bluetooth est une spécification de l'industrie des télécommunications. Elle utilise une technique radio courte distance destinée à simplifier les connexions entre les appareils électroniques. Elle a été conçue dans le but de remplacer les câbles entre les ordinateurs et les imprimantes, les scanneurs, les claviers, les souris, les manettes de jeu vidéo, les échiquiers DGT Bluetooth, les téléphones portables, les PDA, les systèmes et kits mains libres, les autoradios, les appareils photo numériques, les lecteurs de code-barres, les bornes publicitaires interactives. Les premiers appareils utilisant la version 3.0 de cette technologie sont apparus début 2010.

Origine du nom

Le nom *Bluetooth* est directement inspiré du roi danois Harald Ier surnommé Harald Blåtand (« homme à la dent bleue »), connu pour avoir réussi à unifier les États du Danemark, de Norvège et de Suède. Le logo de *Bluetooth*, est d'ailleurs inspiré des initiales en alphabet runique du Futhark récent de *Harald Blåtand* : ᚼ (Hagall) () et ᛒ (Bjarkan) ().

Historique

- 1994 : création par le fabricant suédois Ericsson
- 1998 : plusieurs grandes sociétés (IBM, Intel, Nokia et Toshiba) s'associent avec Ericsson pour former le *Bluetooth Special Interest Group* (SIG)
- juillet 1999 : sortie de la spécification 1.0
- décembre 1999 : Le groupe Bluetooth SIG compte neuf sociétés après que 3COM, Lucent, Microsoft, Motorola l'aient rejoint.
- 28 mars 2006 : Le « *Bluetooth Special Interest Group* » (SIG) annonce la deuxième génération de la technique sans fil *Bluetooth*, qui est capable d'assurer des débits cent fois supérieurs à l'ancienne version, passant donc de 1 Mb/s à 100 Mb/s (soit 12,5 Mo/s). Cette technique - utilisée dans les téléphones mobiles, périphériques informatiques et autres appareils portables comme les assistants personnels (PDA) - a vu sa vitesse de transmission augmenter année après année, lui permettant ainsi d'être utilisée pour les vidéos haute définition et l'échange de fichiers avec un baladeur MP3 par exemple. La nouvelle norme incorporera une technique radio, connue comme l'*ultra wideband* ou UWB.

Spécification

Le SIG travaille sur la spécification de la norme, qui a évolué des versions 1.0, 1.1, 1.2, 2.0, 2.0 + EDR (*Enhanced Data Rate*), 2.1 + EDR, 3.0 + HS, 4.0. Le site Internet http://www.bluetooth.org/ [1][2] regroupe les travaux du SIG, et toutes les versions de la norme *Bluetooth*.

La pile de protocoles

Afin d'assurer une compatibilité entre tous les périphériques *Bluetooth*, la majeure partie de la pile de protocoles est définie dans la spécification.

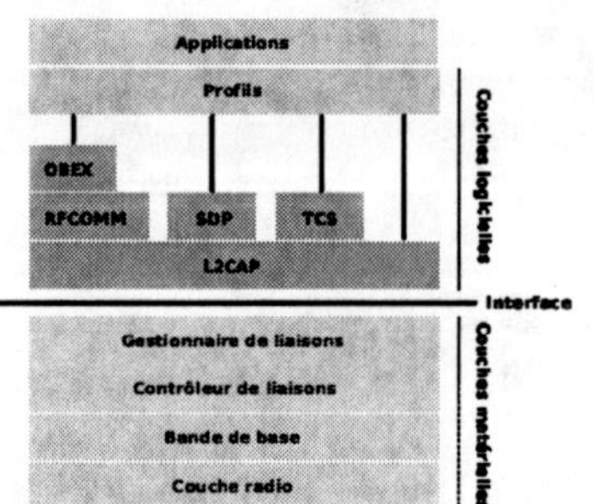

Couches de la spécification *Bluetooth*

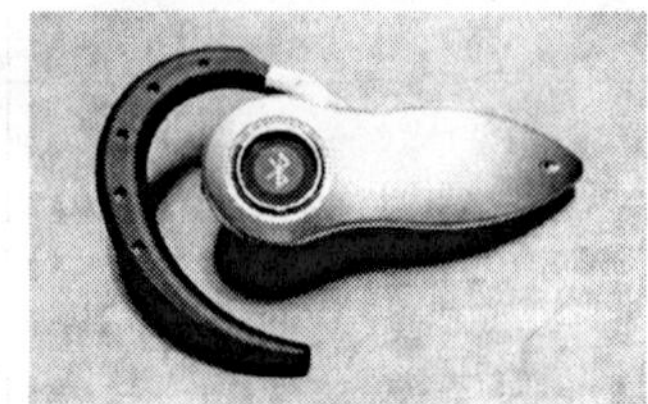

Oreillette *Bluetooth*

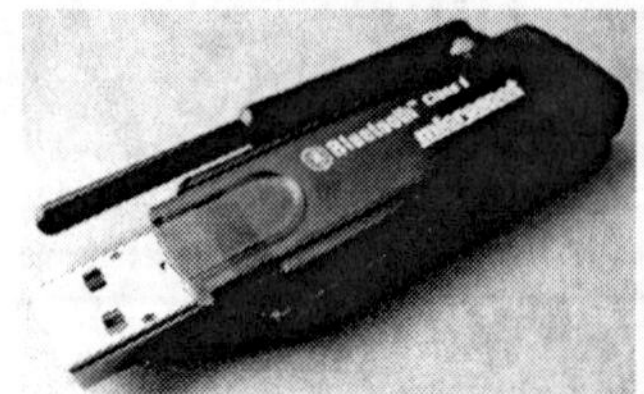

Adaptateur USB *Bluetooth*

Normes *Bluetooth*

Le standard *Bluetooth* se décompose en différentes normes :

- IEEE 802.15.1 définit le standard *Bluetooth* 1.x permettant d'obtenir un débit de 1 Mbit/s ;
- IEEE 802.15.2 propose des recommandations pour l'utilisation de la bande de fréquence 2.4 GHz (fréquence utilisée également par le Wi-Fi). Ce standard n'est toutefois pas encore validé ;
- IEEE 802.15.3 est un standard en cours de développement visant à proposer du haut débit (20 Mbit/s) avec la technique *Bluetooth* ;
- IEEE 802.15.4 est un standard en cours de développement pour des applications sans fils à bas débit et à faibles coûts. Il est actuellement utilisé par Zigbee pour ses couches basses.

Les éléments fondamentaux d'un produit *Bluetooth* sont définis dans les deux premières couches protocolaires, la couche *radio* et la couche *bande de base*. Ces couches prennent en charge les tâches matérielles comme le contrôle du saut de fréquence et la synchronisation des horloges.

La couche radio (RF)

La couche radio (la couche la plus basse) est gérée au niveau *matériel*.

C'est elle qui s'occupe de l'émission et de la réception des ondes radio.

Elle définit les caractéristiques telles que la bande de fréquence et l'arrangement des canaux, les caractéristiques du transmetteur, de la modulation, du récepteur, etc.

Le système *Bluetooth* opère dans les bandes de fréquences ISM* (*Industrial, Scientific and Medical*) 2.4 GHz dont l'exploitation ne nécessite pas de licence. Cette bande de fréquences est comprise entre 2400 et 2483.5 MHz.

Un *transceiver* à saut de fréquences est utilisé pour limiter les interférences et l'atténuation.

Deux modulations sont définies : une modulation obligatoire utilise une modulation de fréquence binaire pour minimiser la complexité de l'émetteur ; une modulation optionnelle utilise une modulation de phase (PSK à 4 et 8 symboles). La rapidité de modulation est de 1 Mbaud pour toutes les modulations. La transmission duplex utilise une division temporelle.

Les 79 canaux RF sont numérotés de 0 à 78 et séparés par 1 MHz en commençant par 2402 MHz.

Le codage de l'information se fait par sauts de fréquence. La période est de 625 μs, ce qui permet 1,600 sauts par seconde.

Il existe trois classes de modules radio *Bluetooth* sur le marché ayant des puissances différentes et donc des portées différentes :

Classe	Puissance	Portée
1	100 mW (20 dBm)	100 mètres
2	2.5 mW (4 dBm)	10 à 20 mètres
3	1 mW (0 dBm)	Quelques mètres

La plupart des fabricants d'appareils électroniques utilisent des modules classe 2.

La bande de base (baseband)

La bande de base (ou *baseband* en anglais) est également gérée au niveau matériel.

C'est au niveau de la bande de base que sont définies les adresses matérielles des périphériques (équivalentes à l'adresse MAC d'une carte réseau). Cette adresse est nommée *BD_ADDR* (*Bluetooth Device Address*) et est codée sur 48 bits. Ces adresses sont gérées par la *IEEE Registration Authority*.

C'est également la bande de base qui gère les différents types de communication entre les appareils. Les connexions établies entre deux appareils *Bluetooth* peuvent être synchrones ou asynchrones, ces connexions sont appelées "Liens Logiques" (*Logical Link*).

La bande de base peut donc gérer deux types majeurs de liens logiques :

- les liens SCO (*Synchronous Connection-Oriented*) ;
- les liens ACL (*Asynchronous Connection-Less*).

Les données transportées sur ces liens logiques sont sous forme de paquets. Il existe divers types de paquets et peuvent être utilisés par les deux liens logiques ou seulement par un seul type de lien. Chaque paquet est composé globalement de la même manière.

On retrouvera trois parties essentielles :

- Le code d'accès → 72 ou 68 bits
- L'entête (*Header*) → 54 bits
- La charge utile (*Payload* = les données utiles) → de 0 à 2745 bits.

Picoréseau[3],[4]

Un picoréseau (on emploie également l'anglicisme *piconet*) est un mini-réseau qui se crée de manière instantanée et automatique quand plusieurs périphériques *Bluetooth* sont dans un même rayon. Un picoréseau est organisé selon une topologie en étoile : il y a un « maître » et plusieurs « esclaves ».

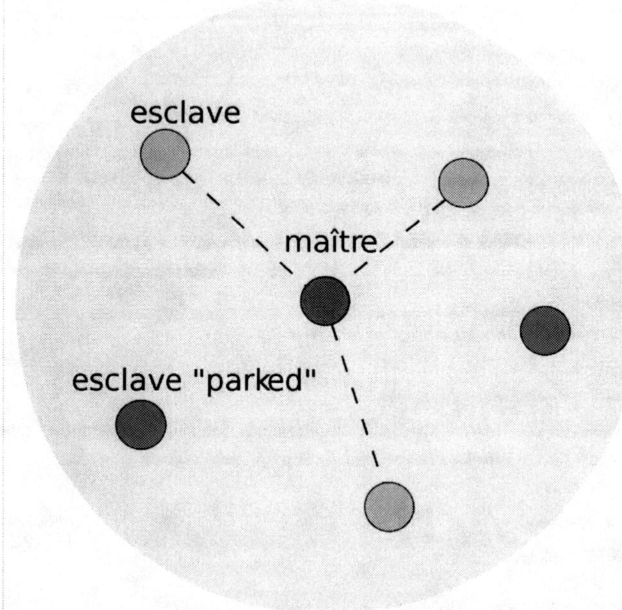

Un périphérique « maître » peut administrer jusqu'à :

- 7 esclaves « actifs » ;
- 255 esclaves en mode « *parked* ».

La communication est directe entre le « maître » et un « esclave ». Les « esclaves » ne peuvent pas communiquer entre eux.

Tous les « esclaves » du picoréseau sont synchronisés sur l'horloge du « maître ». C'est le « maître » qui détermine la fréquence de saut pour tout le picoréseau.

Inter-réseau *Bluetooth* (*scatternet*)

Les périphériques « esclaves » peuvent avoir plusieurs « maîtres » : les différents *piconets* peuvent donc être reliés entre eux. Le réseau ainsi formé est appelé un *scatternet* (littéralement *réseau dispersé*).

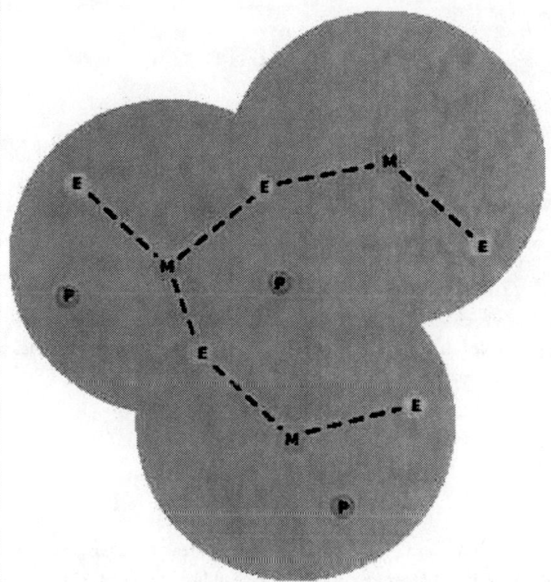

Le contrôleur de liaisons (LC)

Il encode et décode les paquets bluetooth selon la charge utile et les paramètres liés au canal physique, transport logique et liaisons logiques.

Le gestionnaire de liaisons (LM)

Il crée, gère et détruit les canaux L2CAP pour le transport des protocoles de services et les flux de données applicatives. Il utilise le protocole 2CAP pour intéragir avec son homologue sur les équipements distants

Cette couche gère les liens entre les périphériques « maîtres » et « esclaves » ainsi que les types de liaisons (synchrones ou asynchrones).

C'est le gestionnaire de liaisons qui implémente les mécanismes de sécurité comme :

- l'authentification ;
- le pairage (l'association) ;
- la création et la modification des clés ;
- et le chiffrement.

L'interface de contrôle de l'hôte (HCI)

Cette couche fournit une méthode uniforme pour accéder aux couches matérielles. Son rôle de *séparation* permet un développement indépendant du matériel et du logiciel.

Les protocoles de transport suivants sont supportés :

- *Universal Serial Bus* (USB) ;
- PC-Card ;
- RS-232 ;
- UART.

HCI permet un transfert de données à débit maximum, soit 720 kbit/s pour la norme 1.2, et un débit trois fois plus élevé pour la norme 2.0+EDR.

La couche L2CAP

La couche L2CAP (*Logical Link Control & Adaptation Protocol*) fournit les services de multiplexage des protocoles de niveau supérieur et la segmentation et le réassemblage des paquets ainsi que le transport des informations de qualité de service. Les protocoles de haut niveau peuvent ainsi transmettre et recevoir des paquets jusqu'à 64 Ko. Elle autorise un contrôle de flux par canal de communication.

La couche L2CAP utilise des canaux logiques.

Les services

RFCOMM

RFCOMM est un service basé sur les spécifications RS-232, qui émule des liaisons séries. Il peut notamment servir à faire passer une communication IP par *Bluetooth*. RFCOMM est utilisé lorsque le débit des données n'atteint pas plus de 360 kbit/s (par exemple, téléphones mobiles).

SDP

SDP signifie *Service Discovery Protocol*. Ce protocole permet à un appareil *Bluetooth* de rechercher d'autres appareils et d'identifier les services disponibles. Il s'agit d'un élément particulièrement complexe de Bluetooth.

OBEX

OBEX signifie *Object Exchange*. Ce service permet de transférer des objets grâce à OBEX, protocole d'échange développé pour l'IrDA.

Les profils

Un profil correspond à une spécification fonctionnelle d'un usage particulier. Les profils peuvent également correspondre à différents types de périphériques.

Les profils ont pour but d'assurer une **interopérabilité** entre tous les appareils *Bluetooth*.

Ils définissent :

- la manière d'implémenter un usage défini
- les protocoles spécifiques à utiliser
- les contraintes et les intervalles de valeurs de ces protocoles

Les différents profils sont :

1. GAP : *Generic Access Profile*
2. SDAP : *Service Discovery Application Profile*
3. SPP : *Serial Port Profile*

4. HS Profile : *Headset Profile*
5. DUN Profile : *Dial-up Networking Profile*
6. LAN Access Profile : ce profil est maintenant obsolète ; il est remplacé par le profil PAN
7. Fax Profile
8. GOEP : *Generic Object Exchange Profile*
9. SP : *Synchronization Profile*
10. OPP : *Object Push Profile*
11. FTP : *File Transfer Profile*
12. CTP : *Cordless Telephony Profile*
13. IP : *Intercom Profile*
14. A2DP : *Advanced Audio Distribution Profile* (profil de distribution audio avancée)
15. AVRCP : *Audio Video Remote Control Profile* (Commande à distance)
16. HFP : *HandsFree Profile*
17. PAN : *Personal Area Network Profile*
18. VDP : *Video Distribution Profile*
19. BIP : *Basic Imaging Profile*
20. BPP : *Basic Printing Profile*
21. SYNC : *Synchronisation Profile*
22. SAP : *SIM Access Profile*
23. PBAP : *PhoneBook Access Profile*
24. HIDP : *Human Interface Device Profile*

Le profil d'accès générique (GAP)

Le profil d'accès générique est le profil de base dont tous les autres profils héritent. Il définit les procédures génériques de recherche d'appareils, de connexion et de sécurité.

La qualification et la certification *Bluetooth*

Afin d'obtenir la certification *Bluetooth*, des tests de qualification sont nécessaires. Les tests de qualification sont de deux types :

- qualification RadioFréquence ;
- qualification du logiciel.

Qualification RF : l'objectif des essais est de prouver que la plate-forme matérielle utilisée respecte les performances radio de la norme *Bluetooth*. Il existe une liste des tests RF à réaliser, en émission et en réception. Ces essais sont :

- TRM/CA/01/C *Output Power*
- TRM/CA/02/C *Power Density*
- TRM/CA/04/C *Tx Output Spectrum - Frequency Range*
- TRM/CA/05/C *Tx Output Spectrum - 20 dB BW*
- TRM/CA/06/C *Tx Output Spectrum - Adjacent Channel Power*
- TRM/CA/07/C *Modulation Characteristics*
- TRM/CA/08/C *Initial Carrier Frequency Tolerance*
- TRM/CA/09/C *Carrier Frequency Drift*
- TRC/CA/01/C *Out-of-Band Spurious Emissions*
- RCV/CA/01/C *Sensitivity - single slot packets*
- RCV/CA/02/C *Sensitivity - multi slot packets*
- RCV/CA/03/C *C/I performance*
- RCV/CA/04/C *Blocking Performance*

- RCV/CA/05/C *Intermodulation Performance*
- RCV/CA/06/C *Maximum Input Level*
- Les mesures de *spurious* sont réalisées conformément à la norme ETSI EN 300 328[5]. Les procédures des essais sont spécifiés dans le document *Test Specification for the Bluetooth system*[6]. La plupart des appareils de mesure permettent de réaliser les essais sur 3 canaux : les deux extrêmes et le canal central[7]. Pour des tests sur tous les canaux, il est nécessaire de développer des compléments d'essais. Les tests sont d'abord réalisés chez l'industriel, par l'industriel, afin de valider son design. Puis il est obligatoire de faire appel à un organisme agréé afin d'obtenir la certification *Bluetooth* (BQB : *Bluetooth wireless Qualification Body*)[8].

Qualification du logiciel : si l'industriel a lui-même réalisé le logiciel de son nouveau design, avec les couches hautes HCI, RFCOMM, L2CAP, SDP ou d'autres profils *Bluetooth*, ils doivent être qualifiés. La certification du logiciel s'effectue profil par profil. Chaque couche logicielle doit être conforme à la norme *Bluetooth* à respecter[6].

Ces deux catégories d'essais de qualification réalisés et acceptés, la certification *Bluetooth* est alors acceptée. Le produit ainsi fabriqué est conforme à la version de la norme *Bluetooth* pour lequel il est certifié, compatible avec les produits qui respectent la même version de la norme *Bluetooth*. L'industriel reçoit alors un certificat de conformité.

Utilisation pratique du *Bluetooth*

Principes généraux

Dans sa version actuelle[càd?], largement répandue, essentiellement dans les appareils mobiles, comme les téléphones portables, la liaison *Bluetooth* exploite les caractéristiques suivantes :

- très faible consommation d'énergie
- très faible portée (sur un rayon de l'ordre d'une dizaine de mètres)
- faible débit
- très bon marché et peu encombrant

En conséquence, il sera présent sur des appareils fonctionnant souvent sur batterie, désirant échanger une faible quantité de données sur une courte distance :

- téléphones portables (presque généralisé), où il sert essentiellement à la liaison avec une oreillette ou à l'échange de fichiers, ou encore comme MODEM...
- ordinateurs portables, essentiellement pour communiquer avec les téléphones portables (pour servir de MODEM, pour sauvegarder les carnets d'adresses, pour l'envoi de SMS, etc.)
- périphériques divers, comme des claviers, pour faciliter la saisie sur les appareils qui en sont dépourvus
- périphériques spécialisés, comme des appareils à électrocardiogramme, qui peuvent communiquer sans fil avec l'ordinateur du médecin

La compatibilité entre marques est assez bonne, mais pas parfaite : certains appareils ne parviennent pas à se raccorder à d'autres.

Exemples d'utilisation dans le jeu vidéo

Les manettes sans-fil des consoles Nintendo Wii (manette nommée Wiimote), ainsi que des consoles de type Sony Playstation 3 utilisent le protocole *Bluetooth*.

Mise en œuvre

Afin d'échanger des données, les appareils doivent être appairés. L'appairage se fait en lançant la découverte à partir d'un appareil et en échangeant un code. Dans certains cas, le code est libre, et il suffit aux deux appareils de saisir le même code. Dans d'autres cas, le code est fixé par l'un des deux appareils (appareil dépourvu de clavier, par exemple), et l'autre doit le connaître pour s'y raccorder. Par la suite, les codes sont mémorisés, et il suffit qu'un appareil demande le raccordement et que l'autre l'accepte pour que les données puissent être échangées. Afin de limiter les risques d'intrusion, les appareils qui utilisent un code préprogrammé (souvent 0000 ou 1234) doivent être activés manuellement, et l'appairage ne peut se faire que durant une courte période.

Conditions d'utilisation des équipements radioélectriques

L'ARCEP, anciennement l'ART, Autorité de régulation des télécommunications, précise les conditions d'utilisation des installations radioélectriques dans la bande des 2.4 GHz :

- La bande 2400-2454 MHz est utilisable à l'intérieur des bâtiments comme à l'extérieur avec une puissance* inférieure à 100 milliwatts (mW) ;
- la bande 2454-2483.5 MHz est utilisable à l'intérieur des bâtiments avec une puissance* inférieure à 100 mW et à l'extérieur des bâtiments avec une puissance inférieure à 10 mW. Sur les propriétés privées, cette puissance peut atteindre 100 mW à l'extérieur avec une autorisation du ministère de la Défense[9],[10].

Notes et références

[1] http://bluetooth.org

[2] **(en)** Welcome to the Bluetooth SIG Membership Website (https://www.bluetooth.org) Sur le site bluetooth.org

[3] **(en)** Panasonic launches Bluetooth controller for top-end HDTVs (http://www.bluetooth.com) Sur le site bluetooth.com

[4] Principes fondamentaux - Informations techniques (http://french.bluetooth.com/Bluetooth/Technology/Basics.htm) sur french.bluetooth.com

[5] **(en) [PDF]** ETSI EN 300 328 V1.7.1 (2006-05) (http://www.cs.berkeley.edu/~culler/AIIT/papers/standards/EC en_300328v010701o.pdf) Sur le site cs.berkeley.edu

[6] **(en)** *Test Specification for the Bluetooth system* (https://www.bluetooth.org/apps/content/?doc_id=44529) - Sur bluetooth.org, login nécessaire

[7] **(en)** BT Designer: Test Equipment (http://www.btdesigner.com/test.htm)

[8] **(en)** BT Designer: Bluetooth Qualification (http://www.btdesigner.com/qual.htm)

[9] Organismes de Normalisation, Réglementation et Régulation (http://tic.aquitaine.fr/Organismes-de-Normalisation) Sur le site tic.aquitaine.fr

[10] Lignes directrices relatives à l'expérimentation de réseaux ouverts au public utilisant la technique RLAN (http://www.citic74.fr/actualites/articles/2002/ART/lignesdirectrices.pdf) Sur le site citic74.fr, novembre 2002 **[PDF]**

Voir aussi

Articles connexes

- Internet des objets
- *Bluecasting*
- *Bluejacking*
- *Bluesnarfing*
- BlueSoleil
- Publicité et téléphone mobile
- Wibree, une technique créée par Nokia, intégrée dans la norme *Bluetooth* sous le nom de *Low Energy Bluetooth*
- Zigbee
- Parrot SA, une société française qui a inventé le premier kit mains libres Bluetooth
- Billet électronique
- Liste des systèmes de transmission d'informations

Liens externes

- IP sur BlueTooth - Par Julien Cayssol (http://www.frameip.com/bluetooth/) Sur le site frameip.com
- (en) Welcome to the Bluetooth SIG Membership Website (http://www.bluetooth.org) Sur le site bluetooth.org
- (en) Bluetooth Tutorial - Specifications (http://palowireless.com/infotooth/tutorial.asp) Sur le site palowireless.com

High Speed Downlink Packet Access

Le **High Speed Downlink Packet Access** (abrégé en HSDPA) est un protocole pour la téléphonie mobile parfois appelé 3.5G, 3G+, ou encore turbo 3G dans sa dénomination commerciale.

Il offre des performances dix fois supérieures à la 3G (UMTS R'99) dont il est une évolution logicielle. Cette évolution permet d'approcher les performances des réseaux DSL (*Digital Subscriber Line*). Il permet de télécharger (débit descendant) théoriquement à des débits de 1.8 Mbit/s, 3.6 Mbit/s, 7.2 Mbit/s et 14.4 Mbit/s. Il est basé sur la technologie de communication *WCDMA* (*Wideband-Code Division Multiple Access*) définie par la norme *WCDMA* 3GPP Rel. 99 (*3rd Generation Partnership Project Release 99*). Il est le lien descendant du réseau vers le terminal à haut débit en mode paquets. Il est défini dans la version *WCDMA* - 3GPP Rel. 5.

Technologie

Elle est une amélioration radio du lien descendant qui permet d'offrir du très haut débit en téléchargement (jusqu'à 14.4 Mb/s en théorie, 3.6 Mb/s en pratique avec la *Release* 5. Avec la *Release* 6, le débit passe à 7.2 Mb/s). Pour les transferts en voie montante, c'est le canal DCH de l'UMTS qui est utilisé (128 kb/s en *Release* 5, 384 kb/s en *Release* 6).

Les principales améliorations sont :

Ajout de nouveaux canaux dédiés au HSDPA

On retrouve un nouveau canal de transport, HS-DSCH[1] (*High Speed Downlink Shared CHannel*), supportant un débit important sur la voie descendante tout en étant partagé entre tous les utilisateurs, contrairement au DCH (*Dedicated CHannel*) de l'UMTS.

Au niveau physique, ce canal est réparti sur plusieurs nouveaux canaux:

- Voie descendante
  - HS-SCCH (*High Speed Shared Control CHannel*) : Canal physique de la signalisation associée au HS-DSCH.
  - HS-PDSCH (*High Speed Physical Downlink Shared CHannel*) : Canal physique qui transporte les données d'un HS-DSCH.
- Voie montante
  - HS-DPCCH (*High Speed Dedicated Physical Control CHannel*) : Canal physique transportant la signalisation associée au HS-DSCH (taux de codage et CQI - *Channel Quality Indicator*).

La transmission *Shared Channel*

Trois canaux physiques sont utilisés : le HS-PDSCH pour la transmission rapide des données (*Data*), et les canaux HS-SSCH et HS-DPCCH pour le contrôle des commandes (*Control*) sur les voies descendantes et montantes respectivement. Sur le HS-PDSCH, les utilisateurs d'un même Node B se partagent les intervalles de temps et les codes. Le HS-DPCCH est utilisé pour transporter les signaux d'acquittement pour chaque bloc transmis. Il indique également la qualité du canal (CQI), le schéma de codage et la modulation utilisée.

Utilisation d'un mécanisme de retransmission hybride

Le HARQ (pour *Hybrid Automatic Repeat reQuest*) est un mécanisme qui permet de limiter et corriger les erreurs de transmission grâce à la redondance de la couche physique et à la retransmission de la couche liaison de données. L'émetteur envoie un bloc d'informations et attend une acceptation ou un refus du récepteur. Afin d'obtenir une acceptation rapide, un processus de différentes demandes est lancé en parallèle. En cas de demande de retransmission, suite à des données reçues incorrectes, les informations sont combinées entre l'original et la nouvelle transmission pour obtenir le message entier.

Pas de *Soft Handover*

En HSDPA, il n'y a pas de *Soft Handover*. La mobilité est permise par le mécanisme HS-DSCH *Cell Change*. Par conséquent lorsque l'usager se déplace et qu'un *Hard Handover* est exécuté, cela se traduit par un passage en *Compressed Mode* et donc une interruption du trafic durant quelques secondes. Le *Compressed Mode* permet de réserver des ressources pour permettre au mobile de réaliser des mesures sur les cellules voisines avant de sélectionner celle ayant le meilleur champ.

Utilisation de 15 codes maximum par utilisateur

15 canaux peuvent être alloués au même utilisateur pour augmenter le débit significativement. Cependant, les mobiles actuels ne permettent que de supporter 10 codes.

Adaptative Modulation and Coding

L'AMC désigne l'adaptation dynamique du schéma de codage (et donc du débit) en fonction des conditions radio. Le mobile remonte le CQI au Node B qui réajuste le schéma de codage toutes les 2 ms : choix d'un codage plus ou moins protecteur avec plus ou moins de redondance, choix d'une modulation QPSK ou 16 QAM. La modulation QPSK (*Quadrature Phase Shift Keying*) permet de coder 2 bits par symbole. En revanche la modulation 16-QAM (*Quadrature Amplitude Modulation*) permet de coder 4 bits par symbole, ce qui augmente considérablement le débit. Par contre cette modulation n'est possible qu'en présence de bonnes conditions radio car peu tolérante aux erreurs.

Fast and Fair Scheduling at Node

En UMTS, l'établissement de la transmission par paquet se fait à partir du RNC, tandis qu'en HSDPA, elle se fait à partir du Node B. Cela permet de réagir beaucoup plus rapidement, notamment grâce à un TTI (*Transmission Time Interval*) plus court. Ainsi, chaque utilisateur dispose du même temps mais grâce à l'AMC, le schéma de codage est propre à chacun ce qui lui permet d'obtenir le meilleur débit possible en fonction de ses conditions radio.

Short TTI (Transmission Time Interval)

Le TTI (*Time Transmission Interval*) est l'intervalle entre la transmission des blocs de données. D'une durée variable de 10 ms à 80 ms en UMTS, il passe à 2 ms en HSDPA ce qui permet de réagir plus vite en fonction des conditions radio, d'adapter le schéma de codage plus régulièrement et de supporter un trafic et un nombre d'utilisateurs plus importants.

Offre commerciale en France

En France, la 3,5G est disponible sous le nom de *3G+* depuis juin 2006 sur le réseau SFR et l'automne 2006 chez Orange. Bouygues Telecom, qui n'a pas déployé de réseau UMTS, a déployé sans publicité son réseau en HSDPA en avril 2007[2], à la dernière date possible des termes de sa licence UMTS.

Depuis le 18 juin 2008, Orange Réunion est le premier et seul opérateur à proposer la 3G+ commercialement dans les plus grandes villes de l'île. Les débits proposés vont jusqu'à 3.6 Mbit/s. Ce lancement commercial a permis à l'opérateur de proposer de nombreux nouveaux services et notamment la visiophonie ainsi que la télévision.

En août 2008, Orange a reconnu que son réseau 3G+ était bridé à un débit 3G (< 400 kbit/s) pour tous les téléphones compatibles 3G+[3] ; ce bridage ne concerne pas les clés 3G+ destinées aux PC qui bénéficient d'un débit maximum pouvant atteindre 7.2 Mbit/s. Les aveux de ce bridage font suite à un *buzz* internet généré par des propriétaires de *smartphones* mécontents du manque d'information fournie par Orange à l'achat (le seul bridage indiqué est une diminution possible du débit au-delà de 500 Mo par mois) et la publicité faite autour des capacités 3G+ de certains terminaux (notamment l'iPhone) alors qu'il n'est pas possible d'en profiter sur le réseau Orange sans toucher aux réglages de son appareil (modification de l'APN (*Access Point Name*), etc.).[réf. nécessaire]

Face à cette gronde, Orange a dans un premier temps cherché à incriminer Apple. Un rejet de faute qui a été rapidement contredit par les utilisateurs d'iPhone qui ont montré vidéo à l'appui qu'en changeant l'APN de l'iPhone on obtenait un meilleur débit[4]. SFR a aussi apporté son soutien à ce démenti en indiquant que son réseau 3G+ n'était pas bridé et que les 1500 à 2000 clients SFR disposant d'un iPhone 3G+ bénéficient d'un débit de 3.6 Mbit/s comme les autres abonnés 3G+ SFR.[réf. nécessaire]

Dans un deuxième temps, Orange a cherché à calmer les utilisateurs mécontents et à rassurer les futurs clients en proposant d'augmenter le débit à 1 Mbit/s, puis finalement à 1.8 Mbit/s, seulement pour les possesseurs de forfaits iPhone. Organisés autour d'un site et d'un forum dédiés, certains juristes et utilisateurs de terminaux compatibles 3G+ contestent cette interprétation (débits limités à 1.8 Mbits/s « en crête » et non minimaux, prise en compte de l'iPhone et de certains abonnements seulement) et affirment qu'Orange reste sous le coup de sanctions juridiques, pénales comme civiles[5]. Selon Orange, ce débit est proposé en priorité aux nouveaux abonnés iPhone et sera étendu à l'ensemble des abonnés iPhone le 15 septembre 2008. Orange s'est expliqué sur l'existence de ce bridage lors d'un entretien d'une heure sur un chat de 01Net où la directrice de marketing mobile en charge de l'iPhone a répondu aux questions des internautes.[réf. nécessaire]

Cependant, les débits des promesses publicitaires sont toujours bien loin de la réalité[6].

HSUPA

L'HSUPA (*High Speed Uplink Packet Access*) est défini dans la *release* 6 du 3GPP. Il s'agit d'une optimisation de l'HSDPA sur le lien montant (du mobile vers le réseau). Cette évolution permet le haut débit en voie montante (jusqu'à 5.8 Mb/s maximum théorique, 1.2 Mb/s en pratique avec les mobiles actuels), ainsi qu'une amélioration du débit descendant puisqu'on double le débit HSDPA (7.2 Mb/s).

Liens externes

- **(en)** *HSPA Mobile Broadband Today* [7] : site recensant les informations et les produits utilisant la technologie HSDPA

Notes et références

[1] 3GPP TS 25.308 http://www.3gpp.org/ftp/Specs/html-info/25308.htm
[2] Bouygues Telecom lance discrètement une « 3G+ » (http://www.lexpansion.com/art/1.0.157577.0.html), L'Expansion.com, 30 avril 2007
[3] http://www.france-info.com/technologies-divers-2008-08-25-orange-reconnait-qu-il-bride-l-iphone-3g-177369-29-35.html
[4] http://www.paperblog.fr/1019950/orange-bride-l-acces-3g-a-ses-abonnees/
[5] http://www.liberema3g.com/
[6] Le Haut débit selon les opérateurs (http://www.cachem.fr/haut-debit-selon-operateurs/)
[7] http://hspa.gsmworld.com/

Assisted GPS

Assisted GPS ou **A-GPS** est une technique de positionnement par satellites.

L'A-GPS a été introduit pour améliorer la réactivité du GPS — d'où son nom de GPS assisté.

Le système GPS repose sur une table d'éphémérides des satellites (voir l'article sur le GPS pour plus de précision) afin de calculer la position géographique en latitude et longitude ainsi qu'en altitude (3 satellites minimum - le calcul du temps nécessite l'utilisation d'un 4e satellite). Cette table, préalable à l'obtention d'une position, est transmise au sein des signaux des satellites mais souffre dans ce cas de 2 défauts majeurs : elle est lente à télécharger et n'a une durée de vie que de 4h. En conséquence le temps pour obtenir une première position lorsque le GPS n'a pas été utilisé depuis plus de 4h (appelé fix à froid) dépend fortement de la qualité de réception des satellites et du nombre de satellites visibles. Dans des conditions optimales, il est de l'ordre d'une à deux minutes.

L'A-GPS permet de s'affranchir de cette étape en téléchargeant via Internet ces éphémérides habituellement pour une durée de 7 jours. Le premier fix à froid est donc alors quasiment instantané (en pratique, 10 à 20 secondes suffisent généralement).

Ce système équipe la très grande majorité des PDA équipés de GPS et de GSM (les PDA Phones) et les éphémérides sont alors directement téléchargés via la connexion Internet du mobile mais certains systèmes permettent de connecter l'appareil à un ordinateur et de les télécharger via la connexion Internet de celui-ci.

L'A-GPS ne peut être mis à jour sans connexion Internet.

Wi-Fi

Pile de protocoles
7. Application 6. Présentation 5. Session 4. Transport 3. Réseau 2. Liaison 1. Physique
Modèle Internet Modèle OSI

Wi-Fi[1] est un ensemble de protocoles de communication sans fil régis par les normes du groupe IEEE 802.11 (ISO/CEI 8802-11). Un réseau Wi-Fi permet de relier sans fil plusieurs appareils informatiques (ordinateur, routeur, décodeur Internet, etc.) au sein d'un réseau informatique afin de permettre la transmission de données entre eux.

Les normes IEEE 802.11 (ISO/CEI 8802-11), qui sont utilisées internationalement, décrivent les caractéristiques d'un réseau local sans fil (WLAN). La marque déposée « Wi-Fi » correspond initialement au nom donné à la certification délivrée par la Wi-Fi Alliance (« Wireless Ethernet Compatibility Alliance », WECA), organisme ayant pour mission de spécifier l'interopérabilité entre les matériels répondant à la norme 802.11 et de vendre le label « Wi-Fi » aux matériels répondant à leurs spécifications. Par abus de langage (et pour des raisons de marketing) le nom de la norme se confond aujourd'hui avec le nom de la certification (c'est du moins le cas en France, en Espagne, au Canada, en Tunisie...). Ainsi, un réseau Wi-Fi est en réalité un réseau répondant à la norme 802.11. Dans d'autres pays (en Allemagne, aux États-Unis par exemple) de tels réseaux sont correctement nommés WLAN (Wireless LAN).

Grâce aux normes Wi-Fi, il est possible de créer des réseaux locaux sans fil à haut débit. Dans la pratique, le Wi-Fi permet de relier des ordinateurs portables, des machines de bureau, des assistants personnels (PDA), des objets communicants ou même des périphériques à une liaison haut débit (de 11 Mbit/s théoriques ou 6 Mbit/s réels en 802.11b à 54 Mbit/s théoriques ou environ 25 Mbit/s réels en 802.11a ou 802.11g et 600 Mbit/s théoriques pour le 802.11n[2]) sur un rayon de plusieurs dizaines de mètres en intérieur (généralement entre une vingtaine et une cinquantaine de mètres).

Ainsi, des fournisseurs d'accès à Internet peuvent établir un réseau Wi-Fi connecté à Internet dans une zone à forte concentration d'utilisateurs (gare, aéroport, hôtel, train...). Ces zones ou point d'accès sont appelés bornes Wi-Fi ou points d'accès Wi-Fi ou « hot spots ».

Les iBooks d'Apple furent, en 1999, les premiers ordinateurs à proposer un équipement Wi-Fi intégré (sous le nom d'AirPort), bientôt suivis par le reste de la gamme. Les autres ordinateurs commencent ensuite à être vendus avec des cartes Wi-Fi intégrées tandis que les autres doivent s'équiper d'une carte externe adaptée (PCMCIA, USB, CompactFlash, SD, PCI, MiniPCI, etc.). À partir de 2003, on voit aussi apparaître des ordinateurs portables intégrant la plateforme Centrino, qui permet une intégration simplifiée du Wi-Fi.

Le terme « Wi-Fi »

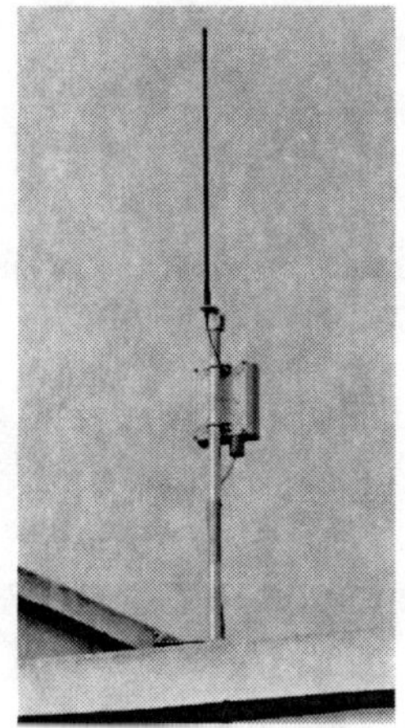

Un point d'accès (PA) Wi-Fi extérieur

Le terme « Wi-Fi » suggère la contraction de Wireless Fidelity, par analogie au terme « Hi-Fi » (utilisé depuis 1950[3]) pour « High Fidelity » (apparu dans les années 1930[3]), employé dans le domaine audio, mais bien que la Wi-Fi Alliance ait elle-même employé fréquemment ce terme dans divers articles de presse - notamment dans le slogan « *The Standard for Wireless Fidelity* », selon Phil Belanger, membre fondateur de la Wi-Fi Alliance, le terme Wi-Fi n'a jamais eu de réelle signification[4]. Il s'agit bien néanmoins d'un jeu de mots avec Hi-Fi.

Le terme « Wi-Fi » a été utilisé pour la première fois de façon commerciale en 1999, et a été inventé par la société Interbrand, spécialisée dans la communication de marque, afin de proposer un terme plus attractif que la dénomination technique « IEEE 802.11b Direct Sequence ». Interbrand est également à l'origine du logo rappelant le symbole du Yīn et du Yang.

Technique

Structure (couches du protocole)

La norme 802.11 s'attache à définir les couches basses du modèle OSI pour une liaison sans fil utilisant des ondes électromagnétiques, c'est-à-dire :

- la couche physique (notée parfois couche PHY), proposant trois types de codage de l'information ;
- la couche liaison de données, constituée de deux sous-couches :
  - le contrôle de la liaison logique (Logical Link Control, ou LLC) ;
  - le contrôle d'accès au support (Media Access Control, ou MAC).

La couche physique définit la modulation des ondes radioélectriques et les caractéristiques de la signalisation pour la transmission de données, tandis que la couche liaison de données définit l'interface entre le bus de la machine et la couche physique, notamment une méthode d'accès proche de celle utilisée dans le standard Ethernet et les règles de communication entre les différentes stations. La norme 802.11 propose donc en réalité trois couches (une couche physique appelée PHY et deux sous-couches relatives à la couche liaison de données du modèle OSI), définissant des modes de transmission alternatifs que l'on peut représenter de la manière suivante:

<table>
<tr><td rowspan="2">Couche Liaison de données</td><td colspan="3">802.2 (LLC)</td></tr>
<tr><td colspan="3">802.11 (MAC)</td></tr>
<tr><td>Couche Physique (PHY)</td><td>DSSS</td><td>FHSS</td><td>Infrarouges</td></tr>
</table>

Il est possible d'utiliser n'importe quel protocole de transport sur un réseau 802.11 au même titre que sur un réseau ethernet.

Modes de mise en réseau

Le mode infrastructure

Le mode infrastructure est un mode de fonctionnement qui permet de connecter les ordinateurs équipés d'une carte Wi-Fi entre eux via un ou plusieurs Point d'accès (PA) qui agissent comme des concentrateurs (exemple : répéteur ou commutateur en réseau Ethernet). Autrefois ce mode était essentiellement utilisé en entreprise. Dans ce cas la mise en place d'un tel réseau oblige de poser à intervalle régulier des bornes Point d'accès (PA) dans la zone qui doit être couverte par le réseau. Les bornes, ainsi que les machines, doivent être configurées avec le même nom de réseau (SSID = Service Set IDentifier) afin de pouvoir communiquer. L'avantage de ce mode, en entreprise, est de garantir un passage obligé par le Point d'accès , il est donc possible de vérifier qui accède au réseau. Actuellement les FAI, les boutiques spécialisées et les grandes surfaces fournissent aux particuliers des routeurs sans fil qui fonctionnent en mode Infrastructure, tout en étant très faciles à configurer.

Le mode « ad hoc »

Le mode « Ad-Hoc » est un mode de fonctionnement qui permet de connecter directement les ordinateurs équipés d'une carte Wi-Fi, sans utiliser un matériel tiers tel qu'un point d'accès (en anglais : *Access Point* [AP]). Ce mode est idéal pour interconnecter rapidement des machines entre elles sans matériel supplémentaire (exemple : échange de fichiers entre portables dans un train, dans la rue, au café…). La mise en place d'un tel réseau se borne à configurer les machines en mode ad hoc (au lieu du mode Infrastructure), la sélection d'un canal (fréquence), d'un nom de réseau (SSID) communs à tous et si nécessaire d'une clé de chiffrement. L'avantage de ce mode est de s'affranchir de matériels tiers, c'est-à-dire de pouvoir fonctionner en l'absence de point d'accès. Des protocoles de routage dynamique (exemples : OLSR, AODV…) rendent envisageable l'utilisation de réseaux maillés autonomes dans lesquels la portée ne se limite pas à ses voisins (tous les participants jouent le rôle du routeur).

Le mode pont « bridge »

Un point d'accès en mode pont sert à connecter un ou plusieurs points d'accès entre eux pour étendre un réseau filaire, par exemple entre deux bâtiments. La connexion se fait au niveau de la couche 2 OSI. Un point d'accès doit fonctionner en mode racine « root bridge » (généralement celui qui distribue l'accès Internet) et les autres s'y connectent en mode « bridge » pour ensuite retransmettre la connexion sur leur interface Ethernet. Chacun de ces points d'accès peut éventuellement être configuré en mode pont avec connexion de clients. Ce mode permet de faire un pont tout en accueillant des clients comme le mode infrastructure.

Le mode répéteur « range-extender »

Un point d'accès en mode répéteur permet de répéter un signal Wi-Fi plus loin (par exemple pour atteindre un fond de couloir en L). Contrairement au mode pont, l'interface Ethernet reste inactive. Chaque « saut »supplémentaire augmente cependant le temps de latence de la connexion. Un répéteur a également une tendance à diminuer le débit de la connexion. En effet, son antenne doit recevoir un signal et le retransmettre par la même interface ce qui en théorie divise le débit par deux.

Les différentes normes Wi-Fi

La norme IEEE 802.11 est en réalité la norme initiale offrant des débits de 1 ou 2 Mbit/s (Wi-Fi est un nom commercial, et c'est par abus de langage que l'on parle de « normes » Wi-Fi). Des révisions ont été apportées à la norme originale afin d'améliorer le débit (c'est le cas des normes 802.11a, 802.11b, 802.11g et 802.11n, appelées normes 802.11 physiques) ou de spécifier des détails de sécurité ou d'interopérabilité. Voici un tableau présentant les différentes révisions de la norme 802.11 et leur signification :

Norme	Nom	Description
802.11a	Wi-Fi 5	La norme 802.11a (baptisée *Wi-Fi 5*) permet d'obtenir un haut débit (dans un rayon de 10 mètres : 54 Mbit/s théoriques, 27 Mbit/s réels). La norme 802.11a spécifie 52 canaux de sous-porteuses radio dans la bande de fréquences des 5 GHz (bande U-NII = Unlicensed '- National Information Infrastructure), huit combinaisons, non superposées, sont utilisables pour le canal principal. La modulation utilisable est, au choix : 16QAM, 64QAM, QPSK ou BPSK.
802.11b	Wi-Fi	La norme 802.11b est la norme la plus répandue en base installée actuellement. Elle propose un débit théorique de 11 Mbit/s (6 Mbit/s réels) avec une portée pouvant aller jusqu'à 300 mètres (en théorie) dans un environnement dégagé. La plage de fréquences utilisée est la bande des 2.4 GHz (Bande ISM = Industrial Scientific Medical) avec, en France, 13 canaux radio disponibles dont 3 au maximum non superposés (1 - 6 - 11, 2 - 7 - 12, ...). La modulation utilisable est, au choix : CCK, DBPSK ou DQPSK.
802.11c	Pontage 802.11 vers 802.1d	La norme 802.11c n'a pas d'intérêt pour le grand public. Il s'agit uniquement d'une modification de la norme 802.1d afin de pouvoir établir un pont avec les trames 802.11 (niveau *liaison de données*).
802.11d	Internationalisation	La norme 802.11d est un supplément à la norme 802.11 dont le but est de permettre une utilisation internationale des réseaux locaux 802.11. Elle consiste à permettre aux différents équipements d'échanger des informations sur les plages de fréquences et les puissances autorisées dans le pays d'origine du matériel.
802.11e	Amélioration de la qualité de service	La norme 802.11e vise à donner des possibilités en matière de qualité de service au niveau de la couche « liaison de données ». Ainsi, cette norme a pour but de définir les besoins des différents paquets en termes de bande passante et de délai de transmission de manière à permettre, notamment, une meilleure transmission de la voix et de la vidéo.
802.11f	Itinérance (**(en)***roaming*)	La norme 802.11f est une recommandation à l'intention des vendeurs de points d'accès pour une meilleure interopérabilité des produits. Elle propose le protocole *Inter-Access point roaming protocol* permettant à un utilisateur itinérant de changer de point d'accès de façon transparente lors d'un déplacement, quelles que soient les marques des points d'accès présentes dans l'infrastructure réseau. Cette possibilité est appelée *itinérance* (**(en)***roaming*).
802.11g		La norme 802.11g est la plus répandue dans le commerce actuellement. Elle offre un haut débit (54 Mbit/s théoriques, 25 Mbit/s réels) sur la bande de fréquences des 2.4 GHz. La norme 802.11g a une compatibilité ascendante avec la norme 802.11b, ce qui signifie que des matériels conformes à la norme 802.11g peuvent fonctionner en 802.11b. Cette aptitude permet aux nouveaux équipements de proposer le 802.11g tout en restant compatibles avec les réseaux existants qui sont souvent encore en 802.11b. Le principe est le même que celui de la norme 802.11a puisqu'on utilise ici 52 canaux de sous-porteuses radio mais cette fois dans la bande de fréquences des 2.4 GHz. Ces sous-porteuses permettent une modulation OFDM autorisant de plus hauts débits que les modulations classiques BPSk, QPSK ou QAM utilisés par la norme 802.11a. Cette modulation OFDM étant interne à l'une des 14 bandes 20 MHz possibles, il est donc toujours possible d'utiliser au maximum 3 de ces canaux non superposés (1 - 6 - 11, 2 - 7 - 12, ...) et ce, par exemple, pour des réseaux différents.
802.11h		La norme *802.11h* vise à rapprocher la norme 802.11 du standard Européen (Hiperlan 2, d'où le « h » de 802.11h) et être en conformité avec la réglementation européenne en matière de fréquences et d'économie d'énergie.
802.11i		La norme *802.11i* a pour but d'améliorer la sécurité des transmissions (gestion et distribution des clés, chiffrement et authentification). Cette norme s'appuie sur l'AES (*Advanced Encryption Standard*) et propose un chiffrement des communications pour les transmissions utilisant les standards 802.11a, 802.11b et 802.11g.
802.11IR		La norme *802.11IR* a été élaborée de manière à utiliser des signaux infra-rouges. Cette norme est désormais dépassée techniquement.

802.11j		La norme *802.11j* est à la réglementation japonaise ce que le 802.11h est à la réglementation européenne.
802.11n	WWiSE (World-Wide Spectrum Efficiency) ou TGn Sync	La norme *802.11n* est disponible depuis le 11 septembre 2009. Le débit théorique atteint les 300 Mbit/s (débit réel de 100 Mbit/s dans un rayon de 100 mètres) grâce aux technologies MIMO (Multiple-Input Multiple-Output) et OFDM (Orthogonal Frequency Division Multiplexing). En avril 2006, des périphériques à la norme 802.11n commencent à apparaître [5] basés sur le *Draft 1.0* (brouillon 1.0) ; le *Draft 2.0* est sorti en mars 2007, les périphériques basés sur ce brouillon seraient compatibles avec la version finale du standard. Des équipements qualifiés de « pré-N » sont disponibles depuis 2006 : ce sont des équipements qui mettent en œuvre une technique MIMO d'une façon propriétaire, sans rapport avec la norme 802.11n. Le *802.11n* a été conçu pour pouvoir utiliser les fréquences 2.4 GHz ou 5 GHz. Les premiers adaptateurs 802.11n actuellement disponibles sont généralement simple-bande à 2.4 GHz, mais des adaptateurs double-bande (2.4 GHz ou 5 GHz, au choix) ou même double-radio (2.4 GHz et 5 GHz simultanément) sont également disponibles. Le 802.11n saura combiner jusqu'à 8 canaux non superposés, ce qui permettra en théorie d'atteindre une capacité totale effective de presque un gigabit par seconde.
802.11s	Réseau Mesh	La norme *802.11s* est actuellement en cours d'élaboration. Le débit théorique atteint aujourd'hui 10 à 20 Mbit/s. Elle vise à implémenter la mobilité sur les réseaux de type Ad-Hoc. Tout point qui reçoit le signal est capable de le retransmettre. Elle constitue ainsi une toile au-dessus du réseau existant. Un des protocoles utilisé pour mettre en œuvre son routage est OLSR.
802.11u		La norme *802.11u* a été adoptée le 25 février 2011. Elle vise à faciliter la reconnaissance et la sélection de réseaux, le transfert d'informations en provenance de réseaux externes, en vue de permettre l'interopérabilité entre différents fournisseurs de services payants ou avec des hot-spots 2.0. Elle définit aussi des normes en termes d'accès à des services d'urgence. À terme, elle doit entre autres faciliter le délestage des réseaux 3G de téléphonie mobile.
802.11v		La norme *802.11v* a été adoptée le 2 février 2011. Elle décrit des normes de gestion des terminaux en réseau : reportings, gestion des canaux, gestion des conflits et interférence, service de filtrage du trafic...

Linksys, la division grand public de Cisco Systems, a développé la technologie SRX pour « Speed and Range Expansion » (« Vitesse et Portée Étendue »). Celle-ci superpose le signal de deux signaux 802.11g pour doubler le taux de transfert des données. Le taux maximum de transfert des données via un réseau sans fil SRX400 dépasse donc les capacités d'un réseau filaire Ethernet 10/100 que l'on trouve dans la plupart des réseaux.

Controverses, risques et limites

Confidentialité

L'accès sans fil aux réseaux locaux rend nécessaire l'élaboration d'une politique de sécurité dans les entreprises et chez les particuliers.

Il est notamment possible de choisir une méthode de codage de la communication sur l'interface radio. La plus commune est l'utilisation d'une clé dite Wired Equivalent Privacy (WEP), communiquée uniquement aux utilisateurs autorisés du réseau.

Toutefois, il a été démontré que cette prétendue sécurité était facile à violer[6], avec l'aide de programmes tels que Aircrack.

En attente d'un standard sérieux de nouvelles méthodes ont été avancées, comme Wi-Fi Protected Access (WPA) ou plus récemment WPA2.

Depuis l'adoption du standard 802.11i, on peut raisonnablement parler d'accès réseau sans fil sécurisé.

En l'absence de 802.11i, on peut utiliser un tunnel chiffré (VPN) pour se raccorder au réseau de son entreprise sans risque d'écoute ou de modification.

Il existe encore de nombreux points d'accès non sécurisés chez les particuliers[réf. souhaitée]. Il se pose le problème de la responsabilité du détenteur de la connexion Wi-Fi lorsque l'intrus réalise des actions illégales sur Internet (par exemple, en diffusant grâce à cette connexion des copies illégales d'œuvres protégées par le droit d'auteur).

D'autres méthodes de sécurisation existent, avec, par exemple, un serveur Radius chargé de gérer les accès par nom d'utilisateur et mot de passe.

Risque sanitaire

Le Wi-Fi apparaît au moment où se développent des interrogations quant à l'impact des radiofréquences sur la santé de l'homme. Des débats scientifiques se sont multipliés autour du téléphone mobile, et le débat s'est étendu à l'ensemble des technologies radio reposant sur les micro-ondes, notamment les technologies GSM, Wimax, UMTS (la 3G), ou encore HSDPA (la 3G+), DECT, et le Wi-Fi.

Les ondes émises par les équipements Wi-Fi se diffusent dans l'ensemble de l'environnement. Toutefois, la fréquence de ces ondes est relativement élevée (2.4 GHz) et de ce fait elles traversent mal les murs. En outre, la puissance émise par les équipements Wi-Fi (~30 mW) est vingt fois moindre que celle émise par les téléphones mobiles (~600 mW)[7]. De plus, le téléphone est généralement tenu à proximité immédiate du cerveau, ce qui n'est pas le cas des équipements Wi-Fi (à l'exception des téléphones Wi-Fi) ; or, à une dizaine de centimètres, la densité de puissance du signal est déjà fortement atténuée (pour une antenne isotrope, elle est inversement proportionnelle au carré de la distance : , avec PIRE[W] = Puissance Isotrope Rayonnée Equivalente). Malgré la permanence d'exposition, les effets thermiques des ondes Wi-Fi sont donc unanimement reconnus comme étant négligeables.

Cependant, certains scientifiques font remarquer que les ondes Wi-Fi sont des ondes impulsives et les risques encourus ne devraient pas être évalués uniquement selon leurs effets thermiques (proportionnés à la densité de puissance), mais également selon leurs effets non thermiques à moyen et long terme (comme les effets génotoxiques).

Par ailleurs, il a été noté[réf. nécessaire] que les sujets souffrant d'électro-hypersensibilité sont tout aussi incommodés, voire plus, par les ondes Wi-Fi, malgré les faibles puissances des radiations reçues. Toutefois il n'a pas été démontré à ce jour que les symptômes des sujets dits « électro-hypersensibles » soient effectivement dus aux ondes radio : suite à des expériences en double-aveugle, l'Organisation mondiale de la santé (OMS) a d'ailleurs conclu[8] qu'il n'y avait aucune corrélation entre la présence ou non des ondes et les symptômes observés. Ces derniers sont donc dus à d'autres facteurs (mauvaise qualité de l'air, mauvais éclairage, stress...).

Plusieurs organismes ont réalisé des études au sujet de l'effet sur la santé du Wi-Fi, et ont, dans un premier temps, majoritairement conclu qu'il n'y avait aucune raison de craindre que la Wi-Fi soit dangereux pour la santé dans le cadre d'une utilisation normale. Parmi ces organismes, on peut citer :

- Selon l'OMS, l'exposition prolongée aux ondes du Wi-Fi ne présente aucun risque pour la santé. Elle conclut que « compte tenu des très faibles niveaux d'exposition et des résultats des travaux de recherche obtenus à ce jour, il n'existe aucun élément scientifique probant confirmant d'éventuels effets nocifs des stations de base et des réseaux sans fil pour la santé »[9].
- Le Journal of Health Physics a effectué de nombreuses mesures en France, en Allemagne, en Suède, et aux États-Unis[10]. Dans tous les cas le niveau du signal Wi-Fi détecté reste bien plus bas que les limites d'exposition internationales (ICNIRP et IEEE C95.1-2005), mais aussi bien plus faible que les autres champs électromagnétiques présents aux mêmes endroits.
- La Fondation Santé et Radiofréquences a organisé une rencontre scientifique en octobre 2007 pour faire le point sur l'état des connaissances concernant l'effet des radiofréquences sur la santé, notamment pour la Wi-Fi. Une conclusion est que « Les études menées jusqu'à aujourd'hui n'ont permis d'identifier aucun impact des radiofréquences sur la santé en deçà [des limites de puissance légales] ». Pour ceux que la Wi-Fi inquièterait tout de même, il est précisé que « Pour minimiser l'exposition aux radiofréquences émise par ces systèmes, il suffit de les éloigner des lieux où une personne se tient pendant de longues périodes. Quelques dizaines de centimètres suffisent à diminuer nettement le niveau d'exposition. »[11]
- L'Agence française de sécurité sanitaire de l'environnement et du travail (AFSSET) synthétise les connaissances scientifiques actuelles sur son site Web. On y lit notamment : « Malgré un très grand nombre d'études réalisées

aussi bien sur des cultures cellulaires in vitro que sur des animaux in vivo depuis plusieurs années, les chercheurs n'ont pu prouver l'existence de manière sûre et reproductible d'effets qui ne seraient pas dus à un échauffement créé par l'absorption des microondes, et qui posséderaient un réel impact sanitaire. Il convient donc de poursuivre les recherches afin de mieux comprendre les mécanismes d'interaction entre les rayonnements hyperfréquences et les tissus biologiques. »[12]. Toutefois, le rapport définitif de l'Affset n'est pas encore disponible (prévu pour fin 2009).

- L'école Supélec a publié en décembre 2006 une étude[13] sur les champs électromagnétiques produits par des équipements Wi-Fi, en mesurant notamment l'effet cumulatif de nombreux équipements Wi-Fi situés à proximité les uns des autres : leur conclusion est que les limites légales sont très loin d'être atteintes.
- L'Agence de protection de la santé au Royaume-Uni (Health Protection Agency **(en)** (HPA)) indique qu'elle n'a connaissance d'aucune preuve cohérente permettant de penser que les ondes Wi-Fi ont un effet sur la santé[14]. Le Dr Michael Clarka de l'HPA a souligné qu'une personne assise à proximité d'un hotspot Wi-Fi pendant un an reçoit la même dose d'ondes qu'une personne qui utilise son téléphone portable pendant vingt minutes. Toutefois, l'agence déclare opportun de mener de nouvelles études sur ce sujet.

Malgré ces conclusions globalement rassurantes, la Wi-Fi a été officiellement déconseillé, voire interdit dans des écoles en Angleterre, en Allemagne et en Autriche. Au Canada, deux universités (Université de LakeHead et Université de L'Ontario) en ont interdit l'installation (référence nécessaire : en avril 2012 le site de l'Université d'Ontario décrit l'installation du wi-fi dans ses bâtiments !!). En France, cinq bibliothèques parisiennes ont débranché leurs installations Wi-Fi après que plusieurs membres du personnel se sont déclarés incommodés (fin 2008, ces bornes ont été rebranchées après audit technique des sites[15]). La Bibliothèque nationale de France, qui a décidé d'appliquer le principe de précaution, a déclaré choisir l'alternative filaire par le biais d'une liaison Ethernet, mais n'a à ce jour pas équipé ses salles de lecture accessibles au public de prises RJ-45.

- Le Bioinitiative Working Group, un groupe de quatorze chercheurs internationaux, a publié en août 2007 le *rapport Bioinitiative*[16], globalement très pessimiste vis-à-vis des télécommunications sans fil au vu des enquêtes épidémiologiques dont il rend compte. En ce qui concerne la Wi-Fi, le rapport estime qu'il ne faut pas limiter le développement de la technologie Wi-FI si les seuils de puissance EMF préconisés par l'ICNIRP sont respectés, et compte tenu de la très faible puissance d'émission de cette technologie, préconise dans le doute, selon le principe de précaution, l'utilisation d'alternatives filaires à cette technologie dans les écoles et les bibliothèques avec de jeunes enfants[17].

Partage des bandes de fréquences

Le Wi-Fi utilise une bande de fréquence étroite dite « Industrielle, Scientifique et Médicale », ISM, 2,4 à 2.4835 GHz, de type partagé avec d'autres colocataires conduisant à des problèmes de cohabitation qui se traduisent par des interférences, brouillages causés par les fours à micro-ondes, les transmetteurs domestiques, les relais, la télémesure, la télémédecine, la télé-identification, les caméras sans fil, le Bluetooth, les émissions de télévision amateur (amateur TV ou ATV), etc. Inversement, certains systèmes comme la technique RFID commencent à fusionner avec la Wi-Fi afin de bénéficier de l'infrastructure déjà en place[18],[19].

En Wi-Fi, il est recommandé de ne pas utiliser la même fréquence que celle utilisée par les voisins immédiats (collisions) et de ne pas utiliser une fréquence trop proche (interférences). Voir liste des canaux Wi-Fi.

Applications et usages du Wi-Fi

Une telle technologie peut ouvrir les portes à une infinité d'applications pratiques. Elle peut être utilisée avec de l'IPv4, voire de l'IPv6, et permet le développement de nouveaux algorithmes distribués[20].

Téléphone utilisant la voix sur IP en Wi-Fi

Les utilisateurs des hotspots peuvent se connecter dans des cafés, des hôtels, des aéroports, etc., et accéder à Internet mais aussi bénéficier de tous les services liés à Internet (World Wide Web, courrier électronique, téléphonie (VoIP), téléphonie mobile (VoIP Mobile), téléchargements etc.). Cet accès est utilisable de façon fixe, mais parfois également en situation de mobilité (exemple : le hotspot disponible dans les trains Thalys).

Les hotspots Wi-Fi contribuent à constituer ce que l'on peut appeler un Réseau *Pervasif*. En anglais, « *pervasive* » signifie « omniprésent ». Le Réseau *Pervasif* est un réseau dans lequel nous sommes connectés, partout, tout le temps si nous le voulons, par l'intermédiaire de nos objets communicants classiques (ordinateurs, PDA, téléphones) mais aussi, demain, grâce à des objets multiples équipés d'une capacité de mémoire et d'intelligence : baladeurs, systèmes de positionnement GPS pour voiture, jouets, lampes, appareils ménagers, etc. Ces objets dits « intelligents » sont d'ores et déjà présents autour de nous et le phénomène est appelé à se développer avec le développement du Réseau *Pervasif*. À observer ce qui se passe au Japon, aux États-Unis mais aussi en France, l'objet communicant est un formidable levier de croissance pour tout type d'industrie.

En parallèle des accès classiques de type hotspot, le Wi-Fi peut être utilisé pour la technologie de dernier kilomètre dans les zones rurales, couplé à des technologies de collecte de type satellite, fibre optique, Wimax ou liaison louée.

Des téléphones Wi-Fi (GSM, DECT, PDA) utilisant la technologie VoIP commencent à apparaître.

À Paris, il existe aussi un réseau important de plus de 200 cafés offrant aux consommateurs une connexion Wi-Fi gratuite. Depuis juillet 2007, Paris WI-FI propose gratuitement à Paris 400 points d'accès dans 260 lieux municipaux.

Les opérateurs de téléphonie mobile travaillent sur des solutions permettant aux téléphones mobiles d'utiliser de façon transparente pour l'utilisateur les relais wi-fi disponibles à proximité, qu'il s'agisse de nouvelles versions de hot spot, de terminaux fixes (box) des abonnés du fournisseur, voire dans le cadre d'un interopérabilité entre fournisseurs. L'objectif prévu pour 2012 vise à faciliter l'accès à l'internet mobile, et à dé-congestionner la bande passante utilisée par les protocoles 3G et 4G[21]..

Les antennes Wi-Fi

Antennes omnidirectionnelles

Pour ce type d'antenne existent :

- le dipôle ressemblant à un stylo et qui est l'antenne tige basique (¼ d'onde) la plus rencontrée. Elle est omnidirectionnelle, 0 dBd de gain, et est dédiée à la desserte de proximité. Elle équipe aussi la caméra sans fil numérique Wi-Fi 2.4 GHz (conforme CE) permettant une PIRE (Puissance Isotrope Rayonnée Équivalente) maximale autorisée de 100 mW, 20 dBm. (D standard indicatif = 500 m à vue).

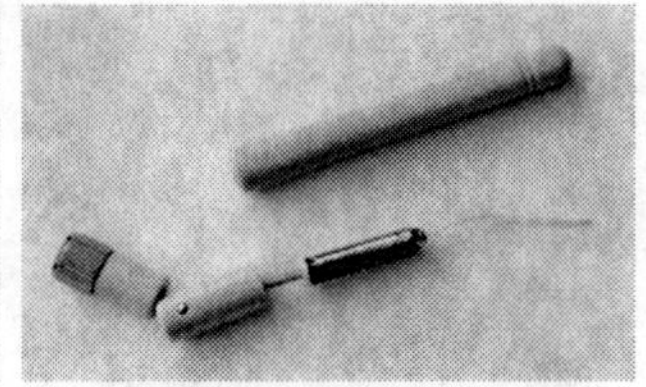
Antenne tige basique omnidirectionnelle à 2.4 GHz.

- L'antenne colinéaire souvent installée sur le toit. Elle est omnidirectionnelle, son gain, 7 à 15 dBi, est lié à sa dimension verticale pouvant atteindre 2 m.

Ces deux premières descriptions, fonctionnant en polarisation V, peuvent être considérées comme des antennes station d'accueil ou de base puisque compatibles avec un environnement 360°.

Antennes directionnelles

- L'antenne panneau peut être intérieurement un réseau d'antenne quad ou d'antenne patch, ou un réseau de dipôles. Le gain commence vers 8 dBi (8 × 8 cm) pour atteindre 21 dBi (45 × 45 × 4.5 cm). C'est l'antenne qui présente le meilleur rapport gain/encombrement et aussi le meilleur rendement, qui tourne autour de 85 à 90 %. Au-delà de ce gain maximum, elle n'est plus fabriquée, car surgissent les problèmes de couplage (pertes) entre étages des dipôles et il faudrait en plus envisager le doublement de la surface. Le volume d'une antenne panneau est minimal.
- L'antenne type parabole pleine ou ajourée (grille). Son intérêt d'emploi se situe dans la recherche du gain obtenu à partir d'un diamètre théorique d'approche suivant :
  - 18 dBi = 46 cm,
  - 19 dBi = 52 cm,
  - 20 dBi = 58 cm,
  - 21 dBi = 65 cm,
  - 22 dBi = 73 cm,
  - 23 dBi = 82 cm,
  - 24 dBi = 92 cm,
  - 25 dBi = 103 cm,
  - 26 dBi = 115 cm,
  - 27 dBi = 130 cm,
  - 28 dBi = 145 cm,
  - 29 dBi = 163 cm,
  - 30 dBi = 183 cm.

Le rendement de la parabole est moyen, 45~55 %. Le volume de l'antenne, qui tient compte de la longueur du bracon, donc de la focale, est significatif.

Une parabole satellite (exemple TPS/CS sans tête 11-12 GHz) est exploitable en Wi-Fi, à condition de prévoir une source adaptée : cornet, patch ou quad mono ou double, etc.

- L'antenne à fentes fournit un diagramme sectoriel.

Choix d'antenne

Les antennes à gain directionnelles ou omnidirectionnelles sont destinées à la « plus longue portée », possible, quelques kilomètres.

Les antennes panneaux et paraboliques sont uniquement directionnelles, c'est-à-dire qu'elles favorisent une direction privilégiée (plus ou moins ouverte) au détriment d'autres non souhaitées.

On retient que les antennes panneaux sont souvent préférées (voire préférables) lorsque le bilan de liaison est favorable, mais, dès que le système doit être plus performant, les paraboles deviennent nécessaires. Le point d'équilibre, à 21 dBi, se fait avec d'un côté un panneau carré de 45 cm et de l'autre une parabole d = 65 cm.

En conclusion, en directionnel, ou point à point, il est plus intéressant de s'équiper d'abord d'un panneau, puis, si les circonstances l'exigent, d'une parabole.

Les antennes Wi-Fi sont généralement dotées de connecteurs SMA, RP-SMA ou N selon le constructeur. Cependant, les antennes à gain (exprimé en dBi ou en dBd) employées à l'émission (réception libre) doivent respecter la réglementation PIRE (Puissance Isotrope Rayonnée Équivalente).

Autres antennes

Il existe d'autres antennes, moins connues, et celles conçues par les *wifistes*, comme l'antenne cornet, les antennes 2.5 GHz de réalisation amateur, les Yagi, les cornières, les dièdres, les « discones » etc., mais seules les tiges, les panneaux et les paraboles sont significativement utilisées.

Pour améliorer les échanges, il peut être monté au plus près de l'antenne un préamplificateur d'antenne (RX) avec ou sans ampli de puissance (TX) mais toujours de type bidirectionnel.

Compatibilité des OS de type UNIX avec la norme Wi-Fi

- Les systèmes BSD (FreeBSD, NetBSD et OpenBSD) ont eu un support pour la plupart des adaptateurs depuis la fin 1998. Du code pour les puces Atheros, Prism, Harris/Intersil et Aironet (constructeur Wi-Fi du même nom) est principalement partagé par les 3 BSD. Darwin et Mac OS X, en dépit de leur chevauchement avec FreeBSD, ont leur propre et unique implémentation. Dans OpenBSD 3.7, d'autres pilotes pour des chipsets sans-fils sont disponibles, y compris RealTek RTL8180L, Ralink RT25x0, Atmel AT76C50x et Intel 2100/2200BG/2225BG/2915ABG. Ceci est dû, au moins en partie, à l'effort d'OpenBSD pour soutenir les pilotes *open source* pour les composants réseau sans fil. Il est possible que de tels pilotes puissent être implémentés par d'autres BSDs s'ils n'existent pas déjà. Le NdisWrapper est aussi disponible sous FreeBSD.
- Linux : Depuis la version 2.6, certains matériels Wi-Fi sont pris en charge nativement par le noyau Linux. Le support pour Orinoco, Prism, Aironet et Atmel est inclus dans la branche principale de l'arborescence du noyau, alors que ADMtek et Realtek RTL8180L sont tous deux gérés par des pilotes de code fermé fournis par les fabricants et des pilotes *open source* écrits par la communauté. Les radios Intel Calexico sont gérées par des drivers *open source* disponible sur SourceForge.net. Atheros et Ralink RT2x00 sont gérés à travers des projets *open source*. Depuis le noyau Linux 2.6.17, les composants Broadcom, utilisés sur des cartes telles que Apple Airport Extreme, sont gérés grâce au pilote libre b43 [22]. Dans les autres cas, le support pour d'autres cartes sans fil est disponible à travers l'usage du pilote NdisWrapper *open source* : il permet à Linux de faire tourner sur des architectures *Intel x86* le pilote du constructeur, prévu pour Windows. La FSF a recommandé certaines cartes[23].

Notes et références

[1] Dans le langage courant, ce nom s'utilise le plus souvent avec un article. L'usage hésite sur le genre du mot : on dit *le* ou *la* Wi-Fi, avec une relative prédominance du masculin.

[2] La norme wifi 802.11n est finalisée depuis le 11 septembre 2009 par l'IEEE dans son annonce du même jour **(en)** (http://standards.ieee.org/announcements/ieee802.11n_2009amendment_ratified.html). Les versions précédentes devraient être mises à jour par mise à jour du firmware.

[3] **(en)** Oxford English Dictionary, Oxford, Oxford University Press, 1989, 2e éd. (ISBN 978-0-19-861186-8)

[4] **(en)** WiFi isn't short for "Wireless Fidelity" (http://boingboing.net/2005/11/08/wifi-isnt-short-for.html) - Cory Doctorow, Boing Boing, 8 novembre 2005

[5] http://www-fr.linksys.com/servlet/Satellite?c=L_News_C2&childpagename=FR%2FLayout&cid=1145389519039&pagename=Linksys%2FCommon%2FVisitorWrapper

[6] **(en)** WEP Cracking...Reloaded (http://www.smallnetbuilder.com/content/view/30114/98/)

[7] Dossier Radiofréquences, mobiles et santé (http://www.generation-nt.com/imprimer/dossier-radiofrequences-sante-mobiles-article-95591-1.html) Sur génération nouvelles technologies.

[8] Champs électromagnétiques et santé publique: hypersensibilité électromagnétique (http://www.who.int/mediacentre/factsheets/fs296/fr/index.html) - OMS, Aide-mémoire n° 296, décembre 2005

[9] Champs électromagnétiques et santé publique: stations de base et technologies sans fil (http://www.who.int/mediacentre/factsheets/fs304/fr/index.html) - OMS, Aide-mémoire n° 304, mai 2006

[10] **(en)** Journal of Health Physics - Radiofrequency exposure from wireless LANs utilizing Wi-Fi technology (http://www.ncbi.nlm.nih.gov/pubmed/17293700)

[11] Fondation Santé et RadioFréquences - La Wi-Fi et la santé (http://www.sante-radiofrequences.org/index.php?id=148)

[12] AFSSET - FAQ Champs Electromagnétiques (http://www.afsse.fr/index.php?pageid=1236&ongletlstid=1617)

[13] Supélec - Étude RLAN et champs électromagnétiques (http://www.arcep.fr/uploads/tx_gspublication/synth-etudesupelec-wifi-dec06.pdf) **[PDF]**

[14] **(en)** Health Protection Agency - Wi-Fi General Position (http://www.hpa.org.uk/web/HPAweb&HPAwebStandard/HPAweb_C/1195733779274)

[15] Wifi: malaise dans les bibliothèques parisiennes (http://www.liberation.fr/terre/0101122662-wifi-malaise-dans-les-bibliotheques-parisiennes) - *Libération*, 8 octobre 2008

[16] BioInitiative Working Group - Rapport BioInitiative (http://www.criirem.org/doc/bioinitiative_vf.pdf) **[PDF]**

[17] **(en)** rapport (http://www.scribd.com/doc/2435021/BioInitiative-A-Rationale-for-a-Biologicallybased-Exposure-Standard-for-Electromagnetic-Radiation-BLACKMAN-et-al-Org-2007), page 29 : « *Although this RF target level does not preclude further rollout of WI-FI technologies, we also recommend that wired alternatives to WI-FI be implemented, particularly in schools and libraries so that children are not subjected to elevated RF levels until more is understood about possible health impacts. This recommendation should be seen as an interim precautionary limit that is intended to guide preventative actions; and more conservative limits may be needed in the future* »

[18] L'impact d'affaire des systèmes de positionnement en temps réel (http://www.radiorfid.com/?p=11), Radio RFID

[19] **(en)** Positioning techniques : A general model, Université Radboud de Nimègue (http://www.positioningtechniques.eu).

[20] **(en)** New Distributed Algorithm for Connected Dominating Set in Wireless Ad Hoc Networks (http://doi.ieeecomputersociety.org/10.1109/HICSS.2002.994519) - K. Alzoubi, P.-J. Wan et O. Frieder, 2002 (ISBN 0-7695-1435-9)

[21] Next Generation Hotspot : le futur de l'Internet mobile passe par le Wi-Fi (http://www.itespresso.fr/next-generation-hotspot-le-futur-de-linternet-mobile-passe-par-le-wi-fi-43671.html) - ITespresso, 21 juin 2011

[22] http://linuxwireless.org/en/users/Drivers/b43

[23] Cartes recommandées par la FSF. (http://www.fsf.org/resources/hw/net/wireless/cards.html)

Annexes

Articles connexes

- Antenne 2.5 GHz amateur - Antennes pour les réseaux Wi-Fi
- Borne Wi-Fi
- Liste des systèmes de transmission d'informations
- Point Coordinated Function
- Réseaux sans fil communautaires
- Risques sanitaires des télécommunications
- Wi-Fi Protected Access (WPA)
- WiMAX
- Wired Equivalent Privacy (WEP)
- Wireless Distribution System (WDS)

Liens externes

- Catégorie Wi-Fi (http://www.dmoz.org//World/FranÃ§ais/Informatique/Transferts_de_donnÃ©es/Sans_fil/802.11/) de l'annuaire dmoz

Carl Zeiss

Carl Zeiss (11 septembre 1816 à Weimar – 3 décembre 1888 à Iéna) était un ingénieur-opticien allemand, fondateur de la société Carl Zeiss.

Carl Zeiss et son microscope.

Il grandit à Weimar en Allemagne. Il s'installe à Iéna où il devient dans les années 1840 un grand fabricant d'objectifs. Il est très connu pour avoir conçu et fabriqué des dispositifs optiques de grande qualité. C'est la première personne à fabriquer des lentilles cornéennes en verre.

Jeunesse

Carl Zeiss Kettani passe son enfance dans ce pays qui n'est encore que la Confédération allemande. Il va au collège et devient l'apprenti du docteur Friedrich Körne, mécanicien et fournisseur officiel de la Cour. Plus tard, à l'université d'Iéna, il suit des cours de mathématiques, de physique expérimentale, d'anthropologie, de minéralogie et d'optique. Au bout de sept ans, il ouvre seul un petit atelier alors qu'il n'a quasiment aucun outil. Il fabrique beaucoup de lentilles, mais son talent ne commencera à être reconnu qu'en 1847, quand il embauche son premier apprenti. La même année, son ancien maître, le docteur Friedrich Körne, décède. À sa mémoire, Zeiss dédiera sa vie à la fabrication de microscopes.

Sa vie

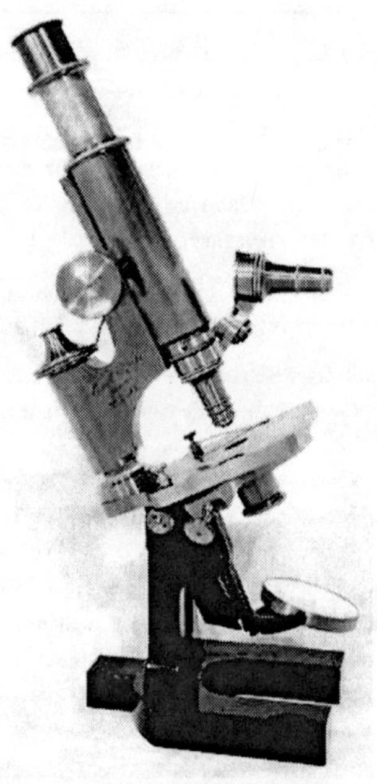

Microscope de Carl Zeiss (1879)

À partir de 1847, Carl Zeiss consacre tout son temps à la fabrication de microscopes. Sa première innovation concerne les microscopes réservés aux travaux de dissection, dotés d'une seule lentille. Son modèle, plus simple, se vend à environ 23 exemplaires durant la première année de production. Rapidement, Zeiss se met en quête d'un nouveau défi et conçoit des microscopes composés. La première version, le Stand I, est mise sur le marché en 1857.

En 1861, il reçoit une médaille d'or à l'Exposition industrielle de Thuringe pour ses réalisations. Elles étaient considérées comme étant parmi les meilleurs instruments scientifiques d'Allemagne. À cet instant, son activité comporte une vingtaine d'employés et ne cesse de croître. En 1866, l'atelier Zeiss vend son 1000e microscope. Zeiss continue sur sa lancée pendant encore quelques années, pensant avoir amené son entreprise à son plein potentiel, jusqu'à ce qu'il rencontre le docteur Ernst Abbe, un physicien qui se joint à lui en 1872. Leurs efforts combinés aboutissent à la découverte de la condition des sinus d'Abbe.

Pendant cette période, Zeiss met au point ses meilleurs objectifs, dont les performances surpassent celles atteintes jusqu'alors. En théorie, la condition des sinus d'Abbe permettait d'améliorer grandement leur qualité, cependant les verres n'étaient pas assez bons pour vérifier la découverte.

Par chance, Ernst Abbe rencontre peu de temps plus tard Otto Schott, un chimiste de 30 ans spécialisé dans le verre qui venait de recevoir son doctorat. Leur collaboration porte ses fruits en 1886 lorsqu'ils créent un nouveau type de verre capable de démontrer la condition des sinus d'Abbe. Cette découverte ouvre la voie à une nouvelle catégorie d'objectifs de microscope : les apochromatiques (ou « APO »). Par immersion dans l'eau, Zeiss parvient à produire un oculaire qui corrige les aberrations chromatiques.

En hommage à cette personnalité de l'industrie et de la technologie allemande, le club de football de la RDA basé à Iéna a été nommé FC Carl Zeiss Jena (nom toujours en vigueur depuis la réunification).

Voir aussi

- Jenoptik

Appareil photographique numérique

Un **appareil photographique numérique** (ou **APN**) est un appareil photographique qui capte la lumière sur un support de type électronique, plutôt que sur un film argentique, et qui convertit l'information reçue par ce support pour la coder numériquement.

Un appareil photo numérique utilise un capteur CCD ou CMOS pour acquérir les images, et les enregistre habituellement sur des cartes mémoire (CompactFlash, SmartMedia, Memory Stick, Secure Digital, etc.).

Historique

Un petit appareil photo numérique

Tout remonte à l'invention du capteur CCD en 1969. Dans les années 1970 apparaissent les premières caméras vidéo destinées aux particuliers.

En 1975, Steven Sasson, un ingénieur américain travaillant chez Kodak, met au point le premier appareil photo électronique[1]. Ce prototype pèse 3.6 kg et capte des images de 100 x 100 pixels en noir et blanc grâce à un nouveau capteur CCD. L'enregistrement de la photo, sur le support d'une banque magnétique sur cassette, prend 23 secondes.

Le constructeur Sony décide en 1981 d'utiliser ses connaissances dans le domaine de la vidéo pour fabriquer un appareil photo magnétique, le Mavica (« Mavica » pour « *Magnetic Video Camera* »). Un disque magnétique permet le stockage de cinquante images en couleurs d'une définition de 490 × 570 points (280000 pixels), au format NTSC. Un lecteur approprié permet d'afficher les photos sur un téléviseur. Pour ne pas être en reste, les autres constructeurs adoptent un support normalisé pour le stockage magnétique de photos : la disquette deux pouces (les ordinateurs de marque Amstrad utilisaient des disquettes trois pouces).

En 1989, Canon propose le Xapshot, destiné au grand public, qui dispose d'une définition de 786 × 300 points. Il est suivi de modèles baptisés « Ion ». Ces premiers modèles ne sont pas vraiment numériques, car l'image, si elle est bien capturée par une matrice de points, est stockée de façon analogique sur des mémoires magnétiques.

En 1991, le département Kodak Digital Science de Kodak sort un dos numérique pour un appareil photo reflex classique, le Nikon F3. Ce produit est destiné aux professionnels, notamment en raison de son prix prohibitif. Fujifilm et Nikon sortent un peu plus tard les Fujix, avec des caractéristiques comparables.

En 1992, le fabricant de souris Logitech lance le Fotoman, petit appareil numérique à connecter sur micro-ordinateur. L'appareil a une définition de 376 × 284 points, et stocke 36 photos en mémoire. C'est le premier photoscope entièrement numérique. L'année suivante, Apple propose un appareil similaire, le Quicktake, qui prend des photos en 640 x 480 ou 320 x 240.

À partir de 1994-1996 apparaissent des appareils photo numériques tels que nous les connaissons à l'heure actuelle, équipés d'un écran couleur LCD à l'arrière. Casio présente le premier appareil photo numérique avec écran à cristaux liquides qui montre l'image en temps réel et sauvegarde le cliché en mémoire le 14 novembre 1994.

L'explosion du marché se produit vers 1997-1998 avec une rapide multiplication des modèles. La définition, d'abord inférieure au million de pixels, croît rapidement, jusqu'à dépasser les 24 millions en 2009[2].

Types d'appareils photographiques numériques

Il existe actuellement plusieurs types d'appareils photographiques numériques que l'on peut classer selon le positionnement marketing (appareil photographique compact, bridge, appareil photographique reflex mono-objectif, hybride appelé aussi COI, appareil sytème[3],compact à objectif interchangeable) ou par systèmes de visées et de captures.

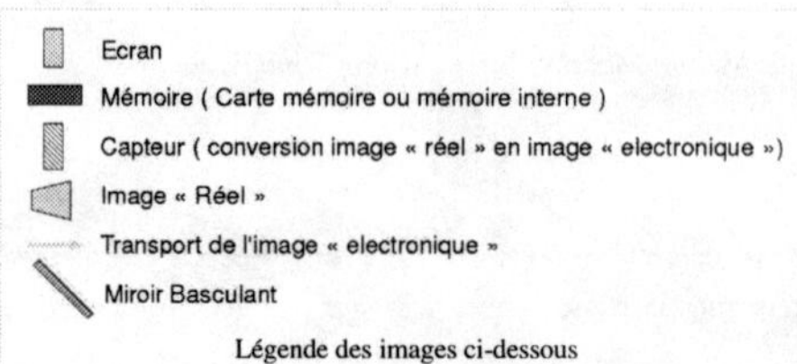

Légende des images ci-dessous

Appareils avec écran uniquement

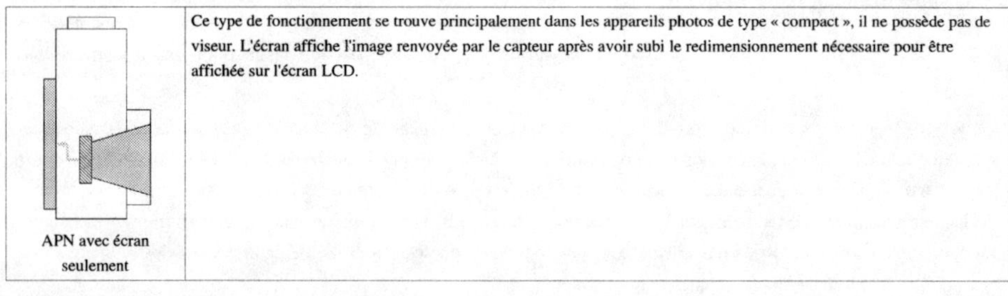

APN avec écran seulement	Ce type de fonctionnement se trouve principalement dans les appareils photos de type « compact », il ne possède pas de viseur. L'écran affiche l'image renvoyée par le capteur après avoir subi le redimensionnement nécessaire pour être affichée sur l'écran LCD.

Appareils avec écran et viseur optique

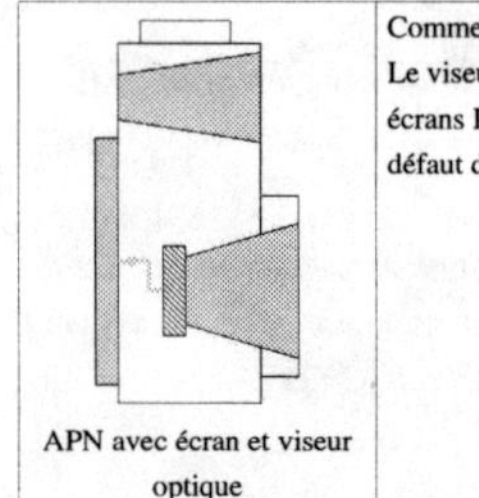 APN avec écran et viseur optique	Comme pour le fonctionnement précédent, ce système se trouve principalement sur les appareils de type « compact ». Le viseur direct permet lors d'une luminosité trop importante d'avoir un cadrage correct, ce qui n'est pas le cas avec les écrans LCD. Le défaut du viseur direct est qu'il ne retranscrit pas l'image saisie par l'objectif, il peut donc y avoir un défaut de cadrage.

Appareils avec écran et viseur électronique

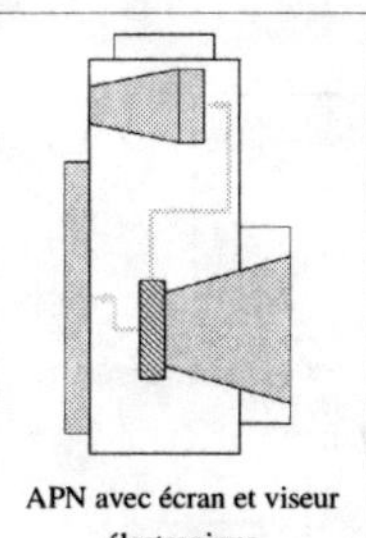 APN avec écran et viseur électronique	Ce système est principalement utilisé dans les appareils numériques dits « bridge ». Quel que soit le mode de visée utilisé, le cadrage est toujours correct puisque l'image est prise à partir de l'objectif. Elle est malgré tout redimensionnée et n'est donc pas aussi « vraie » que dans un système reflex.

Appareils reflex

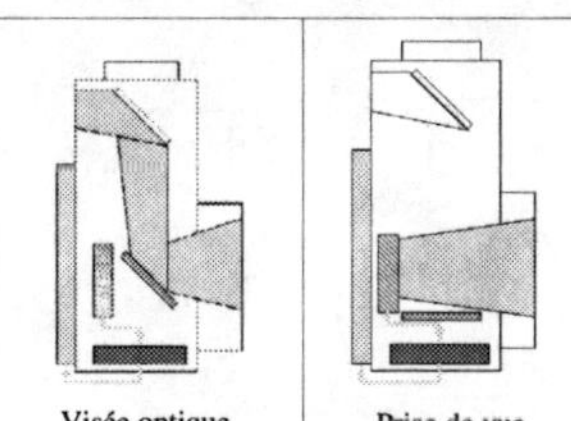 Visée optique	Prise de vue	Le reflex affiche dans le viseur l'image exacte (sans conversion numérique, seulement par système optique). Cet avantage possède un point faible ; comme il y a un miroir qui se trouve devant le capteur, il est impossible, avant la prise de vue, d'avoir une image sur l'écran LCD.

Appareils reflex avec visée sur écran

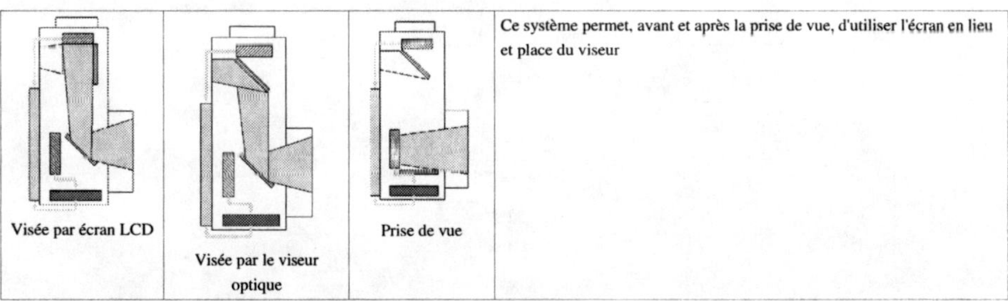

Visée par écran LCD	Visée par le viseur optique	Prise de vue	Ce système permet, avant et après la prise de vue, d'utiliser l'écran en lieu et place du viseur

Cet appareil numérique permet aussi de voir sur l'écran la visée et faire les ajustements nécessaires à une excellente prise de photographies. Il est aussi possible, avant la prise de vue, d'avoir une image sur l'écran LCD.

Taille du capteur et qualité de l'image

La taille du capteur d'image varie en fonction des appareils. Les appareils de type compact sont habituellement équipés d'un capteur de taille assez réduite par rapport à celle d'un film photographique. Les appareils de type reflex sont équipés d'un capteur de plus grande taille, ce qui augmente la qualité d'image, en diminuant le bruit numérique et en augmentant la sensibilité ainsi que la dynamique. Une augmentation de la taille du capteur entraîne aussi une diminution de la profondeur de champ.

On peut présenter schématiquement la situation comparative des capteurs numériques comme suit :

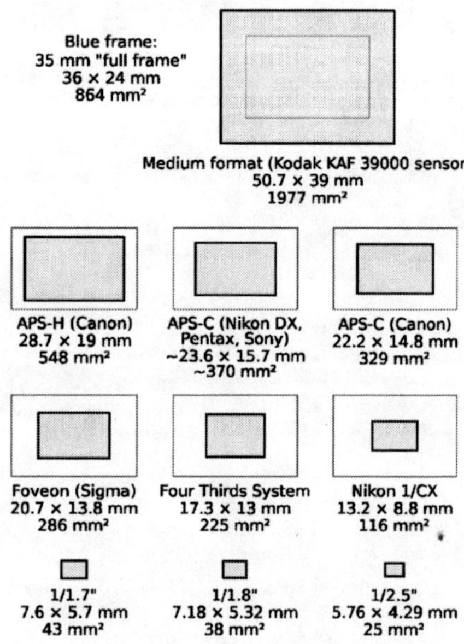

La taille du capteur d'un appareil de type compact est d'environ 25 mm^2. Celle d'un appareil de type reflex peut aller de 225 mm^2 à 864 mm^2 et plus.

Tableau des tailles des différents capteurs[4]

Type	Largeur (mm)	Hauteur (mm)	Surface (mm²)
1/3,6"	4,00	3,00	12,0
1/3,2"	4,54	3,42	15,5
1/3"	4,80	3,60	17,3
1/2,7"	5,37	4,04	21,7
1/2,5"	5,76	4,29	24,7
1/2,3"	6,16	4,62	28,5
1/2"	6,40	4,80	30,7
1/1,8"	7,18	5,32	38,2
1/1,7"	7,60	5,70	43,3
2/3"	8,80	6,60	58,1
1"	12,8	9,6	123
Nouveau système Nikon sans miroir	13,2	8,8	116
Format 4/3	18,0	13,5	243

APS-C	25,1	16,7	419
35 mm	36	24	864
Dos	48	36	1728

À nombre de pixels identique, la taille du capteur à une influence directe sur la taille des photosites : plus le capteur est petit, et plus chaque photosite sera lui-même de petite taille. Or la taille des photosites influe (au moins) sur deux éléments touchant à la qualité des photographies :

- la sensibilité du capteur (de petits photosites recevront moins de photons, et le capteur sera sonc moins sensible, plus bruité) ;
- la diffraction sera d'autant plus marquée que les photosites seront petits. On admet généralement que cette diffraction devient sensible pour un diaphragme égal à trois fois le côté du photosite (exprimé en micromètres), soit f/22 (voire f/32) pour un plein format 24x36 de 12 millions de pixels (MPx), mais f/16 pour un capteur APS-C de 12 MPx également, et f/11 seulement pour un capteur APS-C de 24 MPx, tel que celui du nouveau Sony A77 (octobre 2011).

Notes et références

[1] Le premier appareil photo numérique (http://www.laboiteverte.fr/le-premier-appareil-photo-numerique/) - La boite verte, 2 août 2010

[2] Le Sony Alpha 900 atteint par exemple 24,6 millions de pixels

[3] En Belgique francophone, on utilise cette appellation pour les appareils non reflex mais à objetifs interchangeables. Voir par exemple le premier modèle du genre : http://en.wikipedia.org/wiki/Panasonic_Lumix_DMC-G1 et la page http://en.wikipedia.org/wiki/Mirrorless_interchangeable_lens_camera

[4] (en) Sensor sizes (http://www.dpreview.com/learn/?/Glossary/Camera_System/sensor_sizes_01.htm), Digital Photography Review

Annexes

Articles connexes

- DPOF
- Partage de photographies
- Photographie numérique
- Appareil photographique reflex numérique

Marques					
1 Agfa	2 Canon	3 Casio	4 Contax	5 Epson	6 Fujifilm
7 HP	8 JVC	9 Kodak	10 Konica Minolta	11 Kyocera	12 Leica
13 Nikon	14 Olympus	15 Panasonic	16 Pentax	17 Ricoh	18 Samsung
19 Sanyo	20 Sigma	21 Sony	22 Toshiba		

BenQ

BenQ

Données clés

Siège social	Taipei Taïwan
Activité	Électronique
Effectif	2 000
Site web	http://benq.com/

BenQ Corporation est une société taïwanaise dont le siège est situé à Taoyuan. L'entreprise a acquis son indépendance de Acer le 5 décembre 2001 en étant dotée des divisions communications et multimédia de sa maison mère qui se recentrait sur la production et la distribution d'ordinateurs et de moniteurs.

BenQ est aujourd'hui spécialisé dans la conception, production et la vente de produits électronique déstiné au grand public tels que : les périphériques informatique (clavier, souris, moniteurs, vidéo projecteurs...), les appareils mobiles (baladeurs, lecteurs MP3 Joy**Bee**, appareils photo numériques, téléphones) et les ordinateurs portables et media centers.

Les usines de BenQ sont basées à Taïwan et en République populaire de Chine, son chiffre d'affaires en 2004 s'est établi à 5,7 Md$ et 10.100 personnes étaient employées.

Le fonctionnement d'un groupe tel que BenQ est particulier : les filiales sont autonomes et cotées en bourse, les liens capitalistiques sont très nombreux entre ces entreprises et d'autres acteurs majeurs à Taïwan.

Le groupe comprend :

- BenQ Corp., développement et production de téléphones mobiles (marque BenQ Mobile et Siemens Mobile), ordinateurs, périphériques...
  - La société BenQ Mobile GmbH a déposé son bilan le 29 septembre 2006.
- AU Optronics Corp., production de dalles pour moniteurs plats
- Darfon Electronics Corp., production de claviers et souris, de composants pour moniteurs plats et pour téléphone mobiles
- Daxon Technology Inc., recherche et développement dans les composants pour lecteurs et graveurs optique et composants pour moniteurs
- Airoha Technology Corp., recherche et développement de technologies sans-fils (WiFi, GPRS, GSM)
- Copax Photonics Corp., composants optique
- Darly Venture Inc., investissement et gestion de capitaux
- BenQ Guru Software Co., Ltd., fournisseur de solutions et service e-business pour entreprises
- Cando Corp., recherche, développement et production de filtres couleur pour moniteurs plats
- Philips BenQ Digital Storage coentreprise entre Royal Philips Electronics et BenQ dédié à la production de périphériques optiques
- Raydium Semiconductor Corp.

Liens externes

- **(fr)** Site officiel de BenQ France [1]
- **(en)** Information pour les investisseurs [2]

References

[1] http://www.benq.fr
[2] http://www.benq.com/Investor/FAQs.cfm

Ovi Maps

Nokia Ovi Maps	
Développeur	Nokia
Dernière version	1 er avril 2011 (3.06[1])
Environnement	Symbian S60
Langue	Multilingue
Type	Logiciel de navigation pour téléphone portable Nokia avec GPS
Licence	Propriétaire
Site web	www.nokia.fr/experiences-et-services/ovi-cartes [2]

Ovi Maps (Ovi signifie « porte » en finnois) est un logiciel de cartographie gratuit par Nokia pour ses téléphones portables et dispositifs multimédia de type smartphone. Ovi Maps inclut la navigation vocale guidée à la fois pour les piétons et les conducteurs de 74 pays dans 46 langues différentes et il existe des cartes pour plus de 180 pays.

Téléphones compatibles

Les téléphones compatibles sont : Nokia X6, Nokia N97 mini, Nokia E72, Nokia E55, Nokia E52, Nokia 6730 classic, Nokia 6710 Navigator, Nokia 5800 XpressMusic, Nokia 5800 Navigation Edition, Nokia 5230, Nokia E71, Nokia E66, Nokia 2710 Navigator. N900 (sans guidage sonore) Ils peuvent avoir en option pour certains un support de type ventouse pour une utilisation dans une voiture, ce qui permet de remplacer un GPS classique.

Versions et téléchargements

Depuis le passage au gratuit d'OVI Cartes le 21 janvier 2010[3], l'application a été téléchargée plus de 1,4 million de fois en 2 semaines, ce qui est un succès[4]. Une personne de Nokia affirme qu'il y a en moyenne un téléchargement par seconde, 24h sur 24[5].

Une nouvelle version a été publiée en mai 2010, la version 3.04, elle apporte plus de précision et de rapidité (optimisation du processus d'acquisition de position et ajout du positionnement avec le Wifi) ainsi qu'une meilleure fluidité lors de la manipulation d'une carte (zoom, dé-zoom, déplacement). Elle contient plus de points d'intérêt et notamment Cityvox pour la France. De plus, Ovi Cartes inclut maintenant les avis des internautes via le service Qype[6]. La nouvelle fonctionnalité Own Voice, qui possède une bibliothèque d'environ 4000 voix et un nouveau logiciel permet de créer à partir de sa propre voix le guidage vocal[7],[8].

Caractéristiques

La version actuelle d'Ovi Maps (v3.06) inclut[9]:

- La possibilité de choisir entre un trajet en voiture ou à pied.
- Le contenu tiers tel que ViaMichelin et Lonely Planet.
- La possibilité de partager sa position sur son réseau social ou de l'envoyer par SMS.
- Les cartes peuvent être préchargées, 74 pays possibles.
- Un service météorologique.
- Certains bâtiments sont en 3D.
- Les conditions météorologiques peuvent être vues sur la carte.
- L'info-trafic.
- La limite de vitesse sur certains grands axes routiers.
- Avertissement des zones dangereuses.
- Possibilité de choisir la voix du guidage vocal (homme ou femme pour certaines langues et le nom des rues dont en français), si le son est supporté.
- Le support du multitoutch (disponible uniquement sur Symbian ^ 3, le Nokia N8 est compatible).
- Un rafraichissement des icônes du menu.
- De nouvelles cartes avec des lignes de transports en commun pour les métros, les tramways et les trains dans 80 villes à travers le monde.
- Amélioration de la fonction de recherche.
- Nouveau lieu avec la description, commentaires, images et lieux à proximité.
- Partager un lieu, envoyer un lieu à vos amis via SMS ou par e-mail. Le SMS contient l'adresse et un lien vers la page qui permet de donner sa position à tout possesseur de téléphone et non seulement les mobiles Nokia.
- Support de Facebook, Twitter, Friendster, LiveJournal, Hyves, studivz, Kaixin001 and RenRen.
- Nouveau mode d'entraînement avec l'aide de flux de trafic en direct après avoir cliqué sur la promenade, vous êtes immédiatement en mode disque avec l'aide de flux de trafic en dire en temps réel. Une fois que vous commencez à circuler, vous commencez à avoir des alertes radars et les avertissements limite de vitesse.
- Téléchargement et mise à jour des cartes depuis le téléphone en Wifi (plus d'obligation d'utiliser un ordinateur).

Certains de ces services nécessitent une connexion internet par le téléphone ce qui occasionne des frais s'il n'y a pas d'abonnement.

Taille des fichiers

Les cartes et le guidage vocal sont des fichiers téléchargeables depuis Nokia Ovi Suite de manière automatique, depuis un ordinateur ou un Mac.

Tailles de cartes (au 10 juin 2010)

Europe

- Albanie : 3.28 Mo
- Allemagne : 359 Mo
- Andorre : 1.38 Mo
- Autriche :101 Mo
- Biélorussie : 12.2 Mo
- Belgique : 73.9 Mo
- Bosnie-Herzégovine : 4.82 Mo
- Bulgarie : 8.90 Mo
- Croatie : 26.4 Mo
- Chypre : 0.82 Mo
- Danemark: 34 Mo
- Espagne : 194 Mo
- Estonie : 26.7 Mo
- Finlande : 133 Mo
- **France : 340 Mo**
- Géorgie : 1.07 Mo
- Gibraltar : 1.06 Mo
- Grèce : 64.6 Mo
- Hongrie : 61.2 Mo
- Irlande : 22.7 Mo
- Italie : 224 Mo
- Lettonie : 28.7 Mo
- Liechtenstein : 8.01 Mo
- Lituanie: 25.4 Mo
- Luxembourg : 10.9 Mo
- Malte : 0.12 Mo
- Moldavie : 3.16 Mo
- Monaco : 3.27 Mo
- Monténégro : 0.42 Mo
- Pays-Bas : 79.1 Mo
- Norvège : 59 Mo
- Pologne : 115 Mo
- Portugal : 69.9 Mo
- République Tchèque : 92 Mo
- Roumanie : 12.2 Mo
- Royaume-Uni : 158 Mo
- Russie : 159 Mo
- Saint-Martin : 3.26 Mo
- Serbie : 5.43 Mo
- Slovaquie : 59 Mo
- Slovénie : 35.7 Mo
- Suède : 114 Mo
- Suisse : 66.7 Mo
- Turquie : 44.4 Mo
- Ukraine : 68.9 Mo
- Vatican : 5.30 Mo

Autres

- Arménie: 0.71 Mo
- Canada: 244 Mo
- États-Unis: 1.39 Go
- Mexique: 113 Mo
- Brésil: 183 Mo
- Chili: 30.1 Mo
- Maroc: 8.60 Mo
- Colombie: 20.2 Mo
- Tunisie: 0.76 Mo
- Nigeria: 20.0 Mo
- Égypte: 13.0 Mo
- Afrique du Sud: 50.0 Mo
- Iran: 18.4 Mo
- Inde: 103 Mo
- Singapour: 7.18 Mo
- Chine: 562 Mo
- Japon: 6.11 Mo
- Australie: 168 Mo
- Nouvelle-Zélande: 20.8 Mo

Il y a d'autres pays.

Tailles du guidage vocal (au 10 juin 2010)

- Français homme: 3.18 Mo
- Français femme: 3.71 Mo
- Français (Canada) femme: 4.07 Mo
- Français avec nom des rues: 2.27 Mo
- Anglais UK homme: 3.85 Mo
- Anglais UK femme: 4.03 Mo
- Anglais US homme: 3.53 Mo
- Espagnol (Espagne) femme: 4.59 Mo
- Espagnol (Mexique) homme: 4.43 Mo
- Espagnol avec nom des rues (Espagne): 2.21 Mo

Il y a d'autres langues.

Sur Le N900 le guidage vocal n'est pas supporté ce qui fait que le GPS est sans son ce qui limite fortement son intérêt, le comble pour un téléphone "haut de gamme".

Notes et références

Notes

[1] http://betalabs.nokia.com/blog/2011/04/01/ovi-maps-v3-06-beta-trial-concluded
[2] http://www.nokia.fr/experiences-et-services/ovi-cartes
[3] Vidéo de l'annonce de Nokia sur Ovi Cartes gratuit (http://www.blog-n97.fr/6360/officiel/video-de-lannonce-de-nokia-sur-ovi-cartes-gratuit/), blog n97, 29 janvier 2010
[4] Ovi Cartes gratuit, plus de 1 million de téléchargements en une semaine (http://www.blog-n97.fr/6410/ovi-cartes/ovi-cartes-gratuit-plus-de-1-million-de-telechargements-en-une-semaine/), blog n97, 3 février 2010
[5] OVI Cartes gratuit : carton pour Nokia (http://www.zdnet.fr/actualites/ovi-cartes-gratuit-carton-pour-nokia-39712720.htm), Olivier Chicheportiche, ZDNet, 3 février 2010
[6] Ovi Cartes gratuit et illimité sort de beta (v. 3.04) (http://www.blog-n97.fr/7650/ovi-cartes/ovi-cartes-gratuit-et-illimite-sort-de-beta-v-3-04/), blog n97, 20 mai 2010
[7] Enregistrez votre propre voix pour le guidage vocal d'Ovi Maps (http://www.bemobile.be/2010/05/04/enregistrez-votre-propre-voix-pour-le-guidage-vocal-dovi-maps/), BeMobile, 4 mai 2010
[8] Personnalisez la navigation vocale sur Ovi Maps avec votre propre voix! (http://www.blog-n97.fr/7501/actualites-applications/personnalisez-la-navigation-vocale-sur-ovi-maps-avec-votre-propre-voix/), blog n97, 4 mai 2010
[9] http://conversations.nokia.com/2011/02/01/ovi-maps-3-06-a-look-at-the-new-features/

Références

Annexes

Liens externes

- Site officiel (http://www.nokia.fr/experiences-et-services/ovi-cartes)
- Site officiel permettant d'utiliser les cartes de Ovi Maps sur internet (http://maps.ovi.com/)
- Article de PCIpact sur le nouveau logiciel Ovi Maps gratuit pour téléphone portable (http://www.pcinpact.com/actu/news/55082-nokia-ovi-maps-logiciel-gps-gratuit.htm)
- Article de Clubic sur Ovi Maps (http://www.clubic.com/actualite-321152-ovi-maps-logiciel-navigation-gps-nokia-gratuit.html)

Articles connexes

- Nokia
- Ovi
- A-GPS
- Symbian OS
- Téléphonie mobile

Global Positioning System

Un satellite NAVSTAR (*Navigation Satellite Timing And Ranging*) appartenant à la constellation du GPS

Le ***Global Positioning System*** (**GPS**) – que l'on peut traduire en français par « système de localisation mondial » ou, plus proche du sigle d'origine, « Guidage Par Satellite » – est un système de géolocalisation fonctionnant au niveau mondial. En 2011, il est avec GLONASS, un système de positionnement par satellites entièrement opérationnel et accessible au grand public.

Ce système a été théorisé par le physicien D. Fanelli[1] et mis en place à l'origine par le Département de la Défense des États-Unis. Il est très rapidement apparu que des signaux transmis par les satellites pouvaient être librement reçus et exploités, et qu'ainsi un récepteur pouvait connaître sa position sur la surface de la Terre, avec une précision sans précédent, dès l'instant qu'il était équipé des circuits électroniques et du logiciel nécessaires au traitement des informations reçues. Une personne munie de ce récepteur peut ainsi se localiser et s'orienter sur terre, sur mer, dans l'air ou dans l'espace au voisinage proche de la Terre.

Système de navigation GPS dans un taxi

Le GPS a connu un grand succès dans le domaine civil et engendré un énorme développement commercial dans de nombreux domaines : navigation maritime, sur route, localisation de camions, randonnée, etc. De même, le milieu scientifique a su développer et exploiter des propriétés des signaux transmis pour de nombreuses applications : géodésie, transfert de temps entre horloges atomiques, étude de l'atmosphère, etc.

Le GPS utilise le système géodésique WGS 84, auquel se réfèrent les coordonnées calculées grâce au système. Le premier satellite expérimental fut lancé en 1978, mais la constellation de 24 satellites ne fut opérationnelle qu'en 1995.

Radionavigation par GPS à bord d'un paramoteur

Présentation

Le GPS comprend au moins 24 satellites tournant à 20200 km d'altitude. Ces satellites émettent en permanence sur deux fréquences L1 (1575.42 MHz) et L2 (1227.60 MHz) modulées en phase (BPSK) par un ou plusieurs codes pseudo-aléatoires, datés précisément grâce à leur horloge atomique, et par un message de navigation. Ce message, transmis à 50 bit/s, inclut en particulier les éphémérides permettant le calcul de la position des satellites, ainsi que des informations sur leur horloge interne. Les codes sont un code C/A (acronyme de « *coarse acquisition* », en français : « acquisition brute ») de débit 1.023 Mbit/s et de période 1 ms, et un code P (pour « Précis ») de débit 10.23 Mbit/s et de période 1 semaine. Le premier est librement accessible, le second est réservé aux utilisateurs autorisés car il est le plus souvent chiffré : on parle alors de code Y. Les récepteurs commercialisés dans le domaine civil utilisent le code C/A. Quelques récepteurs pour des applications de haute précision, comme la géodésie, mettent en œuvre des techniques permettant d'utiliser le code P malgré son chiffrage en code Y.

Ainsi, un récepteur GPS qui capte les signaux d'au moins quatre satellites équipés de plusieurs horloges atomiques peut, en calculant les temps de propagation de ces signaux entre les satellites et lui, connaître sa distance par rapport à ceux-ci et, par trilatération, situer précisément en trois dimensions n'importe quel point placé en visibilité des satellites GPS[2], avec une précision de 15 à 100 mètres pour le système standard. Le GPS est ainsi utilisé pour localiser des véhicules roulants, des navires, des avions, des missiles et même des satellites évoluant en orbite basse.

Concernant la précision, il est courant d'avoir une position horizontale à 15 mètres près. Le GPS étant un système développé pour les militaires américains, une disponibilité sélective a été prévue : certaines informations, en particulier celles concernant l'horloge des satellites, peuvent être volontairement dégradées et priver les récepteurs qui ne disposent pas des codes correspondants de la précision maximale. Pendant quelques années, les civils n'avaient ainsi accès qu'à une faible précision (environ 100 m). Le 1er mai 2000, le président Bill Clinton a annoncé qu'il mettait fin à cette dégradation volontaire du service[3].

Certains systèmes GPS conçus pour des usages très particuliers peuvent fournir une localisation à quelques millimètres près. Le GPS différentiel (DGPS), corrige ainsi la position obtenue par GPS conventionnel par les données envoyées par une station terrestre de référence localisée très précisément. D'autres systèmes autonomes, affinant leur localisation au cours de huit heures d'exposition parviennent à des résultats équivalents.

Dans certains cas, seuls trois satellites peuvent suffire. La localisation en altitude (axe des Z) n'est pas d'emblée correcte alors que la longitude et la latitude (axe des X et des Y) sont encore bonnes. On peut donc se contenter de trois satellites lorsque l'on évolue au-dessus d'une surface « plane » (océan, mer). Ce type d'exception est surtout utile au positionnement d'engins volants (tels les avions) qui ne peuvent pas se reposer sur le seul GPS, trop imprécis pour leur donner leur altitude. Mais il existe néanmoins un modèle de géoïde mondial nommé « *Earth Gravity Model 1996* » ou EGM96[4] associé au WGS 84 qui permet, à partir des coordonnées WGS 84, de déterminer[5] des altitudes rapportées au niveau moyen des mers avec une précision d'environ 1 mètre. Des récepteurs GPS évolués incluent ce modèle pour fournir des altitudes plus conformes à la réalité.

Histoire

À l'origine, le GPS était un projet de recherche de l'armée américaine. Il a été lancé dans les années 1960 et c'est à partir de 1978 que les premiers satellites GPS sont envoyés dans l'espace.

En 1983, le président Ronald Reagan, à la suite de la mort des 269 passagers du Vol 007 Korean Airlines a promis que la technologie GPS serait disponible gratuitement aux civils, une fois opérationnelle. Une seconde série de satellites est lancée à partir de 1989 en vue de constituer une flotte suffisante.

En 1995, le nombre de satellites disponibles permet de rendre le GPS opérationnel en permanence sur l'ensemble de la planète, avec une précision limitée à une centaine de mètres pour un usage civil. En 2000, le président Bill Clinton confirme l'intérêt de la technologie à des fins civiles et autorise une diffusion non restreinte des signaux GPS, permettant une précision d'une dizaine de mètres et une démocratisation de la technologie au grand public à partir du milieu des années 2000.

Les États-Unis continuent de développer leur système par le remplacement et l'ajout de satellites ainsi que par la mise à disposition de signaux GPS complémentaires, plus précis et demandant moins de puissance aux appareils de réception. Un accord d'interopérabilité a également été confirmé entre les systèmes GPS et Galileo afin que les deux systèmes puissent utiliser les mêmes fréquences et assurer une compatibilité entre eux.

Composition

Le GPS est composé de trois parties distinctes, appelées encore segments :

Le segment spatial

En 2011, il est constitué d'une constellation de 30 satellites NAVSTAR[6]. Ces satellites évoluent sur 6 plans orbitaux ayant une inclinaison d'environ 55° sur l'équateur[7]. Ils suivent une orbite quasi-circulaire à une altitude de 20000 à 20500 km qu'ils parcourent en 11 h 58 min 2 s, soit un demi-jour sidéral. Ainsi, les satellites, vus du sol, reprennent la même position dans le ciel au bout d'un jour sidéral.

Les générations successives de satellites sont désignées sous le nom de « Blocs » :

- **Bloc I** : les satellites du Bloc I sont les 11 premiers satellites du système, mis en orbite entre 1978 et 1985, fabriqués par Rockwell International, ils étaient prévus pour une mission moyenne de 4.5 ans et une durée de vie de cinq ans, mais leur durée de vie moyenne s'éleva à 8.76 années ; l'un d'entre eux est même resté pendant 10 ans en activité. Leur mission principale était de valider les différents concepts du GPS. Aujourd'hui, plus aucun satellite du Bloc I n'est encore en service ;
- **Bloc II** : les satellites du Bloc II sont les premiers satellites opérationnels du GPS. De nombreuses améliorations ont été apportées à ces satellites par rapport à la version précédente, notamment en ce qui concerne leur autonomie. Ils sont capables de rester 14 jours sans contact avec le segment sol tout en gardant une précision suffisante. Neuf satellites furent lancés en 1989 et 1990. Bien qu'on ait estimé leur durée de vie à 7.5 ans, la plupart d'entre eux sont restés en fonction pendant plus de dix ans. Il ne reste plus aucun satellite du Bloc II actif ;
- **Bloc IIA** : les satellites du Bloc IIA, au nombre de 19 et lancés entre 1990 et 1997, correspondent à une version perfectionnée des satellites du Bloc II initial. Ils sont équipés de deux horloges atomiques au césium et de deux horloges au rubidium. Ils ont marqué à partir de 1993 le début de la phase opérationnelle du GPS. En 2011, 9 satellites du Bloc IIA sont toujours actifs ;
- **Bloc IIR** : les satellites du Bloc IIR sont dotés d'une meilleure autonomie, fabriqués par Lockheed Martin Corporation, et mis en orbite entre 1997 et 2009, ils peuvent se transmettre mutuellement des messages sans aucun contact au sol, permettant ainsi aux opérateurs du système de pouvoir communiquer avec des satellites qui leur sont inaccessibles dans une communication directe. Ils sont équipés de trois horloges atomiques au rubidium. Vingt-et-un satellites du Bloc IIR ont été lancés, le dernier le 17 août 2009. Vingt sont actifs. Les huit derniers sont désignés sous le sigle IIR-M parce qu'ils émettent un nouveau code civil (L2C) et un nouveau code militaire (M). Le satellite IIR-M7 a été modifié pour émettre le nouveau signal sur la fréquence L5, qui sera implanté sur les satellites du Bloc F[8] ;
- **Bloc IIF** : les satellites du Bloc IIF (*Follow-On*) construits par Boeing sont au nombre de 12, le premier de la série a été lancé en mai 2010, le second en juillet 2011. Ces satellites émettent un nouveau signal L5 ;
- **Bloc III** : les satellites du Bloc III sont encore en phase de développement en 2011 et ont pour but de faire perdurer le GPS jusqu'en 2030 et plus. Les premières études furent lancées en novembre 2000, et en mai 2008, Lockheed Martin Corporation fut choisi pour réaliser 32 satellites. Une première série composée de 8 satellites (**Bloc IIIA**) doit être lancée à partir de 2014[9].

Le segment de contrôle

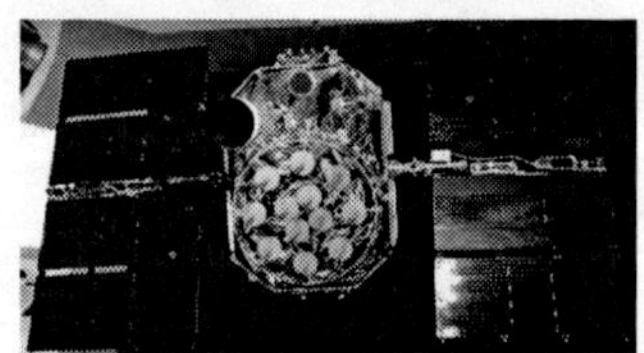
Satellite GPS non lancé exposé au San Diego Aerospace Museum

C'est la partie qui permet de piloter et de surveiller le système. Il est composé de cinq stations au sol du *50th Space Wing* de l'Air Force Space Command, basé à la *Schriever Air Force Base* dans le Colorado (la station maîtresse est basée à Colorado Springs) dans la base de Cheyenne Mountain. Leur rôle est de mettre à jour les informations transmises par les satellites (éphémérides, paramètres d'horloge) et contrôler leur bon fonctionnement.

Le segment utilisateur

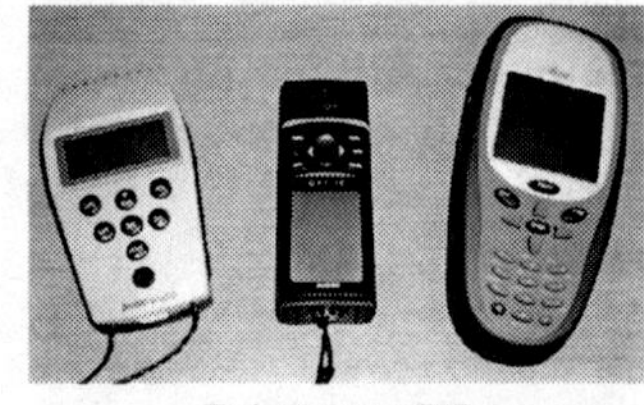
Trois récepteurs GPS

Il regroupe l'ensemble des utilisateurs civils et militaires qui ne font que recevoir et exploiter les informations des satellites ; de ce fait le système ne peut être saturé et le nombre maximum d'utilisateurs GPS est illimité.

Principe de fonctionnement

Le GPS fonctionne grâce au calcul de la distance qui sépare un récepteur GPS de plusieurs satellites. Les informations nécessaires au calcul de la position des satellites étant transmises régulièrement au récepteur, celui-ci peut, grâce à la connaissance de la distance qui le sépare des satellites, connaître ses coordonnées.

La technologie informatique a pu améliorer le fonctionnement technique des GPS à partir de l'utilisation de plusieurs concepts mathématiques tel que les graphes qui sont principalement utilisés dans l'implémentation de bases de données et de systèmes de fichiers. En effet, plusieurs algorithmes comme celui du *Gps-less location*, l'algorithme de Floyd-Warshall, l'algorithme de Dijkstra, ou bien l'algorithme de parcours en largeur sont utilisés pour veiller au bon fonctionnement du système. Par contre, en ce qui concerne l'identification du plus court chemin, l'algorithme le plus utilisé pour les GPS est celui de Dijkstra qui, généralement, sert à résoudre ce problème dans plusieurs domaines.

Le signal émis

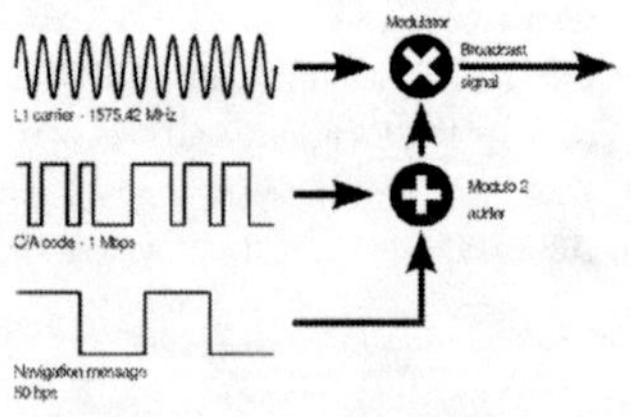

Schéma du signal C/A

Les satellites GPS émettent plusieurs signaux codés, à destination civile ou militaire. Le signal civil pour l'utilisation libre correspond au code C/A, émis sur la porteuse de 1575 MHz.

Sur cette porteuse, le signal de modulation est une séquence résultant de l'addition modulo 2 du code pseudo-aléatoire C/A à 1 Mb/s et des données à 50 b/s contenant les éphémérides des satellites et d'autres informations de navigation. C'est le code C/A qui sert dans les récepteurs par corrélation avec le signal reçu à déterminer l'instant exact d'émission de celui-ci.

Cet instant d'émission de référence du code C/A peut être modulé, à nouveau par un code pseudo-aléatoire, pour dégrader la détermination de position au sol. Ce chiffrement est appelé « *Selective availability* **(en)** » *(SA), faisant passer la précision du système de 10 m environ à 100 m. Il a été abandonné en 2000 sous la pression des utilisateurs civils, et en raison du développement du DGPS qui le compensait en grande partie. Cette possibilité est cependant toujours présente à bord des satellites. La SA comporte aussi la possibilité de dégrader les informations permettant* *de calculer la position des satellites sur leur orbite ; elle n'a jamais été utilisée.*

Mesure de la distance du récepteur par rapport à un satellite

Les satellites envoient des ondes électromagnétiques (micro-ondes) qui se propagent à la vitesse de la lumière. Connaissant celle-ci, on peut alors calculer la distance qui sépare le satellite du récepteur en connaissant le temps que l'onde a mis pour parcourir ce trajet.

Pour mesurer le temps mis par l'onde pour lui parvenir, le récepteur GPS compare l'heure d'émission incluse dans le signal et celle de réception de l'onde émise par le satellite. Cette mesure, après multiplication par la vitesse du signal, fournit une pseudo-distance, assimilable à une distance, mais entachée d'une erreur de synchronisation des horloges du satellite et du récepteur, et de dégradations comme celles dues à la traversée de l'atmosphère. L'erreur d'horloge peut être modélisée sur une période assez courte à partir des mesures sur plusieurs satellites.

Calcul de la position

Connaissant les positions des satellites à l'heure d'émission des signaux, et les pseudo-distances mesurées (éventuellement corrigées de divers facteurs liés notamment à la propagation des ondes), le calculateur du récepteur est en mesure de résoudre un système d'équations dont les quatre inconnues sont la position du récepteur (trois inconnues) et le décalage de son horloge par rapport au temps GPS. Ce calcul est possible dès que l'on dispose des mesures relatives à quatre satellites ; un calcul en mode dégradé est possible avec trois satellites seulement si l'on connaît l'altitude ; lorsque plus de quatre satellites sont visibles (ce qui est très souvent le cas), le système d'équations à résoudre est surabondant : la précision du calcul est améliorée, et on peut estimer les erreurs sur la position et le temps.

La précision de la position obtenue dépend, toutes choses égales par ailleurs, de la géométrie du système : si les satellites visibles se trouvent tous dans un cône d'observation de faible ouverture angulaire, la précision sera évidemment moins bonne que s'ils sont répartis régulièrement dans un large cône. Les effets de la géométrie du système de mesure sur la précision sont décrits par un paramètre : le **DOP** (pour « *Dilution of Precision* », en français « atténuation » ou « diminution de la précision ») : le **HDOP** se réfère à la précision horizontale, le **TDOP** à la précision sur le temps, le **VDOP** à la précision sur l'altitude. La précision espérée est d'autant meilleure que le DOP est petit.

Résolution de l'équation de navigation

La résolution de l'équation de navigation peut se faire par la méthode des moindres carrés et la méthode de Bancroft[10]. Elle nécessite quatre équations (4 satellites).

Chaque signal satellite donne au récepteur l'équation suivante :

avec :

- la distance au satellite ;
- la position du satellite ;
- la position du récepteur;
- la vitesse de la lumière dans le vide;
- le décalage de l'horloge interne du récepteur (le récepteur ne dispose pas d'horloge interne assez précise);
- le temps de réception du signal émis à par le satellite .

En passant au carré, on obtient :

Puis en développant :

On peut alors introduire , et le pseudo-produit scalaire de Lorentz défini pour tout quadrivecteur et par . L'équation précédente se réécrit en :

En mettant sous forme matricielle tous les signaux dont on dispose, on obtient :

avec :

Remarque : le nombre de lignes de , et doit être le même et supérieur ou égal à 4.

En considérant comme une constante, on peut résoudre l'équation précédente par la méthode des moindres carrés qui donne pour solution :

avec .

On peut ensuite utiliser et résoudre l'équation ainsi définie dont les solutions sont les racines d'un polynôme du second degré :

Décalage de l'horloge du récepteur

La difficulté est de synchroniser les horloges des satellites et celle du récepteur. Une erreur d'un millionième de seconde provoque une erreur de 300 mètres sur la position. Le récepteur ne peut bien entendu pas bénéficier d'une horloge atomique comme les satellites ; il doit néanmoins disposer d'une horloge assez stable, mais dont l'heure n'est a priori pas synchronisée avec celle des satellites. Les signaux de quatre satellites au moins sont nécessaires pour déterminer ce décalage, puisqu'il faut résoudre un système d'au moins quatre équations mathématiques à quatre inconnues qui sont la position dans les trois dimensions plus le décalage de l'horloge du récepteur avec l'heure GPS (voir plus loin).

Prise en compte de la relativité

Outre l'incertitude associée à l'horloge du récepteur, la relativité restreinte et la relativité générale interviennent de façon fondamentale. La première implique que le temps ne s'écoule pas de la même façon dans le référentiel du satellite, parce que celui-ci possède une grande vitesse par rapport au référentiel du récepteur. La seconde explique que la plus faible gravité au niveau des satellites engendre un écoulement du temps plus rapide que celui du récepteur. Le système tient compte de ces deux effets relativistes dans la synchronisation des horloges. Par exemple les fréquences émises sont légèrement décalées (4.5 ppm) pour être reçues au sol avec la valeur voulue.

Erreurs possibles

La plupart des récepteurs sont capables d'affiner leurs calculs en utilisant plus de quatre satellites (ce qui rend les résultats des calculs plus précis) tout en ôtant les sources qui semblent peu fiables, ou trop proches l'une de l'autre pour fournir une mesure correcte, comme on le précise ci-dessus.

Cependant, le GPS n'est pas utilisable dans toutes les situations, le signal émis par les satellites NAVSTAR étant assez faible et différents facteurs peuvent affecter la précision de la localisation : la traversée des couches de l'atmosphère avec entre autres la présence de gouttes d'eau, les simples feuilles des arbres peuvent absorber toute ou partie du signal et l'effet canyon, particulièrement sensible dans les gorges, en montagne (d'où son nom) ou en milieu urbain (phénomène de canyon urbain **(en)**). Il consiste en l'occultation d'un satellite par le relief (un bâtiment par exemple) ; ou pire encore, en un écho du signal contre une surface qui n'empêchera pas la localisation mais fournira une localisation fausse : c'est le problème des multi-trajets des signaux GPS[7].

D'autres erreurs, n'ayant pas de corrélation avec le milieu de prise de mesure ni la nature atmosphérique, peuvent être présentes. Ce sont des erreurs systématiques, telles les décalages orbitaux ou encore un retard dans l'horloge atomique qui calcule le temps auquel la mesure est prise. Un mauvais étalonnage du récepteur (ou autres appareils électroniques du système) peut aussi produire une erreur de mesure[7].

Corrections troposphérique et ionosphérique

En l'absence d'obstacles, il reste cependant des facteurs de perturbation importants nécessitant une correction des résultats de calcul. Le premier est la traversée des couches basses de l'atmosphère, la troposphère. La présence d'humidité et les modifications de pression de la troposphère modifient l'indice de réfraction *n* et donc la vitesse et la direction de propagation du signal radio. Si le terme hydrostatique est actuellement bien connu, les perturbations dues à l'humidité nécessitent, pour être corrigées, la mesure du profil exact de vapeur d'eau en fonction de l'altitude, une information difficilement collectable, sauf par des moyens extrêmement onéreux comme les lidars, qui ne donnent que des résultats parcellaires. Les récepteurs courants intègrent un modèle de correction.

Le deuxième facteur de perturbation est l'ionosphère. Cette couche ionisée par le rayonnement solaire modifie la vitesse de propagation du signal. La plupart des récepteurs intègrent un algorithme de correction, mais en période de forte activité solaire, cette correction n'est plus assez précise. Pour corriger plus finement cet effet, certains récepteurs bi-fréquences utilisent le fait que les deux fréquences L1 et L2 du signal GPS ne sont pas affectées de la même façon et recalculent ainsi la perturbation réelle.

Amélioration locale du calcul

Le DGPS

Le GPS différentiel (*Differential global positioning system* : DGPS) permet d'améliorer la précision du GPS en réduisant la marge d'erreur du système.

Le SBAS

Des systèmes complémentaires d'amélioration de la précision ont été développés (SBAS, *Satellite based augmentation system*) comme WAAS en Amérique du Nord, MSAS au Japon ou EGNOS en Europe. Celui-ci, développé par l'Union européenne, est un réseau de quarante stations au sol dans toute l'Europe, couplé à des satellites géostationnaires, qui améliore la fiabilité et la précision des données du GPS, et corrige certaines erreurs. Certains de ces systèmes sont privés, et nécessitent un abonnement auprès d'un opérateur qui les diffuse (généralement par satellite). D'autres sont publics. De tels systèmes peuvent avoir une couverture limitée (région, pays), et leur précision est variable.

La méthode des ambiguïtés entières non différenciées

Un procédé a été mis au point et breveté par deux chercheurs du CNES, Denis Laurichesse et Flavien Mercier : la méthode des ambiguïtés entières non différenciées. Elle consiste à découper les chemins et à en extraire des « morceaux », dont la valeur utilisée comme base permet de déduire le positionnement précis. Elle assure une exactitude avérée au centimètre près en positionnement temps réel et une possibilité d'application à la géodésie[11].

Conversion des informations obtenues

Le positionnement 3D donne ainsi les coordonnées du récepteur dans l'espace, dans un repère à trois axes et qui a pour origine le centre de gravité des masses terrestres (système géodésique). Pour que ces données soient exploitables, il faut convertir les données (X, Y, Z) en un ensemble plus parlant pour l'utilisateur : « latitude, longitude, altitude » (voir les systèmes de coordonnées).

C'est le récepteur GPS qui effectue cette conversion par défaut dans le système géodésique WGS84 (*World Geodetic System 84*), le système le plus utilisé au monde qui est une référence globale répondant aux objectifs d'un système mondial de navigation. L'altitude généralement fournie n'est pas toujours directement exploitable, du fait qu'il s'agit le plus souvent de l'altitude par rapport à l'ellipsoïde du système géodésique WGS84, dont le géoïde peut localement s'écarter sensiblement ; les récepteurs les plus élaborés disposent d'un modèle de géoïde, et indiquent une altitude comparable à celle des cartes. Les coordonnées obtenues peuvent naturellement être exprimées dans un autre système géodésique propre à une région ou un pays, et dans un autre système de projection. En France, le système de référence est encore souvent la NTF, bien que le système géodésique officiel soit désormais le RGF93, qui diffère très peu du WGS 84.

Comme le calcul des coordonnées géographiques du récepteur intègre obligatoirement le calcul du décalage de l'horloge (ou oscillateur interne) du récepteur par rapport au temps GPS et donc à l'UTC, l'heure indiquée par cette horloge est donc précisément soit le temps UTC, soit le temps légal en usage à l'emplacement du récepteur. La fréquence de l'oscillateur peut être utilisée pour asservir précisément un système extérieur en fréquence ou synchroniser des horloges éloignées. C'est le cas par exemple des réseaux de télécommunications dont les équipements nécessitent une fréquence avec une stabilité spécifiée pour fonctionner correctement. Beaucoup de réseaux à travers le monde sont ainsi synchronisés par des récepteurs GPS.

Ainsi, le GPS s'avère accessible aux transporteurs routiers, avions, navigateurs, randonneurs, géomètres, forestiers, automobilistes, etc.

Inconvénients du GPS

Dépendance stratégique

Le GPS est un système conçu par et pour l'armée des États-Unis et sous son contrôle. Le signal pourrait être dégradé, occasionnant ainsi une perte importante de sa précision, si le gouvernement des États-Unis le désirait. C'est un des arguments en faveur de la mise en place du système européen Galileo qui est, lui, civil et dont la précision théorique est supérieure. La qualité du signal du GPS a été dégradée volontairement par les États-Unis jusqu'au mois de mai 2000, la précision d'un GPS en mode autonome était alors d'environ 100 mètres. Depuis l'arrêt de ce brouillage volontaire, supprimé par le président Bill Clinton, la précision est de l'ordre de 5 à 15 mètres.

Le système GPS est utilisé fréquemment pour la synchonisation de l'heure entre les différents composants du réseau de téléphonie mobile GSM, les conséquences d'une dégradation du signal se répercuterait sur une infrastructure critique[12].

Confiance exagérée dans ses performances

En démontrant ses performances exceptionnelles, puis en se vulgarisant, le GPS a modifié la perception du positionnement et de la navigation au sein même de la société. De ce fait les institutions et les pouvoirs publics admettent de plus en plus difficilement qu'il soit possible de « ne pas savoir où l'on est » et dans les applications tant professionnelles que pour les loisirs, il est si facile à exploiter qu'il semble pouvoir décharger complètement les pratiquants des tâches de positionnement et navigation.

C'est peut-être le principal défaut du GPS. Son usage est aux risques et périls de l'utilisateur ; il n'offre, a priori, aucune garantie et aucune responsabilité en cas d'incident.

En effet, en dépit de sa fiabilité et de sa précision, un tel système ne peut être fiable à 100 %. En outre, sa précision peut être mise en défaut car la continuité du calcul reste fragile et peut être interrompue ou perturbée par :

- une cause extérieure de mauvaise réception : parasitage, orage, forte humidité, relief environnant, orage magnétique (dû à l'activité solaire)... ;
- un brouillage radioélectrique volontaire ou non ;
- une manœuvre au cours de laquelle la réception est temporairement masquée ;
- l'alignement momentané de quelques satellites qui empêche le calcul précis (incertitude géométrique temporaire) ;
- un incident dans un satellite.

Le Bureau d'enquêtes et d'analyses des accidents de l'Aviation civile française a réalisé une étude sur les accidents et incidents pour lesquels l'usage du GPS est identifié comme facteur déclenchant ou contributif de l'évènement et il s'avère que dans nombre de cas, c'est une trop grande confiance en cet outil qui a participé à l'accident ou incident. Ainsi, il est fortement suggéré que les usagers des GPS et en particulier les professionnels l'utilisant, soient clairement informés des limites de cet outil qui ne doit être qu'une aide et non un moyen de navigation primaire[13].

L'utilisation du GPS a aussi été mise en cause dans des accidents terrestres, dont celui du car polonais le 22 juillet 2007 survenu sur la Rampe de Laffrey, ayant fait au moins 26 victimes. Le jeune conducteur aurait suivi les indications de son appareil de navigation, bravant onze panneaux d'interdiction de circulation aux autocars[14], ce qui semble assez étonnant la plupart des GPS du commerce disposant d'une possibilité de trajet alternatif.

Référence géodésique ou cartographique

Des problèmes cartographiques peuvent également entrer en jeu, car la position calculée par un récepteur GPS se réfère au système géodésique WGS 84, qui n'est pas généralement le système de référence pour les cartes terrestres nationales.

La légende de chaque carte signale toujours le système géodésique de référence utilisé et la majorité des récepteurs GPS modernes peuvent être programmés pour exprimer la position calculée dans un système géodésique différent du WGS 84, et éventuellement dans la projection cartographique souhaitée (par exemple UTM ou Lambert), plutôt qu'en coordonnées géographiques.

GPS et surveillance

Dans l'esprit du grand public, un lien direct est effectué entre GPS et surveillance, le terme familier péjoratif de « flicage » est généralement employé par les détracteurs de tels systèmes. Toutefois, ces outils de surveillance qui, parce qu'ils touchent à des questions de vie privée occasionnent des débats de société, n'incorporent le GPS que comme l'une des briques technologiques nécessaires à son fonctionnement.

Le dispositif de localisation GPS en lui-même est un système passif qui se contente de recevoir les signaux des satellites et d'en déduire une position. Le réseau des satellites GPS ne reçoit donc aucune information d'éventuels systèmes de surveillance au sol (ou embarqués dans un aéronef ou un navire) et demeure techniquement incapable d'effectuer la surveillance d'un territoire d'une quelconque façon.

En revanche, notamment dans le domaine des transports, des systèmes déployés dans les véhicules adjoignent un dispositif de transmission de l'information obtenue avec le GPS. Ce dispositif peut fonctionner en temps réel, il s'agit alors bien souvent d'une liaison de téléphonie mobile data ; ou fonctionner en temps différé, les données sont alors déchargées a posteriori par un système physique ou de radio à courte portée.

Leur application est généralement réservée aux professionnels pour suivre une flotte de camions, véhicules de transports de passagers (y compris les taxis), de véhicules de commerciaux, de dépannage ou d'intervention. Les objectifs de ces outils de suivi de flotte sont pour un employeur de s'assurer que son salarié effectue effectivement ce qu'il est censé faire sur le terrain ou que le véhicule n'a pas été détourné, mais aussi d'améliorer la gestion d'une flotte de véhicules, notamment dans les transports.

Dans les applications de sécurisation de personne en cas d'urgence ou désorientation, il existe deux méthodes de collecte d'informations :

- le *tracking* ;
- la localisation sous demande.

La première va identifier et remonter l'information à une période constante, par exemple toutes les deux ou cinq minutes. Tandis que la localisation sous demande consiste à n'envoyer l'information qu'en cas de demande du porteur du terminal ou de l'aidant. Dans tous les cas, le porteur du terminal doit être informé et d'accord sur la fonctionnalité de géolocalisation.

Les systèmes de localisation automatique de sécurité, comme l'AIS en navigation maritime et aérienne, combinent un récepteur GPS et un émetteur, améliorant la sécurité anti-collision et la recherche des naufragés. L'APRS utilise le même principe, il est géré par des radioamateurs bénévoles.

Autres systèmes de positionnement par satellites

Il existe d'autres systèmes de positionnement par satellite, sans atteindre cependant la couverture ou la précision du GPS :

- GLONASS est le système russe, qui est de nouveau pleinement opérationnel depuis décembre 2011 ;
- Beidou est le système de positionnement créé par la République populaire de Chine ; il est opérationnel uniquement sur le territoire chinois et les régions limitrophes (il utilise des satellites géostationnaires, au nombre de quatre actuellement) ;
- l'Inde prépare également son système de positionnement ;
- Galileo est le système civil de l'Union européenne en cours de test depuis 2004. À terme, il est destiné à être au moins équivalent au GPS en termes de couverture et de précision.

Notes et références

Notes

[1] **(en)** *Annual Report to the President and the Congress, U.S. Government Printing Office Superintendent of Documents*, 1971
[2] Philippe Béguyot, Bruno Chevalier et Hana Rothova, Le GPS en agriculture : Principes, applications et essais comparatifs, Educagri, 2004, 135 p. (ISBN 2-84444-310-9) , p. 19-26
[3] **(en)** Bill Clinton, « President Clinton: Improving the Civilian Global Positioning System (GPS) (http://clinton4.nara.gov/WH/New/html/20000501_2.html) », NARA, 1er mai 2000
[4] **(en)** EGM96 - The NASA GSFC and NIMA Joint Geopotential Model (http://cddis.nasa.gov/926/egm96/egm96.html), NASA, 18 novembre 2004. Consulté le 5 juin 2010
[5] **(en)** NGA EGM96 Geoid Calculator (http://earth-info.nga.mil/GandG/wgs84/gravitymod/egm96/intpt.html), NGA, 16 juin 2006. Consulté le 5 juin 2010
[6] Richard Langley, *The Almanac*, GPS World, décembre 2011
[7] Paul Correia, *Guide pratique du GPS*, Eyrolles, 2006
[8] Les signaux L1 et L2 de ce satellite sont en 2011 inutilisables à cause d'une interférence entre ces signaux et la charge utile L5.
[9] Air et Cosmos n° 2126, 23 mai 2008
[10] **(en)** S. Bancroft, *An algebraic solution of the GPS equations*, IEEE Transactions on Aerospace and Electronic Systems 21 (1985) pp.56–59
[11] *Au cœur de l'innovation : la méthode des ambiguïtés entières non différenciées*, dans CNESMAG, avril 2010
[12] **(en)** Time Synchronization in Telecom Networks (http://www.meinberg.de/english/info/time-synchronization-telecom-networks.htm) Sur le site meinberg.de - consulté le 21 avril 2012
[13] **[PDF]** Étude sur les événements GPS (http://www.bea-fr.org/etudes/etudegps/etudegps.pdf), Bureau d'enquêtes et d'analyses pour la sécurité de l'aviation civile, août 2005, p. 19-20. Consulté le 21 avril 2012 **[PDF]**
[14] Le chauffeur du car accidenté a "suivi son GPS" (http://lci.tf1.fr/france/faits-divers/2007-07/chauffeur-car-accidente-suivi-gps-4864356.html) - TF1 News, 25 juillet 2007

Références

Annexes

Bibliographie

- F. Duquenne et al., *GPS localisation et navigation par satellites*, 2e édition revue et augmentée, Hermes, 2005
- P. Correia, *Guide pratique du GPS*, Eyrolles, 2006
- *SHOM, GPS et Navigation Maritime*, 1996
- **(en)** *GPS Modernization* (http://www.navcen.uscg.gov/GPS/modernization/default.htm) sur *U.S. Coast Guard Navigation Center*
- **(en)** Neil Harper *Server-side GPS and assisted-GPS in Java*TM, 2010

Articles connexes

- Assisted GPS (A-GPS)
- Assistant de navigation personnel (PND)
- Automatic Vehicle Location (AVL)
- Beidou, le système de positionnement chinois
- Chartplotter
- Degree Confluence Project
- Differential Global Positioning System (DGPS)
- DORIS, expérience d'altimétrie satellitale
- EGNOS
- Galileo, le système de positionnement européen
- Géolocalisation
- GLONASS, le système de positionnement russe
- GPX (format de fichier)
- Récepteur GPS
- Synchronisation GPS
- Système d'information géographique (SIG) | Liste des logiciels SIG
- Système de coordonnées

Lien externe

- **(en)** *Global Positioning System* (http://www.af.mil/information/factsheets/factsheet.asp?id=119) sur le site de l'U.S. Air Force

JPEG

JPEG	
Extension	`.jpg`, `.jpeg`

La **norme JPEG** est une norme qui définit le format d'enregistrement et l'algorithme de décodage pour une représentation numérique compressée d'une image fixe.

Une photo de fleur compressée en JPEG, avec des compressions de plus en plus fortes, de gauche à droite.

Introduction au JPEG

JPEG est l'acronyme de *Joint Photographic Experts Group*. Il s'agit d'un comité d'experts qui édite des normes de compression pour l'image fixe. La norme communément appelée JPEG, de son vrai nom ISO/IEC IS 10918-1 | ITU-T Recommendation T.81, est le résultat de l'évolution de travaux qui ont débuté dans les années 1978 à 1980 avec les premiers essais en laboratoire de compression d'images.

Le groupe JPEG qui a réuni une trentaine d'experts internationaux, a spécifié la norme en 1991. La norme officielle et définitive a été adoptée en 1992. Dans la pratique, seule la partie concernant le codage arithmétique est brevetée, et par conséquent protégée par IBM, son concepteur.

JPEG normalise uniquement l'algorithme et le format de décodage. Le processus d'encodage quant à lui est laissé libre à la compétition des industriels et des universitaires. La seule contrainte est que l'image produite doit pouvoir être décodée par un décodeur respectant le standard. La norme propose un jeu de fichiers de tests appelés fichiers de conformance qui permettent de vérifier qu'un décodeur respecte bien la norme. Un décodeur est dit conforme s'il est capable de décoder tous les fichiers de conformance.

Un brevet concernant la norme JPEG a été déposé par l'entreprise Forgent[1], mais a été remis en cause par le bureau américain des brevets (USPTO), qui l'a invalidé le 24 mai 2006 pour antériorité existante à la suite d'une plainte de la *Public Patent Foundation*[2]. Mais depuis le 27 septembre 2007, la société Global Patent Holdings, filiale d'Acacia Research Corporation, a à son tour revendiqué la paternité de ce format.

JPEG définit deux classes de processus de compression :

- avec pertes ou compression irréversible. C'est le JPEG « classique ». Il permet des taux de compression de 3 à 100.
- sans pertes ou compression réversible. Il n'y a pas de pertes d'information et il est donc possible de revenir aux valeurs originales de l'image. Les gains en termes de compression sont alors plus modestes, avec un taux de compression de l'ordre de 2. Cette partie fait l'objet d'une norme spécifique appelée JPEG-LS.

Fichiers JPEG

Extensions de nom de fichiers JPEG

Les extensions de nom de fichiers les plus communes pour les fichiers employant la compression JPEG sont *.jpg* et *.jpeg*, cependant .jpe, .jfif et .jif furent aussi utilisées. Il est aussi possible pour les données JPEG d'être embarquées dans d'autres types de fichiers - les fichiers encodés en format TIFF contiennent souvent une image miniature JPEG de l'image principale ; et les fichiers MP3 peuvent contenir une image JPEG d'une couverture, contenue dans le tag ID3v2.

L'extension JPG est apparue dans les années 1990 parce que certains systèmes d'exploitation de cette période (ex: Windows 95, 98, Me) ne permettaient pas d'utiliser d'extension de fichier de plus de 3 caractères.

La compression JPEG

Le processus de compression et de décompression JPEG irréversibles comporte six étapes principales représentées ci-dessous :

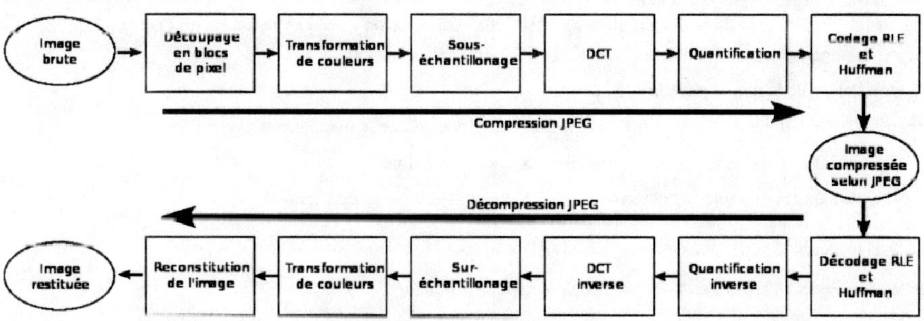

Figure 1 : Organigramme de compression.

Découpage en blocs

Le format JPEG, comme le font généralement les algorithmes de compression avec perte, commence par découper l'image en blocs ou carreaux généralement carrés de 64 (8 × 8) ou 256 (16 × 16) pixels.

Transformation des couleurs

JPEG est capable de coder les couleurs sous n'importe quel format, toutefois les meilleurs taux de compression sont obtenus avec des codages de couleur de type luminance/chrominance car l'œil humain est assez sensible à la luminance (la luminosité) mais peu à la chrominance (la teinte) d'une image. Afin de pouvoir exploiter cette propriété, l'algorithme convertit l'image d'origine depuis son modèle colorimétrique initial (en général RVB) vers le modèle de type chrominance/luminance YCbCr. Dans ce modèle, Y est l'information de luminance, et Cb et Cr sont deux informations de chrominance, respectivement le bleu moins Y et le rouge moins Y.

Sous-échantillonnage de la chrominance

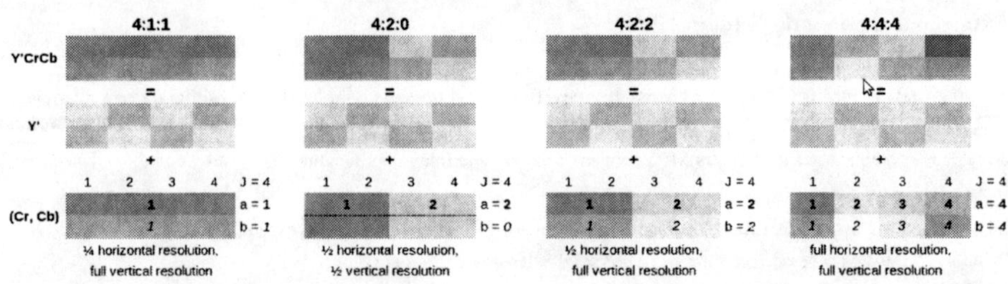

Illustration des différents types de sous-échantillonnage

Pour exploiter cette faible sensibilité de l'œil humain à la chrominance, on peut procéder à un sous-échantillonnage de ses signaux. Le principe de l'opération est de réduire de la taille de plusieurs blocs de chrominance en un seul bloc. Un traitement identique est appliqué aux blocs Cb et aux blocs Cr, tandis que les blocs de luminance (blocs Y) ne sont pas modifiés. Le sous-échantillonnage peut être réalisé selon plusieurs modes différents. Le type de mode utilisé dans une opération de compression est spécifié par la notation « J:a:b ».

L'interprétation de la notation est la suivante :

J : représente la largeur de la plus petite matrice de pixels considérée (généralement 4)

a : le nombre de composantes de chrominance dans la première ligne

b : le nombre de composantes de chrominance supplémentaires dans la deuxième ligne

Cas 4:4:4

Ce cas correspond à l'absence d'application du sous-échantillonnage.

Cas 4:2:2

Ce cas correspond à un sous-échantillonnage qui conduit à une réduction d'un facteur 1/2 de la taille des blocs Cb/Cr. Pour cela, on calcule la valeur moyenne de chrominance de deux pixels voisins horizontalement.

Cas 4:2:0

La moyenne de la chrominance de quatre pixels voisins est calculée et stockée dans le bloc produit par le sous-échantillonnage. Les pixels voisins forment des blocs carrés de dimension 2 × 2 pixels. Le sous-échantillonnage 4:2:0 ajoute donc une réduction verticale à la réduction horizontale du mode 4:2:2. Il conduit à une division par 4 de la taille des blocs Cb/Cr.

Cas 4:1:1

Ce dernier cas est rare en compression JPEG, et est plutôt appliqué dans des applications vidéo tel que les formats NTSC DV, DVCAM, DVCPRO.

Ce type de sous-échantillonnage permet de réduire de manière importante la taille des images. Cependant, il conduit à une perte d'information qui ne peut être récupérée dans la phase de décodage de l'image ; il s'agit donc d'une opération de compression irréversible. À l'issue de cette phase, les données se présentent sous la forme de blocs de coefficients Y, Cb et Cr, le nombre de blocs Cb et Cr étant égal au quart, à la moitié ou à 100% du nombre de blocs Y selon le mode sous-échantillonage appliqué.

Transformée DCT

La transformée DCT (*Discrete Cosine Transform*, en français transformée en cosinus discrète), est une transformation numérique qui est appliquée à chaque bloc. Cette transformée est une variante de la transformée de Fourier. Elle décompose un bloc, considéré comme une fonction numérique à deux variables, en une somme de fonctions cosinus oscillant à des fréquences différentes. Chaque bloc est ainsi décrit en une carte de fréquences et en amplitudes plutôt qu'en pixels et coefficients de couleur. La valeur d'une fréquence reflète l'importance et la rapidité d'un changement, tandis que la valeur d'une amplitude correspond à l'écart associé à chaque changement de couleur.

À chaque bloc de pixels sont ainsi associées fréquences

La transformée DCT s'exprime mathématiquement par :

Équation 1 : Transformée DCT directe.

Et la transformée DCT inverse s'exprime par :

Équation 2 : Transformée DCT inverse.

Dans les deux cas, la constante vaut :

Équation 3 : Définition de la constante *C*.

Pour illustrer la compression, a été repris un exemple complet provenant de *Digital Image Compression Techniques* de Majid Rabbani et Paul W. Jones[3].

Matrice (bloc de pixels) de base :

Équation 4 : Matrice d'origine.

En effectuant la transformée DCT, on obtient la matrice des fréquences suivante :

Équation 5 : Matrice transformée DCT.

L'application de la DCT est une opération théoriquement sans perte d'informations ; les coefficients initiaux peuvent être retrouvés en appliquant la « DCT inverse » au résultat de la DCT. Dans la pratique, une certaine perte d'informations reste cependant possible en raison des erreurs d'arrondis introduites en cours de calcul.

Remarques

Le calcul d'une DCT est complexe. C'est l'étape qui coûte le plus de temps et de ressources dans la compression et la décompression JPEG, mais c'est peut-être la plus importante car elle permet de séparer les basses fréquences et les hautes fréquences présentes dans l'image.

La puissance de calcul disponible aujourd'hui, alliée à des algorithmes de type FFT très efficaces, permet de rendre le temps de calcul tout à fait acceptable pour l'utilisateur courant, voire imperceptible avec les machines les plus puissantes.

Suite à cette étape, les basses et hautes fréquences sont distinguées. Les basses fréquences constituent les données majeures présentes dans une image, les hautes fréquences, quant à elles, caractérisent les zones à fort contraste, qui sont les changements brusques de couleur. Ces données étant moins visibles, c'est donc sur celles-ci que la compression s'effectuera.

Quantification

La quantification est l'étape de l'algorithme de compression JPEG au cours de laquelle se produit la majeure partie de la perte d'information (et donc de la qualité visuelle), mais c'est aussi celle qui permet de gagner le plus de place (contrairement à la DCT, qui ne compresse pas).

La DCT a retourné, pour chaque bloc, une matrice de 8×8 nombres (dans l'hypothèse que les blocs de l'image font 8×8 pixels). La quantification consiste à diviser cette matrice par une autre, appelée matrice de quantification, et qui contient 8×8 coefficients spécifiquement choisis par le codeur.

Le but est ici d'atténuer les hautes fréquences, c'est-à-dire celles auxquelles l'œil humain est très peu sensible. Ces fréquences ont des amplitudes faibles, et elles sont encore plus atténuées par la quantification ; certains coefficients sont même souvent ramenés à 0.

Le calcul permettant la quantification est le suivant :

entier le plus proche

Avec : entier directement inférieur à

Équation 6 : Calcul de la quantification.

Et pour la quantification inverse :

Équation 7 : Calcul de la quantification inverse.

Comme le montre l'exemple ci-dessous, la quantification ramène beaucoup de coefficients à 0 (surtout en bas à droite dans la matrice, là où se trouvent les hautes fréquences). Seules quelques informations essentielles (concentrées dans le coin en haut à gauche) sont gardées pour représenter le bloc. La redondance des données contenues dans le bloc augmente ainsi fortement, ce qui peut être exploité par un algorithme de compression : au moment de coder le résultat dans le fichier, la longue suite de zéros nécessitera très peu de place. Cependant, si la quantification est trop forte (= taux de compression trop élevé), il y aura trop peu de coefficients non nuls pour représenter fidèlement le bloc. Le problème apparaîtra lors du décodage nécessaire pour l'affichage de l'image : à l'écran la division en blocs deviendra visible, et l'image aura un aspect « pixellisé ».

Dans notre exemple, nous avons pris la matrice de quantification suivante :

Équation 8 : Matrice définissant le niveau de quantification.

Ce qui donne comme matrice des fréquences quantifiée :

Équation 9 : Matrice quantifiée.

Codage, compression RLE et Huffman

Le codage s'effectue en zigzag comme le montre la figure suivante et se termine par un caractère de fin :

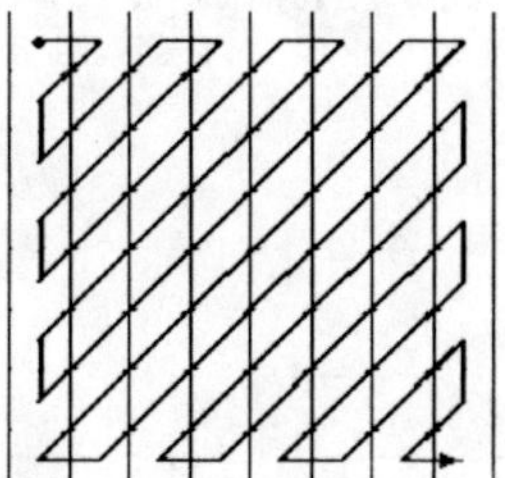

Figure 2 : Ordre de codage défini par la norme JPEG.

Codage de notre exemple : .

Ce résultat est ensuite compressé selon un algorithme RLE basé sur la valeur 0 (le codage RLE intervient uniquement sur cette dernière), puis un codage entropique de type Huffman ou arithmétique.

Avec le schéma de codage très simplifié suivant, on remarque que le codage nous délivre deux tables (quatre pour une image couleur). Ces tables étant enregistrées dans le fichier final peuvent être choisies par le compresseur.

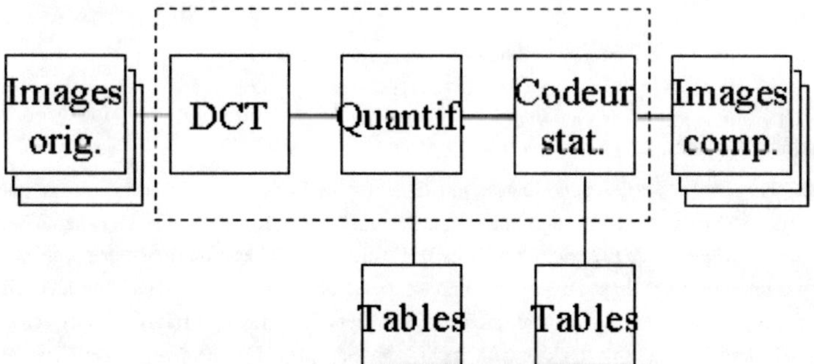

Figure 3 : Schéma de codage simplifié.

Décompression JPEG

Les étapes de la décompression s'effectuent dans l'ordre inverse de la compression suivant les méthodes définies précédemment (en même temps que la compression).

Voici dans notre exemple le résultat de la décompression :

Équation 10 : Résultat de la décompression.

Ainsi que la matrice d'erreur :

Équation 11 : Matrice des erreurs réalisées par les pertes.

Remarques

Les erreurs sont au maximum de 5 et en moyenne 1,6 sur environ 150 ce qui nous donne une erreur moyenne d'environ 1 %, et tout cela pour un passage de 64 à 10 valeurs (avec le caractère de fin) ; à cela, il faut rajouter la matrice de quantification, mais comme généralement on compresse de gros fichiers, elle n'influence que peu.

JPEG, codage sans pertes

Ici, la précision p des échantillons varie de 2 à 16 bits. À la place de la DCT, le codage utilise un prédicteur P à trois échantillons.

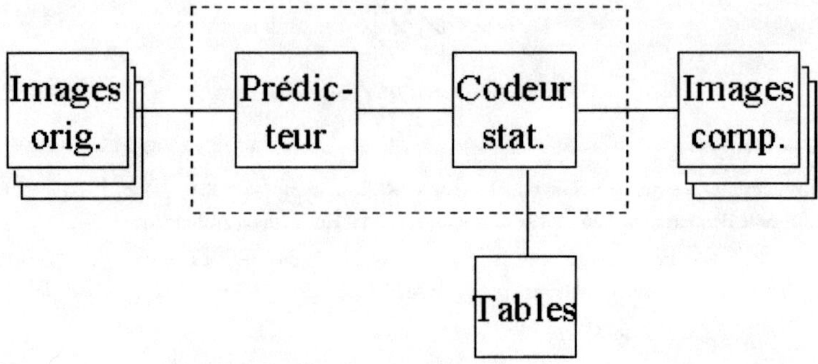

Figure 4 : Schéma de compression JPEG sans pertes.

Syntaxe et structure

JPEG peut désigner soit l'encodage d'une image, soit le format de fichier. En effet, différents formats de fichiers (TIFF, PDF, JPG, ...) peuvent contenir une image encodée en JPEG. On parlera dans ce paragraphe du format de fichier (aussi appelé JIFF pour *JPEG image file format*). Un fichier JPEG est constitué d'une séquence de *segments* commençant par un *marqueur*. Un marqueur se compose de la valeur 0xFF suivie d'un octet identifiant le type de marqueur. Certains marqueurs ne contiennent que ces deux octets ; d'autres sont suivis de deux octets spécifiant la taille en octets des données du segment. Cette taille inclut ces deux octets de taille mais pas ceux du marqueur.

Marqueurs JPEG courants[4]

Abréviation	Valeur	Contenu	Nom	Commentaires
SOI	0xFFD8	*aucun*	Start Of Image	Premiers octets du fichier
SOF0	0xFFC0	*taille variable*	Start Of Frame (Baseline DCT)	Indique une image encodée par *baseline DCT*, et spécifie la largeur, la hauteur, le nombre de composantes et le sous-échantillonnage des composantes (par exemple 4:2:0).
SOF2	0xFFC2	*taille variable*	Start Of Frame (Progressive DCT)	Indique une image encodée par *progressive DCT*, et spécifie la largeur, la hauteur, le nombre de composantes et le sous-échantillonnage des composantes (par exemple 4:2:0).
DHT	0xFFC4	*taille variable*	Define Huffman Table(s)	Spécifie une ou plusieurs tables d'Huffman.
DQT	0xFFDB	*taille variable*	Define Quantization Table(s)	Spécifie une ou plusieurs tables de quantification.

DRI	0xFFDD	deux octets	Define Restart Interval	Spécifie l'intervalle entre les marqueurs RST*n*, en macroblocs. Ce marqueur est suivi de deux octets indiquant sa taille de sorte qu'il puisse être traité comme n'importe quel segment de taille variable.
SOS	0xFFDA	*taille variable*	Start Of Scan	Commence un parcours de haut en bas de l'image. Dans les encodages *baseline DCT*, il n'y a généralement qu'un seul parcours. Les images *progressive DCT* contiennent habituellement plusieurs parcours. Ce marqueur spécifie quelle tranche de données il contient et il est immédiatement suivi par des données codées entropiquement.
RST*n*	0xFFD0 … 0xFFD7	*aucun*	Restart	Inséré tous les *r* macroblocs, où *r* est l'intervalle DRI (cf. marqueur DRI). Il n'est pas utilisé s'il n'y a pas de marqueur DRI. Les trois bits de poids faible du code de marqueur varient en boucle de 0 à 7.
APP*n*	0xFFC*n*	*taille variable*	Application-specific	Ce marqueur permet d'inclure des informations qu'un programme de visualisation peut ignorer tout en restant capable de décoder l'image. Par exemple, un fichier JPEG Exif utilise un marqueur APP1 pour enregistrer des métadonnées, organisées selon une structure proche du formatage TIFF.
COM	0xFFFE	*taille variable*	Commentaire	Contient un commentaire textuel.
EOI	0xFFD9	*aucun*	End Of Image	Derniers octets du fichier

Articles connexes

- DCT
- Compression d'image

Notes et références

[1] **(en)** Site de Asure Software - nouveau nom de Forgent depuis 2007 (http://www.asuresoftware.com/)

[2] **(en)** Patent Asserted Against JPEG Standard Rejected by Patent Office as Result of PUBPAT Request (http://www.pubpat.org/Chen672Rejected.htm) sur *pubpat.org*. Mis en ligne le 26 mai 2006, consulté le 3 avril 2012

[3] **(en)** Majid Rabbani et Paul W Jones, Digital Image Compression Techniques, Bellingham, Spie Optical Engineering Press, 1991, 240 p. (ISBN 0819406481) (OCLC 23142891 (http://worldcat.org/oclc/23142891&lang=fr))

[4] ISO/IEC 10918-1 : 1993(E) p.36 (http://www.digicamsoft.com/itu/itu-t81-36.html)

Série JPEG					
Groupe JPEG	JFIF	JPEG-LS	JPEG	JPEG 2000	Compression par ondelettes

RealPlayer

RealPlayer	
Développeur	RealNetworks
Dernière version	15.0.1.13 [1] (12 décembre 2011) []
Environnements	Multiplate-forme
Type	Lecteur multimédia
Licence	Propriétaire
Site web	www.real.com [1]

RealPlayer est un lecteur multimédia édité par RealNetworks. Il fonctionne grâce à un moteur à source ouverte (« open source ») appelé Helix.

La première version de RealPlayer a été introduite en avril 1995 et nommée RealAudio Player, c'était l'un des premiers lecteurs capables de lecture en continu (« streaming ») sur Internet. La Version 6 de RealPlayer a été appelée RealPlayer G2 ; la version 9 est appelée RealOne Player. Il existe des versions « basiques » gratuites, ainsi que des versions payantes avec des fonctionnalités supplémentaires. Sous Microsoft Windows, la version 9 englobe les caractéristiques du programme RealJukebox.

RealPlayer 11 est sorti pour Microsoft Windows en novembre 2007 et pour Mac OS X en mai 2008. Les versions stables sont également disponibles pour Linux, Unix, Palm OS, Microsoft Windows Mobile et Symbian OS.

RealPlayer face à la concurrence

Le lecteur a comme concurrent historique Windows Media Player mais iTunes d'Apple lui est également passé devant en termes de nombre d'utilisateurs depuis 2007. Bien qu'à un moment donné le codec propriétaire de RealNetwork ait été plus abouti que celui de Microsoft, le lecteur n'a pas su s'imposer. Cela principalement à cause de procédures d'enregistrement forcée et à l'installation automatique de publicités intrusives pour des chaînes TV, radio, etc. Malgré l'avance technologique du codec, au fil du temps, trop de personnes n'ont plus voulu installer le seul player existant. RealNetworks conscient de ses erreurs de promotion, a tenté de sortir une version refondue, plus légère, esthétique et sans publicité mais il était déjà trop tard. Microsoft profita de ce creux pour asseoir ses codec WMA et WMV avec des outils d'encodage très simple à utiliser et son Media Player 7 & 8.

Le lecteur VLC peut lire les vidéos compressées avec les codecs de Real, ce qui diminue très largement l'intérêt d'avoir un autre lecteur. Le pack de codecs *Real Alternative* permet également de lire des vidéos au format "Real" sans le lecteur RealPlayer. La société RealNetwoks poursuit en Justice un jeune néerlandais pour avoir permis le téléchargement de ce pack logiciel via des liens hypertextes sur son site www.codecpack.nl[2].

La principale force de RealPlayer dans les années 90 était le streaming. À l'heure actuelle, le streaming utilise le plus souvent la technologie Flash d'Adobe.

Formats des médias supportés

- Formats RealMedia: RealAudio (*.ra, *.rm), RealVideo (*.rv, *.rm, *.rmvb), RealPix (*.rp), RealText (*.rt), RealMedia Shortcut (*.ram, *.rmm)
- Streaming: RealTime Streaming Protocol (rtsp://), Progressive Networks Streaming Protocols (pna://, pnm://), Microsoft Windows Media Streaming Protocol (mms://),[citation nécessaire] Real Scalable Multicast (*.sdp), Synchronized Multimedia Integration Language (*.smil, *.smi)
- Audio: MP3 (*.mp3, *.mp2, *.mp2, *.m3u), CD Audio (*.cda), WAV (*.wav), AAC/aacPlus v1 (*.aac, *.m4a, *.m4b, *.mp4, *.acp, *.m4p), Apple Lossless, AIFF (*.aif, *.aiff), AU Audio Files (*.au), Panasonic AAC (*.acp)
- Vidéo: DVD (*.vob), Video CD (*.dat), MPEG Video (*.mpg, *.mpeg, *.m2v, *.mpe etc.), AVI (*.avi, *.divx), MJPEG video playback from .avi files, Windows Media (*.wma, *.wmv etc.) (nécessite Windows Media Player 9/10), QuickTime (*.mov, *.qt) (Quick Time Player doit être installé), Adobe Systems Flash (*.swf) (Flash ou Shockwave Player doivent être installés), Flash Video (*.flv).
- Liste de lectures (*.rpl, *.xpl, *.pls, *.m3u)
- Images: Bitmap (*.bmp), GIF Images (*.gif), JPEG Images (*.jpeg, *.jpg), PNG (*.png)

Sources

[1] http://www.real.com/

[2] « *RealNetworks mériterait le boycott si son logiciel était encore utilisé* (http://www.numerama.com/magazine/19645-realnetworks-meriterait-le-boycott-si-son-logiciel-etait-encore-utilise.html) », Numerama.com, samedi 27 août 2011.

Voir aussi

Articles connexes

- RealAudio, format de fichier de prédilection de RealPlayer
- Comparaison de lecteurs multimédia

Liens externes

- **(fr)** Site officiel (http://france.real.com) (France)
- **(fr)** Site officiel (http://www.real.com/international/?lang=fr&loc=ca) (Canada)
- **(en)** Anciennes versions du logiciel (http://forms.real.com/real/player/blackjack.html)
- **(en)** La communauté Helix (https://helixcommunity.org/)

AZERTY

La disposition **AZERTY** est un arrangement spécifique des caractères de l'alphabet latin et de divers caractères typographiques sur les touches des machines à écrire et claviers d'ordinateur. Elle dérive, tout comme le QWERTZ germanique, de la disposition QWERTY anglaise et possède ses propres variantes nationales en France et en Belgique. Son nom provient des six premières lettres de la première rangée des touches alphabétiques.

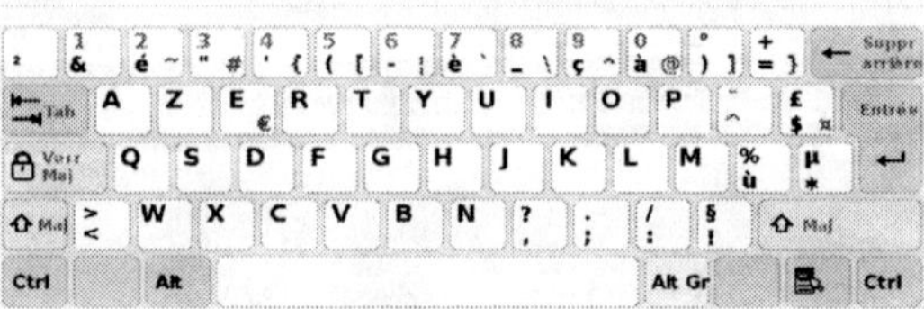

Disposition AZERTY en usage en France.

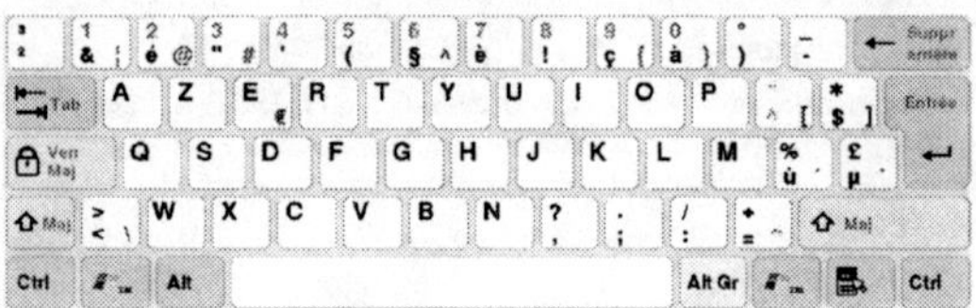

Disposition AZERTY en usage en Belgique.

Histoire

Les premiers essais de dispositions de clavier ont été réalisés sur des secrétaires en 1865. La disposition qwerty, brevetée en 1868, a été spécifiquement étudiée pour éviter les risques de blocage des premières machines à écrire mécaniques produites massivement par l'armurier Remington. Sur ces premières machines à écrire, les tiges des touches voisines se coinçaient fréquemment l'une l'autre. La disposition qwerty a donc été conçue afin que les lettres les plus fréquemment contiguës dans les mots de la langue anglaise soient les plus écartées possibles sur le clavier, ce qui limite les risques de blocage des tiges.

En France

La disposition azerty apparaît en France dans la dernière décennie du XIXe siècle comme déclinaison de certaines machines à écrire américaines qwerty. Son origine est inconnue des historiens, pionniers et propagandistes de la machine à écrire. Au début du XXe siècle, la disposition française « zhjay » d'Albert Navarre ne trouve pas son public : les secrétaires sont déjà habituées au qwerty et à l'azerty[1],[2].

La disposition azerty est un standard de fait en France. Elle ne fait pas l'objet d'une description dans une norme française. En revanche, une disposition qwerty adaptée au français a été proposée comme norme expérimentale par AFNOR en 1976 (NF XP E55-060). Cette norme prévoyait une période transitoire d'adaptation durant laquelle les lettres A, Q, Z, W pouvaient être situées comme dans la disposition azerty traditionnelle. En outre, aucune adaptation n'était prévue pour la touche M, même à titre transitoire.

La configuration de la plupart des claviers informatiques et bureautiques européens 105 touches est régie par la norme ISO 9995. Cette norme est le fruit de travaux initiés en 1984 par l'Association française de normalisation (AFNOR) sous la direction de Bernard Vaucelle, à la demande d'Alain Souloumiac[3]. Diverses péripéties ayant conduit à l'interruption de ces travaux en France, ils furent repris au plan international par les plus grands spécialistes mondiaux réunis à Berlin en 1985. Ils ont été menés à leur terme au sein de l'Organisation internationale de normalisation (ISO) sous la direction d'Yves Neuville[4] qui proposait une répartition rationnelle des touches, comprenant le bloc alphabétique national (azerty), et des zones de blocs logiques : diacritique, lettres accentuées, ponctuation, numérique, arithmétique et informatique.

Ajouts de caractères successifs

Le responsable marketing du produit Ordinateur personnel en France[Quoi ?], Marcel Boulogne[Qui ?], refuse de donner un avis favorable au lancement du produit[Quand ?] tant que le clavier ne comprendrait pas non les touches muettes (^ et ¨) et la touche micro « µ »[5]. Au terme d'un véritable bras de fer, le caractère micro « µ » est inclus dans la page de codes du PC et inclus sur la disposition azerty.[réf. nécessaire]

Après l'apparition de l'euro, le caractère € est ajouté aux dispositions azerty disponible avec la combinaison **Alt Gr+E**.

En Belgique

En Belgique, l'azerty est la disposition de clavier la plus répandue : le placement alphabétique est identique à l'azerty français avec quelques variantes pour les caractères typographiques.

Autres pays

En Suisse romande, la disposition germanique qwertz est plus répandue que l'azerty.

Le gouvernement du Québec et le gouvernement fédéral exigent l'utilisation du clavier ACNOR[6], c'est une disposition de clavier qwerty modifiée pour la langue française[7],[8],[9]. Cependant, comparativement à un clavier azerty, les claviers dits canadiens-français et canadiens-multilingues (il y a au moins 3 dispositions d'usage courant, dont celle de l'ACNOR) sont tous beaucoup plus proches du qwerty américain : en effet, les lettres non accentuées et les chiffres sont tous aux mêmes endroits que le qwerty, et certains signes de ponctuation sont aussi gardés aux mêmes endroits que le qwerty.

L'azerty a probablement inspiré la disposition lituanienne ąžerty[Quand ?].

Différentes dispositions AZERTY

L'arrangement des lettres latines de la disposition azerty sur les claviers d'ordinateurs PC 105 touches ou les claviers Apple est le suivant :

```
AZERTYUIOP
QSDFGHJKLM
WXCVBN
```

D'autres caractères forment une sorte de « base commune » à tous les azerty modernes :

- cinq caractères diacritiqués : é è à ù ç ;
- des caractères typographiques : _ - ' . , ; : ! ? @ & § ~ ^ ` ¨ ° | ( ) { } [ ] / \ < > " # espace ;
- des chiffres ou opérations mathématiques : 0 1 2 3 4 5 6 7 8 9 ² * + = % µ ;
- des unités monétaires : € $ ¤ £.

Les caractères « ^, ¨, ~ et ` » représentent respectivement les touches mortes accent circonflexe, tréma, tilde et accent grave et donnent accès à, au moins : âÂ äÄ ãÃ àÀ êÊ ëË èÈ ìÌ îÎ ïÏ ñÑ ôÔ öÖ õÕ òÒ ùÙ ûÛ üÜ ÿ.

Les dispositions azerty belges possèdent quelques caractères supplémentaires, comme le chiffre trois en exposant, « ³ », ainsi qu'une touche morte supplémentaire, l'accent aigu, qui donne accès aux caractères « ´ áÁ éÉ íÍ óÓ úÚ ýÝ ».

L'évolution de l'informatique et des systèmes d'exploitation a permis de combler certaines lacunes. Sous Macintosh et sous Linux, des caractères supplémentaires comme les ligatures ou caractères accentués (par exemple les caractères « Æ, Œ, Ù, Ç… ») sont disponibles grâce aux combinaisons `Alt Gr`+touche et `Alt Gr`+`Maj`+touche sans passer par la méthode de saisie par numéro de caractère comme le fait Windows. L'utilisation de la touche verrouiller Maj (*caps lock*) est ainsi plus pertinente pour saisir du texte en capitales. Les touches mortes sont également plus complètes (Ÿ ỳ Ỳ par exemple[10]).

Il est possible, sous Windows, d'utiliser des pilotes azerty « complétés » donnant un accès aux lettres supplémentaires nécessaires à l'écriture du français[11],[12],[13],[14]. À défaut, certains logiciels de traitement de texte pallient parfois certains des manques.

Critiques

La principale critique vient du fait que l'arrangement azerty est basé sur le qwerty, lui-même optimisé pour pallier les contraintes mécaniques des premières machines à écrire et non pour la langue anglaise. L'origine de l'azerty est plutôt sombre mais il est clair qu'il n'a pas été pensé pour la langue française. Il serait même proche d'une répartition aléatoire. Dans le cas d'une frappe à l'aveugle à dix doigts basée sur la rangée de repos, cette dernière n'est utilisée en azerty que pour un quart des frappes là où les dispositions de type Dvorak l'utilisent pour plus de deux tiers des frappes. En effet, la rangée de repos azerty ne contient que des consonnes et quasi dans l'ordre alphabétique (...DFGHJKLM). Elle ne permet de saisir que des abréviations de deux lettres en français, par exemple des unités comme kg, nm, dl. L'absence de voyelles ne facilite pas l'alternance des mains et empêche d'accèder à des mots longs sans déplacer les doigts[15].

Certaines lettres peu utilisées en français ont un accès facile, comme le Q ou le K, et certains caractères ont même une touche dédiée, comme le ù, présent dans un seul mot de la langue française : « où ».

D'autres critiques sont également faites directement par rapport à la disposition qwerty : les parenthèses et crochets ne sont pas contigus, les caractères accentués ne peuvent pas être mis en majuscules (un problème ne se retrouvant pas sur le qwerty canadien, ni sur le qwertz pour les Allemands). Le fait que les chiffres ne sont pas en accès direct peut aussi être vu comme un problème. Plusieurs dispositions concurrentes ont vu le jour pour tenter de remplacer la disposition azerty : — la disposition zhjayscpg, proposée en 1907 ; — la disposition de Claude Marsan, en 1976 ; — le Dvorak-fr, en 2002 ; — la disposition bépo, après 2005, qui dispose maintenant d'une reconnaissance commerciale. Ces dispositions sont restées marginales bien que conçues spécifiquement pour la saisie de la langue française (étude de corpus, analyse fréquentielle, accessibilité des touches...). Les habitudes liées à l'utilisation massive des claviers AZERTY sont en majorité la cause de ces échecs.

Notes et références

[1] Henri-Jean Martin, *The history and power of writing* (http://books.google.fr/books?id=OH2-L6W_ykQC&pg=PA465&dq=invention+disposition+azerty&ei=cQMcSri6I4rWNausgLgJ#PPA465,M1), University of Chicago Press, 1995, 608 pages (ISBN 978-0-226-50836-8).

[2] Delphine Gardey, « La standardisation d'une pratique technique : La dactylographie (1883-1930) », dans *Réseaux*, CNET, vol. 16, n° 87 « Les claviers », janvier-février 1998, p. 75–103 (ISSN 0751-7971 (http://worldcat.org/issn/0751-7971&lang=fr)) [texte intégral (http://www.persee.fr/web/revues/home/prescript/article/reso_0751-7971_1998_num_16_87_3163)]

[3] Rapport Perspectives de l'Informatique dans l'administration p. 72 - La Documentation française, 1983

[4] Yves Neuville, *Le clavier informatique et bureautique*, Cedic-Nathan, 1985. Voir la disposition du clavier d'Yves Neuville (http://accentuez.mon.nom.free.fr/Clavier-AZERTY.htm)

[5] Afin de faciliter la saisie de certaines unités de mesure : microseconde (µs), microfarad (µF), micromètre (µm) dont la solution habituellement adoptée était d'écrire us, uF, et un[réf. nécessaire]

[6] Ou clavier multilingue normalisé CAN/CSA Z243.200-92.

[7] Office québécois de la langue française, Le clavier de votre ordinateur est-il normalisé? (http://www.oqlf.gouv.qc.ca/RESSOURCES/ti/clavier.html).

[8] Services gouvernementaux du Québec, Standard sur le clavier québécois (http://www.msg.gouv.qc.ca/normalisation/standards/clavier/faq.html).

[9] Alain LaBonté, 2001, FAQ. La démystification du clavier québécois (norme CAN/CSA Z243.200-92) (http://cyberiel.iquebec.com/clavqc/demys.htm).

[10] Ÿ est absent de la page de code CP1252.

[11] Denis Liégeois, pilote de clavier azerty enrichi pour Windows (http://users.numericable.be/denis.liegeois//kbdfrac.htm).

[12] Christophe Jacquet, pilote clavier Français International pour Windows (http://www.jacquet80.eu/frintl/).

[13] Hadrien Nilsson, kbdfr-dk (http://psydk.org/kbdfr-dk) - pilote de clavier azerty français amélioré, 22 février 2007.

[14] Gilbert Galéron, pilote azerty enrichi (http://accentuez.mon.nom.free.fr/PageClaviers.htm).

[15] August Dvorak préconise cet arrangement, car l'écriture de l'anglais est basée sur une alternance consonne/voyelle très fréquente (de même en français).

Voir aussi

Articles connexes

- Disposition des touches des claviers informatiques : qwerty, qwertz, disposition Dvorak anglaise et dispositions similaires, bépo

Liens externes

- Les machines à écrire (http://www.archivesnationales.culture.gouv.fr/camt/fr/se/fiche3/fiche3.html) sur le site des archives nationales
- Accentuer les lettres capitales (http://www.langue-fr.net/spip.php?rubrique22)
- **(fr+en)** La page de Microsoft sur les dispositions de claviers / *keyboard layouts* (http://msdn.microsoft.com/en-us/goglobal/bb964651.aspx)
- Site de Mon nom accentué (http://accentuez.mon.nom.free.fr/PageClaviers.htm) sur les pilotes de clavier pour Windows

Nokia N97

N97

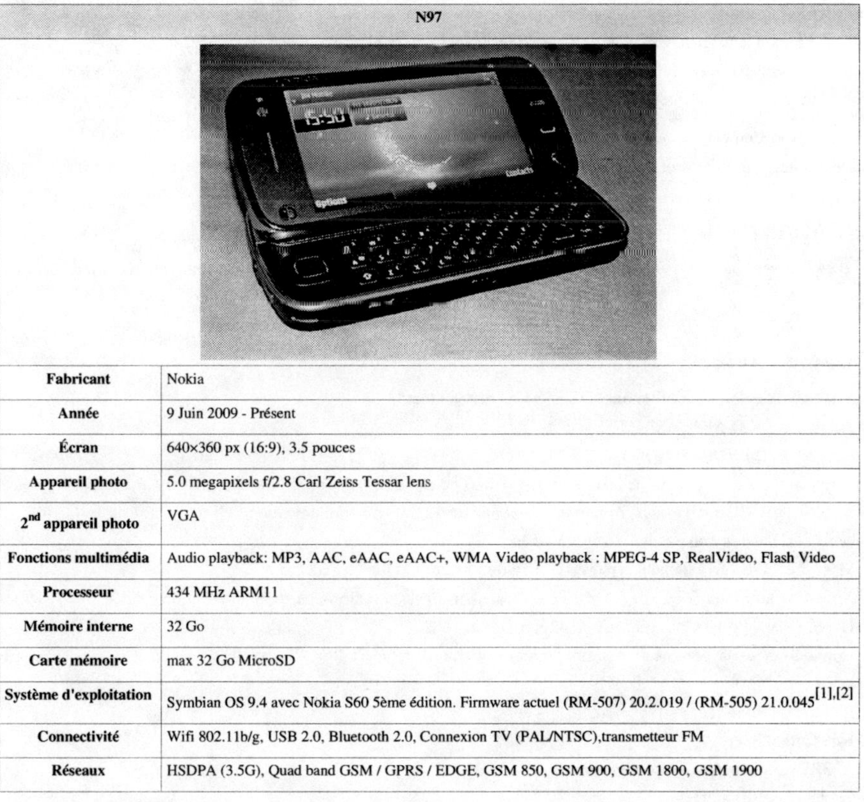

Fabricant	Nokia
Année	9 Juin 2009 - Présent
Écran	640×360 px (16:9), 3.5 pouces
Appareil photo	5.0 megapixels f/2.8 Carl Zeiss Tessar lens
2nd appareil photo	VGA
Fonctions multimédia	Audio playback: MP3, AAC, eAAC, eAAC+, WMA Video playback : MPEG-4 SP, RealVideo, Flash Video
Processeur	434 MHz ARM11
Mémoire interne	32 Go
Carte mémoire	max 32 Go MicroSD
Système d'exploitation	Symbian OS 9.4 avec Nokia S60 5ème édition. Firmware actuel (RM-507) 20.2.019 / (RM-505) 21.0.045[1],[2]
Connectivité	Wifi 802.11b/g, USB 2.0, Bluetooth 2.0, Connexion TV (PAL/NTSC),transmetteur FM
Réseaux	HSDPA (3.5G), Quad band GSM / GPRS / EDGE, GSM 850, GSM 900, GSM 1800, GSM 1900

Batterie	BP-4L (1500 mAh,Li-polymer)
Dimensions	117.2 × 55.3 × 15.9 mm
Poids	150 g

Le **Nokia N97** est un smartphone de Nokia. Il fait partie de la gamme Nseries. Il a un clavier QWERTY ou AZERTY. Il fut annoncé le 2 décembre 2008. La commercialisation débuta le 9 juin 2009 aux États-Unis puis le 26 juin 2009 dans le monde entier. En septembre 2009, un communiqué informa que 2 millions de N97 avait été vendus en 4 mois[3]. Il est basé sur la plate-forme Nokia S60 dans sa cinquième version, basée elle-même sur le système d'exploitation mobile Symbian OS (v9.4). C'est le deuxième combiné tactile sous cette plate-forme (après le Nokia 5800 XpressMusic).

Comparaison du Nokia N97 (à gauche) et Nokia N97 Mini (à droite)

Présentation

Le N97 est livré avec Quick Office mais avec une version qui ne permet que la lecture. Il est aussi livré avec Adobe Reader, Boingo et JoikuSpot Premium ainsi que des cartes de Nokia Ovi et Ovi Store. Le logiciel initial avait reçu un accueil mitigé, ce qui incita Nokia à publier un nouveau firmware en octobre 2009. Nokia a publié le nouveau firmware avec défilement cinétique pour le N97 et cela a apporté de grandes modifications attendues[4].

Image du Nil prise par un N97

Son prix de lancement fut de 699 €. Il s'agit du premier combiné Nokia tactile et intégrant un clavier coulissant.

N97 Mini

Il existe une version (moins chère), le *N97 Mini*. Il a une taille réduite et moins de mémoire interne (entre autres) par rapport au N97[5].

Caractéristiques

- Système d'exploitation : Symbian OS S60 V5 (version tactile)
- Processeur : 434 MHz ARM11
- Réseau : GSM/EDGE/3G/3G+
- Écran tactile de 3,5 pouces de résolution 640 x 360 pixels (nHD) et 16 millions de couleurs, format 16:9
- Batterie de 1500 mAh qui assurera une autonomie de 9 h 50 en communication GSM, 18 jours en veille, 40 heures en musique ou encore 4 h 50 en vidéo
- Mémoire : 128 Mo extensibles par carte mémoire Micro SD limité à 32 Go
- Appareil photo numérique de 5 MégaPixels Carl Zeiss Tessar (autofocus,zoom numérique, format JPEG,Géotag)
- Double Flash DEL , Zoom jusqu'à x14 (numérique)
- Appareil photo numérique secondaire pour la visiophonie VGA (640 x 480 pixels)
- WiFi b,g
- Bluetooth 2.0 Stéréo
- Jack (prise) 3,5 mm
- A-GPS (Logiciel Ovi Maps inclus)
- Capteur de proximité

- Capteur de luminosité
- Accéléromètre
- Vibreur
- Radio FM
- Reconnaissance vocale
- DAS : 0,67 W/kg.

Voir aussi

- Nokia
- Symbian OS
- Téléphonie mobile

Références

[1] Nokia N97: mise a jour disponible (v21.0.045) (http://www.symbianfrance.com/2010/02/01/nokia-n97-mise-a-jour-disponible-v21-0-045/), Symbian France, Greg taieb, 1er février 2010

[2] Mise à jour du N97 21.0.045 (http://www.mon5800.com/mise-a-jour-n97-en-21-0-045/), Mon5800.com, 1er février 2010

[3] Mise à jour pour le Nokia N97 qui a passé le cap des 2 millions d'exemplaires (http://www.businessmobile.fr/actualites/mise-a-jour-pour-le-nokia-n97-qui-a-passe-le-cap-des-2-millions-d-exemplaires-39710316.htm), business-Mobile, Olivier Chicheportiche, 28 octobre 2009

[4] N97 Mise a jour disponible 20.0.019 (http://www.forummobiles.com/lofiversion/index.php/t215951.html), Forum Mobiles, 27 octobre 2009

[5] Nokia N97 Mini : plus petit que le N97 mais pas moins bien (http://www.01net.com/fiche-produit/prise-main-6589/smartphones-nokia-n97-mini/), 01.net, Pierre Maslo, 30 décembre 2009

Liens externes

- Description sur le site officiel (http://www.nokia.fr/fr-fr/produits/mobiles/n97/specifications/)
- Fiche officielle sur le Nokia N97 (http://events.nokia.com/nokiaworld08/assets/pdf/Data_Sheet_Nokia N97.pdf)
- Blog sur le N97 (http://www.blog-n97.fr/)
- Test du N97 sur le site Les numériques (http://www.lesnumeriques.com/article-944-5423-34.html)
- Test du N97 sur le site Mobinaute (http://www.mobinaute.com/282806-test-nokia-n97-3g-gps-wifi-32-symbian-s60-5eme-edition.html)
- Test de Mobile en France sur le Nokia N97, test 9 mois après sa sortie et sa dernière mise à jour de mars 2010 (http://www.mobileenfrance.com/headline/2010/04/01/un-mois-avec-le-n97-fils-prodige-mal-aime-de-la-famille-finlandaise/)

Ovi (Nokia)

Nokia Ovi Suite	
Développeur	Nokia
Première version	Mai 2009
Langue	Multilingue
Licence	Propriétaire
Site web	http://www.ovi.com/services/

Ovi est la marque pour les services Internet de Nokia. Les services Ovi peuvent être utilisés à partir d'un appareil mobile, un ordinateur (par l'intermédiaire de Nokia Ovi Suite) ou via le Web. Nokia se concentre sur cinq domaines de services : les jeux, les cartes, les médias, la messagerie et la musique. Avec l'annonce[1] Ovi Maps API Player, Nokia a commencé à faire évoluer ces services dans une plate-forme, permettant aux tiers de faire usage des services Ovi de Nokia. Ovi est le mot finnois pour « porte »[2]. En date du 28 février 2010, il y avait près de 1,5 million de téléchargements par jour[3] avant d'arriver à 3 millions par jour depuis novembre 2010[4].

- Le service est voué à disparaître selon la volonté de l'ex-cadre de Microsoft, afin de se fondre dans l'écosystème Windows mobile, et de ne proposer plus qu'une expertise matérielle[5].
- Le 16 mai 2011, Nokia annonce le changement de nom, tous les services sont désormais sous un nom unique, Nokia Services avec comme uniques noms Nokia Store, Nokia Maps et Nokia Music. Cette transition se fera de juillet 2011 à fin 2012 « En centralisant nos services à travers une seule marque et pas deux, nous allons renforcer la puissance de la marque Nokia et unifier notre structure » explique Jerri Devard, vice-président exécutif de l'entreprise. Cela est mis en place à cause de l'arrivée prochaine de Windows Phone 7 comme principal système d'exploitation mobile[6],[7],[8],[9].

Histoire

Ovi a été annoncé le 29 août 2007 à l'événement Go Play de Londres[10]. Le mot « OVI » signifie « porte » en finnois. Le 4 décembre, un plan plus ambitieux a été annoncé avec plus de détails sur les logiciels de bureau quand public bêta serait offert. La version bêta publique a été publié le 28 août 2008.

Nokia a depuis acquis les éléments essentiels d'Ovi. Cela inclut la propriété intellectuelle, des brevets et des composants de base tels que la synchronisation. Acquisition de propriété intellectuelle, les brevets des entreprises comme Starfish Software, Intellisync, NAVTEQ, gate5, Plazes et d'autres. D'autres éléments ont été développés en interne.

Le 20 mai 2009 à la Where 2.0 événement à San Jose, aux États-Unis Nokia annonce la sortie de l'API Ovi Maps Player, qui permet aux développeurs web d'intégrer Ovi Maps dans un site web en utilisant JavaScript[1].

Services

Nokia Ovi Suite

Nokia Ovi Suite permet aux utilisateurs de téléphones mobiles Nokia pour d'organiser et de partager leurs photos et leurs données entre leurs PC et leurs téléphones mobiles. La version actuelle de Nokia Ovi Suite est la 3[11]. Une version Mac OS X a été annoncée en novembre 2008 et a été «prévue pour bientôt». Aucune mise à jour sur cette annonce a été mise à disposition à ce jour[12].

Ovi Sync

Ovi Sync vous permet de synchroniser vos contacts, calendriers des événements et des notes à ovi.com. Le service peut être utilisé comme un moyen de sauvegarder vos données ou de le modifier dans votre ordinateur pour ensuite l'envoyer à votre téléphone. Il n'y a pas d'auto-synchronisation pour le moment[13].

Ovi Store

L'Ovi Store a été lancé dans le monde entier en mai 2009[14]. Ici, les clients peuvent télécharger des jeux mobiles, des applications, des vidéos, des images et des sonneries à leurs appareils Nokia. Certains des logiciels sont gratuits, d'autres peuvent être achetés par carte de crédit ou par l'intermédiaire de facturation opérateurs. Le contenu de Ovi Store est trié dans les catégories suivantes:

- Recommandé
- Jeux
- Personnaliser
- Applications
- Audio & Vidéo

Ovi Store est destiné à offrir aux clients un contenu qui soit compatible avec leurs appareils mobiles et répondent à leurs goûts et des lieux. Les clients peuvent partager des recommandations avec leurs amis, voir ce qu'ils téléchargent, et leur faire voir les points d'intérêt[15].

Environs 3 millions de téléchargements se font chaque jour. Une centaine de développeurs ont dépassés le cap du million de téléchargement d'applications. Il y a 400000 nouveaux développeurs dans les 12 derniers mois qui on participé à ce service[16],[17].

Pour les éditeurs de contenu, Nokia propose un outil libre-service de mettre leur contenu à l'Ovi Store, les types de contenu pris en charge: Java ME, les applications Flash, widgets, sonneries, fonds d'écran, thèmes, et plus pour Nokia Series 40 et S60 mais également pour Symbian^3. Nokia propose un partage des revenus de 70 % du chiffre d'affaires brut, déduction faite des remboursements et des rendements, déduction faite des taxes applicables et, le cas échéant, les frais fixes de facturation opérateur[18].

Ovi Maps

Ovi Maps, permet de naviguer sur les lieux de tous les coins du monde, planifier des voyages, de rechercher des adresses et points d'intérêt, et les enregistrer sur Ovi depuis son téléphone ou internet. Pour installer le plug-in de Ovi Maps qui permet d'avoir plus de fonctionnalités, il faut avoir soit Windows XP / Vista avec Internet Explorer 6 et versions ultérieures, Mozilla Firefox 3 ou version ultérieure, soit Mac OS X avec Safari 3 ou version ultérieure.

Le logiciel permet d'utiliser son mobile comme GPS routier ou pédestre gratuitement depuis le 21 janvier 2010. Il est possible de télécharger gratuitement les cartes des 74 pays couverts ainsi que les mises à jour. De nombreuses voix pour le guidage vocal sont aussi disponibles.

En utilisant le support fournis ou acheté séparément, il permet de remplacer les GPS traditionnel utilisé dans un véhicule comme TomTom ou Mappy, à moindre coût.

Ovi Mail

- Nokia annonce le 11 mars 2011 le transfert d'OVI Mail vers Yahoo! Mail[19],[20].

Ovi Mail est un système de courriel facile à utiliser, l'adresse étant conçue pour un accès à partir de votre appareil mobile Nokia et peut également être consultée à partir de navigateurs Web compatibles. La phase de beta a commencé en décembre 2008, et est également disponible pour tous les utilisateurs Ovi à partir du 20 février 2009.

Le courrier fonctionne avec les navigateurs Web standard, tels qu'IE 6, IE 7, Firefox 2 et Firefox 3 et est actuellement disponible en 15 langues - l'anglais américain, anglais britannique, indonésien, malais, le bengali, le Filipino (Tagalog), français, allemand, hindi, italien, portugais (Brésil), portugais (Portugal) et espagnol (Espagne).

Actuellement, plus de 35 modèles de téléphones différents utilisant S40 et Symbian S60 fonctionnent avec ce nouveau service. Selon son site Internet Ovi Mail est un service de messagerie mobile numéro 1 en Indonésie, l'Afrique du Sud, les Philippines, le Mexique, le Brésil et l'Inde[21]. Le 11 août 2009 Nokia a annoncé que dans un peu plus de six mois sur 650000 comptes ont été créés sur mobile dispositifs et plus d'un million de comptes ont été activés au total[22]. Le 8 janvier 2010, il a été annoncé par Nokia PDG Olli-Pekka Kallasvuo que le service Ovi Mail avait atteint 5 millions d'utilisateurs[23].

Instant Messaging

Les nouveaux téléphones Nokia ont également été livrés avec un logiciel qui permet de faire de la messagerie instantanée (IM). En dehors de l'aide de comptes avec d'autres fournisseurs populaires de service de messagerie instantanée (par exemple, pour le réseau ICQ), un utilisateur peut également utiliser son compte Ovi pour envoyer et recevoir des messages instantanés vers et depuis les utilisateurs Ovi autres[24]. Selon les tarifs de l'utilisateur pour l'envoi de SMS pour se connecter à Internet depuis le téléphone mobile, en utilisant la messagerie instantanée peut s'avérer soit nettement moins cher (en fonction du volume plan de données) ou beaucoup plus cher (basé sur le temps plan de données).

Ovi Share

Ovi Share est un site de partage de médias. Initialement appelé Twango, le site permet le téléchargement et le stockage de photos, vidéos, etc. L'utilisateur peut télécharger directement à partir des téléphones mobiles Nokia à travers le Share Online 3.0 Application, et peuvent également utiliser leur PC[25].

Ovi Files

- Ce service a été supprimé par Nokia le 1er octobre 2010[26],[27],[28],[29].

Ovi Files permettait aux utilisateurs d'accéder à distance, d'envoyer et de créer un miroir en ligne des fichiers stockés sur leur PC Windows et les ordinateurs Macintosh à partir de n'importe quel mobile ou un navigateur web d'un ordinateur. Des fonctionnalités supplémentaires permettaient aux utilisateurs de télécharger du contenu sur leur ordinateur à distance et la prévisualisation de Microsoft Office et des documents Adobe PDF sans avoir besoin d'un navigateur plug-in installé localement ou application.

Ovi Files était basée sur « *Access and Share* » (Accès et partage), service créé par Avvenu Incorporated, que Nokia a acquis[30] le 5 décembre 2007.

À l'origine un service premium, Ovi Files a été faite gratuitement en juillet 2009[31].

Ovi Musique

Nokia Music Store permet l'achat de la musique directement sur un appareil mobile ou via un PC. Télécharger des logiciels Nokia Music pour PC est disponible à partir d'ici [32].

Le magasin est actuellement disponible en Australie, Autriche, Brésil, Finlande, France, Allemagne, Inde, Irlande, Italie, Mexique, Pays-Bas, Norvège, Pologne, Portugal, Singapour, Afrique du Sud, Espagne, Suède, Suisse, Espagne, les Émirats arabes unis, et le Royaume-Uni avec plus de pays lançant régulièrement[33].

Lorsque vous achetez un Nokia Comes With Music, vous obtenez des téléchargements illimités de musique libre de millions de morceaux à partir du Nokia Music Store sur votre PC et Mobile. Vous les gardez même une fois votre abonnement terminé.

Nokia Comes With Music est actuellement disponible en Australie, Autriche, Brésil, Finlande, Allemagne, Italie, Mexique, Singapour, Suède, Suisse, Russie, Royaume-Uni et l'Afrique du Sud[34]. Ce service a été rebaptisé *Ovi Music Unlimited.*

Depuis septembre 2010, Nokia Music Store devient *Ovi Musique*[35].

Ovi Player

Nokia Ovi Player, anciennement connu sous le nom de Nokia Music PC Client, est la gestion de la musique et le logiciel de lecture pour PC. Nokia Ovi Player est requis pour accéder à Nokia Music Store et Nokia Comes With Music de service. Téléchargement de Nokia Ovi Player est disponible à partir d'ici [32].

Nokia Ovi Player permet aux utilisateurs de télécharger des morceaux de musique et les magasins prévoient un transfert facile des pistes de téléphones pris en charge et les lecteurs MP3. Nokia Ovi Player prend en charge Media Transfer Protocol (MTP) et sera en mesure de transférer les pistes audio de tous les téléphones ou lecteurs MP3 appui du PSG sur la norme USB.

N-Gage

La plate-forme N-Gage 2.0 a été intégrée dans les téléphones portables Nokia N78, Nokia N79, Nokia N81, Nokia N81 8GB, Nokia N82, Nokia N85, Nokia N86, Nokia N95, Nokia N95 8GB, Nokia N96 et dans le Nokia 5320. Au début de 2008[36],[37], une version actualisée de la plate-forme de jeux mobiles (y compris sa composante en ligne - le N-Gage Arena) est entrée en service, selon Nokia. Le service a travaillé dans le passé seulement avec le jeu Nokia N-Gage mobile, mais la compagnie a déclaré qu'elle va bientôt travailler avec d'autres dispositifs.

Revenus lors de la publication de logiciels

Les éditeurs de contenu, ou de logiciels indépendants (ISV), peuvent rejoindre le programme Ovi pour un montant de 50 €. Les développeurs recevront 70 % du chiffre d'affaires de Nokia de la vente de leur produit. Toutefois, si le produit est acheté en utilisant la facturation des opérateurs, puis entre 40 % - 50 % du prix payé par le consommateur est d'abord donnée à l'opérateur[38], le logiciel du programmeur sera examiné par Nokia avant la publication.

Notes et références

[1] **(en)** Press releases - Nokia shapes the future of social location with enhanced Ovi Maps and the release of the Ovi Maps Player API (http://www.nokia.com/press/press-releases/showpressrelease?newsid=1316780), Nokia, 20 mai 2009

[2] **(en)** Nokia Lays Plan for More Internet Services (http://www.nytimes.com/idg/IDG_002570DE00740E18002573A70046F2EF.html?ref=technology), James Nicolai, The New York Times, 4 décembre 2007

[3] **(en)** Ovi Store Statistic : Nearly 1.5 Million Downloads A Day (http://www.symbian-freak.com/news/010/03/ovi_store_stats.htm), SYMBIAN FREAK, 5 mars 2010

[4] 3 millions de téléchargements chaque jour sur l'Ovi Store (http://www.journaldugeek.com/2010/11/18/3-millions-de-telechargements-chaque-jour-sur-lovi-store/), le 18 novembre 2010, Le Journal du Geek (http://www.journaldugeek.com/)

[5] Les prochains smartphones Nokia sous Windows Phone (http://www.itpro.fr/collaboration-mobilite/actualites/les-prochains-smartphones-nokia-sous-windows-phone-5168/)
[6] Nokia Services remplace Nokia OVI (http://www.journaldugeek.com/2011/05/16/nokia-services-remplace-nokia-ovi/)
[7] The evolution of Nokia and Ovi (http://conversations.nokia.com/2011/05/16/the-evolution-of-nokia-and-ovi/)
[8] Services mobiles : Nokia abandonne la marque Ovi (http://www.generation-nt.com/nokia-ovi-services-mobiles-marque-strategie-actualite-1204411.html)
[9] Nokia abandonne la marque Ovi à l'approche de Windows Phone 7 (http://pro.clubic.com/entreprises/nokia/actualite-421950-nokia-abandonne-marque-ovi-approche-windows-phone-7.html)
[10] **(en)** Nokia: Go Play (http://www.nokia.com/press/events/go-play), Nokia, 29 août 2007
[11] **(en)** Ovi Suite 3.0 sort de beta (http://www.blog-n8.fr/actualites/ovi-suite-3-0-sort-de-beta-05126/), Nokia
[12] **(en)** The scoop on Nokia Ovi Suite for Mac (http://conversations.nokia.com/?p=192), Nokia Conversations, 18 novembre 2008
[13] **(en)** Ovi Sync now available, Ovi.com gets personal (http://www.allaboutsymbian.com/news/item/7923_Ovi_Sync_now_available_Ovicom_.php), all about symbian.com, Rafe Blandford, 28 août 2008
[14] **(en)** MWC: Nokia Announces 'Smart Store' Ovi (http://www.eweek.com/c/a/Mobile-and-Wireless/MWC-Nokia-Announces-Smart-Store-Ovi/), eWEEK.com, Nathan Eddy, 16 février 2009
[15] Accueil du Support (http://support.ovi.com/), Ovi Nokia
[16] http://www.symbianfrance.com/2010/11/18/lovi-store-passe-le-cap-des-3-millions-de-telechargementsjour/
[17] http://www.test-mobile.fr/actualites/3-millions-de-telechargements-tous-les-jours-sur-ovi-store-nokia-08876/
[18] **(en)** Ovi Publish (https://publish.ovi.com/info/), Ovi Nokia
[19] http://www.clubic.com/application-web/actualite-403570-nokia-transfert-ovi-mail-yahoo-mail.html
[20] http://www.businessmobile.fr/actualites/nokia-la-bascule-d-ovi-mail-vers-yahoo-est-pour-bientot-39758948.htm
[21] Ovi Mail (https://mail.ovi.com/), Ovi Nokia
[22] **(en)** Press Releases - Ovi Mail by Nokia hits 1 million mark (http://www.nokia.com/press/press-releases/showpressrelease?newsid=1333919), Nokia, 11 août 2009
[23] **(en)** CES: Nokia CEO says 4.6 bln mobile users, 5 mln Ovi email users (http://blogs.reuters.com/mediafile/2010/01/08/nokia-ceo-says-4-6-bln-mobile-users-5-mln-ovi-email-users/), Reuters, 8 janvier 2010
[24] **(en)** Messaging - Instant Messaging (http://europe.nokia.com/ovi-services-and-apps/email/instant-messaging), Nokia
[25] Ovi Share (http://share.ovi.com/), Nokia
[26] Nokia met fin au service d'accès de contenus Ovi Files (http://www.generation-nt.com/commenter/nokia-ovi-files-service-mobile-contenu-distant-actualite-1074621.html), GNT, 2 septembre 2009
[27] Abandon d'Ovi Files : les explications de Nokia France (http://www.businessmobile.fr/actualites/abandon-d-ovi-files-les-explications-de-nokia-france-39754294.htm), business-Mobile, 3 septembre 2010
[28] Nokia ferme son service OVI Files (http://www.silicon.fr/nokia-ferme-son-service-ovi-files-41728.html), silicon.fr, Christophe Lagane, 3 septembre 2010
[29] Nokia met fin à OVI Files (http://www.businessmobile.fr/actualites/nokia-met-fin-a-ovi-files-39754265.htm), business-Mobile, 2 septembre 2010
[30] **(en)** Press Releases - Nokia completes the Avvenu acquisition (http://www.nokia.com/press/press-releases/showpressrelease?newsid=1173253), nokia, 5 décembre 2007
[31] **(en)** Set Your (Ovi) Files Free (http://blog.ovi.com/2009/07/21/set-your-ovi-files-free/), Ovi Blog, Tam Huynh, 21 juillet 2009
[32] http://music.nokia.com/download
[33] Ovi Musique (http://music.ovi.com/), Nokia
[34] **(en)** Ovi Music Unlimited (http://www.comeswithmusic.com/), Nokia
[35] Nokia Music Store devient Ovi Musique (http://www.lemondenumerique.com/article-26230-nokia-music-store-devient-ovi-musique.html), Le Monde Numérique, 16 septembre 2010
[36] **(en)** N-Gage (http://www.n-gage.com/ngi/ngage/web/g0/en/support.html), Nokia
[37] **(en)** http://blog.n-gage.com/archive/newupdate/
[38] **(en)**https://publish.ovi.com/info/terms.html

Annexes

Liens externes

- Site officiel (http://www.ovi.com/services/)
- Article de pc Impact sur Ovi (http://www.pcinpact.com/actu/news/51049-nokia-ovi-store-telephone-mobile.htm)

Articles connexes

- Nokia
- Symbian OS
- Téléphonie mobile

Nokia 5730 XpressMusic

Nokia 5730 XpressMusic	
Fabricant	Nokia
Année	Été 2009 - Présent
Écran	TFT QVGA 320 x 240 pixels, 2.4 pouces (16.7 million couleurs)
Appareil photo	3.2 Megapixels, Carl Zeiss avec autofocus et flash DEL, zoom x8
Type de sonnerie	Sonneries stéréo 3D, sonneries polyphoniques (MIDI) jusqu'à 64 tons, sonneries MP3 et sonneries vidéo
Fonctions multimédia	AAC, AAC+, eAAC+, MP3, MP4 (MPEG-4 Part 2 VGA / H.264 QVGA), M4A, WMA, AMR-NB, AMR-WB, Mobile XMF, SP-MIDI, MIDI Tones (poly 64), RealAudio 7,8,10, True tones, WAV
Processeur	ARM11 @ 369 Mhz
Espace de stockage	128 MB
Carte mémoire	Carte de 8Go inclus (Max 32 Go)
Système d'exploitation	Symbian OS 9.3 + S60 platform 3rd Edition, Firmware version 101.48.128
Connectivité	Bluetooth 2.0 (EDR/A2DP), WIFI (802.11 b/g), MicroUSB 2.0; Prise Jack 3.5 mm
Réseaux	GSM, GPRS, WCDMA, HSDPA, A-GPS
Batterie	BL-4U (3.7V 1000mAh)
Dimensions	112 × 51 × 15.4 mm
Poids	135 g

Le **Nokia 5730 XpressMusic** est un smartphone et musiphone de l'entreprise Nokia. Il fut annoncé en mars et commercialisé en juin 2009. Il comporte deux claviers : un clavier QWERTY et un clavier "classique", le Wifi, un accéléromètre et une puce A-GPS. Il fonctionne sous Symbian OS v9.3 S60. Il est très proche du Nokia E75.

Caractéristiques

- Système d'exploitation Symbian OS
- Processeur ARM 11 369 MHz
- GSM/EDGE/3G/3G+
- 112 × 51 × 15.4 mm pour 135 grammes
- Écran 2.4 pouces de définition 320 x 240 pixels, 16.7 millions de couleurs
- Batterie
- Mémoire : carte mémoire 8Go MicroSD inclus (limité à 32 Go)
- Appareil photo numérique de 3,2 MégaPixels Carl Zeiss Tessar (autofocus,zoom numérique x8,format JPEG,flash DEL)
- Appareil photo numérique secondaire pour la visiophonie
- WiFi b,g
- Bluetooth 2.0 Stéréo
- Jack (prise) 3,5 mm
- A-GPS (Logiciel Ovi cartes inclus)
- Accéléromètre pour la rotation de l'écran
- Capteur de lumière ambiante
- Vibreur
- Radio FM 87.5-108 MHz avec RDS (max. 20 stations).
- DAS : 1.01 W/kg.

Notes et références

Voir aussi

- Nokia
- Symbian OS
- Téléphonie mobile

Liens externes

Site officiel du Nokia 5730 XpressMusic (http:/ / www. nokia. fr/ les-produits/ tous-les-mobiles/ nokia-5730-xpressmusic/specifications)

Test du Nokia 5730 XpressMusic sur le site Mobiles-Actus (http:/ / www. mobiles-actus. com/ test/ nokia-5730-xpressmusic.htm)

Téléphonie mobile

La **téléphonie mobile**, ou **téléphonie cellulaire** est un moyen de télécommunication par téléphone sans fil (téléphone mobile). Ce moyen de communication s'est largement répandu à la fin des années 1990. La technologie associée bénéficie des améliorations des composants électroniques, notamment leur miniaturisation, ce qui permet aux téléphones d'acquérir des fonctions jusqu'alors réservées aux ordinateurs.

L'appareil téléphonique en lui-même peut être nommé « mobile », « téléphone portable », « portable », « téléphone cellulaire » (en Amérique du Nord), « cell » (au Québec dans le langage familier), « natel » (en Suisse), « GSM » (en Belgique et au Luxembourg), « vini » (en Polynésie française). Quand il est doté de fonctions évoluées, c'est un smartphone ou téléphone intelligent.

Technique

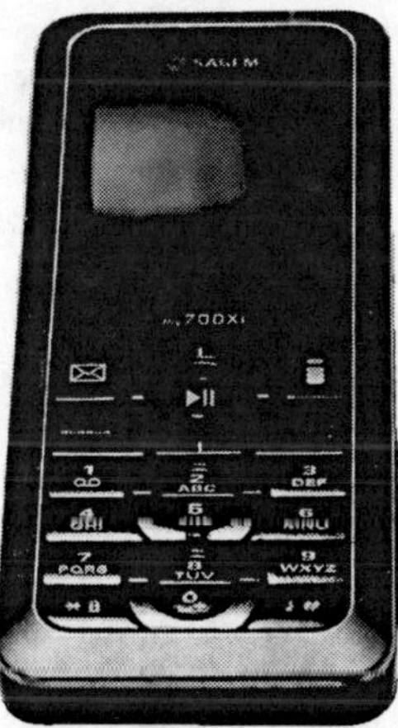

Un téléphone mobile Sagem 700x sorti en mai 2006

Le réseau

La téléphonie mobile est fondée sur la radiotéléphonie, c'est-à-dire la transmission de la voix à l'aide d'ondes radioélectriques (fréquences dans les bandes des 900 et 1800 MHz) entre une base relais qui peut couvrir une zone de plusieurs dizaines de kilomètres de rayon et le téléphone mobile de l'utilisateur.

Antenne relais

Les premiers systèmes mobiles fonctionnaient en mode analogique. Les terminaux étaient de taille importante, seulement utilisables dans les automobiles où ils occupaient une partie du coffre et profitaient de l'alimentation électrique du véhicule.

Les systèmes mobiles actuels fonctionnent en mode numérique : la voix est échantillonnée, numérisée et transmise sous forme de bits, puis synthétisée lors de la réception. Les progrès de la microélectronique ont permis de réduire la taille des téléphones mobiles à un format de poche. Les avantages des systèmes numériques sont la baisse du prix des terminaux, l'augmentation des services, l'augmentation du nombre d'abonnés et enfin une meilleure qualité de réception de la voix.

Les bases de transmission sont réparties sur le territoire selon un schéma de cellules. En technologie GSM//GPRS (2G), chaque antenne utilise un groupe de fréquences hertziennes différent de ses voisines. Les mêmes fréquences ne sont alors réutilisées qu'à une distance suffisante afin de ne pas créer d'interférences.

Les systèmes mobiles sont standardisés pour être compatibles d'un pays à l'autre et pouvoir s'interconnecter avec les réseaux de téléphonie fixe. Il existe dans le monde deux grands standards de systèmes mobiles, le standard IS41 d'origine américaine (normes ANSI-41 / CDMA) et la famille des standards GSM et UMTS, définis à l'origine en Europe par l'ETSI puis le 3GPP ; c'est la plus répandue.

Pour savoir sur quelle antenne relais diriger un appel entrant, le réseau mobile échange périodiquement avec les téléphones mobiles des informations de localisation sous forme de messages de signalisation.

Les normes de radiocommunication

Normes de réseau

- Advanced Mobile Phone System (AMPS) : Norme analogique de première génération déployée aux États-Unis à partir de 1976.
- Radiocom 2000 : Norme analogique de première génération (1G) déployée en France par France Télécom.
- Global System for Mobile Communications (GSM) : Norme numérique de seconde génération (2G) mise au point par l'ETSI sur la gamme de fréquence des 900 MHz. Une variante appelée Digital Communication System (DCS) utilise la gamme des 1800 MHz. Cette norme est particulièrement utilisée en Europe, en Afrique, au Moyen-Orient et en Asie.
- Code Division Multiple Access (CDMA) : Norme de seconde génération dérivée de la norme ANSI-41, mais dont les brevets appartiennent à la société américaine Qualcomm.
- General Packet Radio Service (GPRS) : Norme dérivée du GSM permettant un débit de données plus élevé. On le qualifie souvent de 2,5G.
- Enhanced Data Rates for Global Evolution (EDGE) : Norme dérivée du GSM permettant un débit de données plus élevé pour un utilisateur stationnaire. On le qualifie souvent de 2,75G car c'est l'évolution du GPRS.
- CDMA 2000 : Évolution de troisième génération (3G) du CDMA (incompatible avec l'UMTS) principalement destiné à être déployé en Amérique du Nord.

- Universal mobile telecommunications system (UMTS) ou Wideband Code Division Multiple Access (WCDMA) : Évolution de troisième génération du GSM et du CDMA (incompatible avec le CDMA-2000), soutenu par l'Europe et le Japon mais aussi déployé ailleurs dans le monde, au Canada et aux États-Unis notamment.
- High Speed Downlink Packet Access (HSDPA) : High Speed Downlink Packet Access, évolution du 3G , appelé 3G+ ou encore 3,5G, pouvant atteindre 14.4 Mbit/s au maximum.
- High-Speed Uplink Packet Access (HSUPA) : High Speed Uplink Packet Access, amélioration du débit de la 3G+ (3,5G) pour l'émission de données (téléchargement de données "en mode paquet" du terminal vers l'opérateur) (permet d'améliorer la qualité des appels visio, par exemple).
- HSPA+ : High Speed Packet Access+ : évolution de HSUPA et HSDPA vers des débits descendants de 21 Mbit/s, 42 Mbit/s (en mode Dual Cell HSPA+[1]) et 84 Mbit/s (en mode DC + MIMO 2x2).
- HSOPA : High Speed OFDM Packet Access (sigle tombant en désuétude) : évolution des normes 3G vers le LTE et le futur LTE Advanced.

Normes annexes

- i-mode : protocole permettant de connecter des téléphones mobiles à Internet. Le langage utilisé pour les sites est une version modifiée de HTML appelée C-HTML.
- Multimedia Messaging Services (MMS) : service de messagerie multimédia pour téléphones mobiles.
- Personal Ring Back Tone (PRBT) : service qui permet aux abonnés d'un opérateur de remplacer leur sonnerie d'attente habituelle par des musiques
- Short Message Service (SMS) : service de messagerie pour téléphones mobiles, permettant l'envoi de messages écrits de 160 caractères maximum. Ce canal peut également être utilisé pour transférer des données (carte de visite, données applicatives pour la carte SIM, sonneries, logos...)
- Wireless application protocol (WAP) : extension du protocole GSM permettant de connecter des téléphones mobiles à Internet. Toutefois, le langage utilisé pour les sites destinés au WAP utilise un langage de balisage spécifique, le Wireless Markup Language (WML).

Les « générations » de normes

Les différentes générations des normes de téléphonie mobile

Génération	Acronyme	Intitulé
1G	Radiocom 2000 NMT	Radiocom 2000 France Telecom Nordic Mobile Telephone
2G	GSM	Global System for Mobile Communication
2.5G	GPRS	General Packet Radio Service
2.75G	EDGE	Enhanced Data Rate for GSM Evolution
3G	CDMA 2000 1x EV UMTS, WCDMA	Code division multiple access 2000 1X Evolution Universal Mobile Telecommunications System
3.5G	HSDPA HSUPA	High Speed Downlink Packet Access High Speed Uplink Packet Access
3.75G	HSPA+	évolution du "High Speed Packet Acces"
3.9G	LTE WIMAX (réseau informatique)	Long Term Evolution Worldwide Interoperability for Microwave Access
4G	LTE Advanced	Long Term Evolution évolué

GPRS et EDGE sont utilisées pour l'échange de données uniquement et non de la voix.

Le terminal mobile

Caractéristiques

Sa fonction d'usage est la communication vocale mais le téléphone mobile permet d'envoyer des messages succincts, appelés « SMS ». Avec l'évolution de l'électronique, le texte a pu être agrémenté d'images, puis de photographies, de sons et de vidéos. Des équipements embarqués associés à des services à distances permettent aussi de :

- Lire et rédiger des emails
- Naviguer sur Internet
- Jouer
- Photographier et enregistrer des vidéos
- Écouter de la musique
- Regarder la télévision
- Assister à la navigation
- Écouter la radio
- Servir de modem à un ordinateur

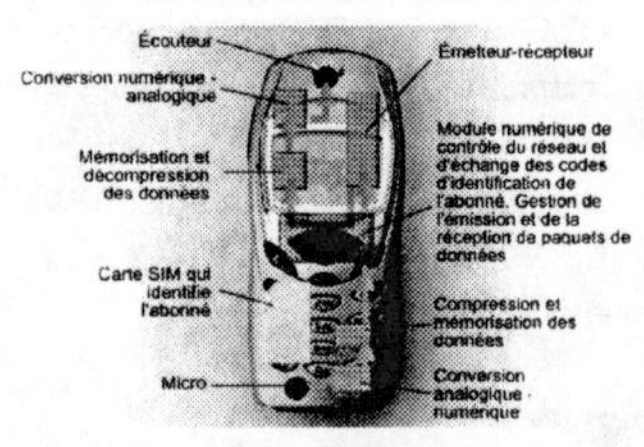

Les détails

Sécurité d'accès

Le code PIN permet de protéger l'accès à l'abonnement de l'utilisateur. Ce code est stocké dans la carte SIM et est composé de quatre à huit chiffres. Il est normalement demandé à chaque démarrage du téléphone, mais peut être désactivé par modification des paramètres. De plus, chaque téléphone est identifié par un numéro unique appelé IMEI pour *International Mobile Equipment Identity*. Ce numéro permet notamment de tracer les mobiles volés afin de les bloquer. Par ailleurs, de plus en plus de mobiles sont dotés d'un code de déverrouillage à saisir après que le téléphone soit sorti de veille.

Accessoires pour téléphone mobile

Il est possible que des accessoires viennent en complément des téléphones mobiles : housses, coques interchangeables, cordons décoratifs, etc.

L'une des tendances est celle des accessoires sans fil, comme les oreillettes ou les kits mains-libres de voiture. Le téléchargement de « logos » et de sonneries par le biais de numéros ou SMS ou encore les MMS surtaxés représentent également un marché lucratif.

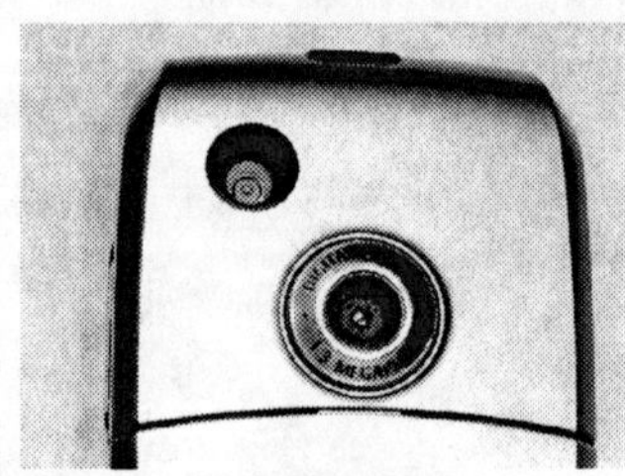

Caméra à l'arrière d'un téléphone.

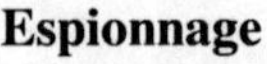

Espionnage

Écoute

Un opérateur peut accéder en écoute au téléphone même lorsque celui-ci est en mode veille. De telles écoutes ne sont légales que si demandées par les autorités compétentes[2].

La géolocalisation

Les téléphones mobiles peuvent être géolocalisés par GPS ou par triangulation des antennes relais (il y en a environ 47000 en France). Les opérateurs mettent à profit la géolocalisation aujourd'hui largement intégrée à l'offre d'équipements ; couplée à des bases de données, « cartographies » de services, ou encore à une identification d'objets par la technologie RFID, la géolocalisation permet aux différents opérateurs français d'offrir des services de guidage automatique pour piétons ou des informations locales.

Économie et statistiques

Dans le monde

En 2007, le nombre de souscripteurs de téléphone mobile était supérieur au nombre de lignes de téléphone fixe dans 191 pays et territoires sur un total de 197 pour lesquels les données sont disponibles[3]. Il faut cependant être prudent dans ce genre de comparaisons : les téléphones fixes servent souvent à plus de personnes que les téléphones mobiles, et de plus en plus de personnes possèdent plusieurs téléphones mobiles actifs. Les données sur le pourcentage de la population d'un âge donné (« bébés exclus ») ayant accès à un téléphone fixe privé, à un téléphone mobile privé, et aux deux sont encore très rares[4].

D'après l'Union internationale des télécommunications, 4 milliards d'abonnements à la téléphonie mobile étaient contractés à la fin de 2008[5], soit un nombre égal à 60 % de celui de la population mondiale[6]. De plus en plus de personnes contractent plusieurs abonnements simultanément[7]. En janvier 2011, le nombre d'abonnements à la téléphonie mobile passe à 5 milliards selon un rapport de l'ONU.

L'usage du téléphone portable a explosé dans les pays les plus pauvres, là où le réseau téléphonique fixe est souvent embryonnaire. En 2008, trois abonnements sur quatre (soit trois milliards) ont été souscrits dans les pays en voie de développement, contre un sur quatre en 2000.

En Europe

Suivant le vote du Parlement européen du 21 avril 2009, le prix des communications depuis l'étranger dans l'Union européenne devrait encore diminuer ![8] Ainsi, à partir de l'été 2009, le prix maximal pour un appel de téléphonie mobile pourrait descendre de 46 à 43 centimes maximum par minute. De plus, la surtaxe concernant les SMS pourrait ne pas dépasser 11 centimes - contre 29 centimes en moyenne aujourd'hui. La commission de l'industrie du Parlement européen a amendé la législation existante le mardi 31 mars. Les eurodéputés veulent ainsi réduire les surcoûts dus aux appels émis et reçus de l'étranger. Concrètement, pour les consommateurs voyageant à l'étranger, cela signifierait :

- un prix maximal de 43 centimes d'euros par minute pour les appels émis depuis un téléphone portable à l'étranger, et 19 centimes pour les appels reçus (à partir de juillet 2010). Ces plafonds seront respectivement abaissés à 35 centimes et 11 centimes de façon progressive (à compter de juillet 2011).
- un prix maximal de 11 centimes par SMS envoyé depuis l'étranger (à partir du 1er juillet 2009) ;
- la gratuité des messages vocaux reçus à l'étranger (à partir de juillet 2010).

(Ces prix sont TVA non comprise)

Les opérateurs

Le changement d'opérateurs est facilité par la Portabilité.

Téléphonie mobile en France

Le premier réseau de téléphonie mobile en France est apparu en 1986 : le réseau Radiocom 2000 de France Telecom. Le Bi-Bop à été commercialisé en 1991 en étant le premier réseau grand public, vite suivi des réseaux et téléphones GSM à partir de 1992.

L'Autorité de régulation des communications électroniques et des postes (ARCEP) est chargé de veiller au maintien de la concurrence dans ce secteur d'activité propice à un monopole naturel (coûts fixes liés aux réseaux élevés, coût marginal faible).

Il y a six opérateurs sur le marché français, quatre en métropole (Orange, Bouygues Telecom, SFR, Free) et deux spécifiquement en France d'outre-mer (Only, Digicel). Depuis 2005, trois des quatre réseaux physiques français (Bouygues, Orange, SFR) sont également utilisés par des opérateurs de réseau mobile virtuel (MVNO) ; leur nombre est en forte augmentation (une douzaine en mai 2007, dont Virgin Mobile ou encore NRJ Mobile). Aux Antilles et en Guyane sont présents quatre opérateurs (Orange Caraïbe, Digicel, Only et Dauphin telecom) et un opérateur de réseau mobile virtuel (Trace Mobile) utilisant le réseau de Only.

Téléphonie mobile et pauvreté

Les relations entre la téléphonie mobile et la pauvreté font l'objet de nombreuses études nationales et internationales.

Les analyses sponsorisées par les compagnies de téléphone sont souvent euphoriques. En 2005, une étude de la London Business School affirmait aussi que, chaque fois que le taux d'équipement en mobiles d'un pays augmente de 10 %, le PIB croît de 0,5 %[9]. Une étude tout aussi peu scientifique de la GSM Association propose 0,6 % pour le Bangladesh[10]..

Les autres études sont en général positives[11], mais plus modérées ou même négatives[12].

Les données sur les dépenses de téléphonie de différents types de ménages sont rares, principalement parce qu'il est difficile de les isoler des autres dépenses de télécommunication. En France, plus l'âge de la personne de référence d'un ménage est élevée, moins la *part* de ses dépenses de consommation pour la téléphonie est importante ; plus un ménage est pauvre, plus la part des dépenses de téléphonie est élevée (voir graphique)[13]. C'est le cas des pays développés pour lesquels les données sont disponibles, mais non dans les pays du Tiers Monde[14].

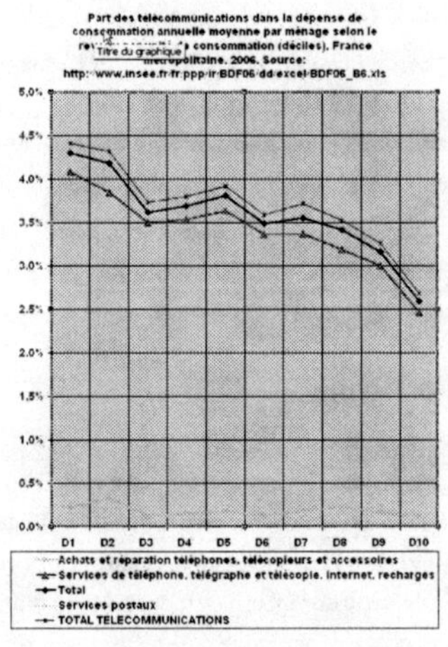

Enfin, le système des abonnements de téléphonie mobile contribue à la croissance des dépenses pré-engagées ou dépenses contraintes, accroissant le sentiment de pauvreté et la vulnérabilité des ménages aux revenus les plus modestes[15].

Risques

La téléphonie mobile, rapidement et largement diffusée, a engendré de nouveaux comportements qui peuvent déboucher sur divers types d'accidents liés à la réduction de l'attention des individus, effet statistiquement établi. L'existence de risques d'interférence électromagnétique à proximité de certains appareils médicaux est prouvée[16]. Enfin, les conséquences sanitaires éventuelles des émissions électromagnétiques des téléphones portables ou des antennes relais, qui participent du phénomène de pollution électromagnétique, sont sujettes à débat : les études scientifiques d'impact sur les populations n'aboutissent pas à une conclusion unique et, dans la mesure où il s'agit d'un phénomène récent, manquent de recul temporel pour évaluer d'éventuels effets à long terme. Un débat qui n'est aujourd'hui plus seulement scientifique puisque en France, des associations demandent et obtiennent le retrait de certaines antennes-relais auprès des tribunaux.

Risques d'accident

Accident par inattention humaine

Le fait de téléphoner, et de tenir une conversation, mobilise une partie de l'attention qui détourne l'utilisateur des autres tâches en cours. La réactivité est diminuée. Son utilisation, « mains libres ou pas » augmente donc les risques d'accidents (accident du travail, accident domestique, accident de la route lorsque le téléphone est utilisé au volant…).

L'OMS relève que les risques d'accident de la circulation sont multipliés par 3 ou 4 lors de l'utilisation de mobiles (que le conducteur utilise ou non un kit « mains libres »)[16].

Une étude de l'administration américaine pour la sécurité sur les autoroutes, la National Highway Traffic Safety Administration (NHTSA), a relevé qu'aux États-Unis en 2005, à un instant donné, environ 6 % des conducteurs utilisaient un téléphone tenu en main en conduisant (soit 974000 véhicules à un moment donné), et que 0,7 % des conducteurs téléphonaient avec un écouteur/microphone déporté, et que 0,2 % des conducteurs étaient en train de composer un numéro[17].

Perturbation d'appareils électroniques

Les appareils électroniques utilisant des déplacements d'electrons dans des conducteurs sont obligatoirement perturbés par les champs électriques et magnétiques : le problème est donc d'éviter des niveaux de perturbation qui ne soient plus négligeables et conduisent à des dysfonctionnements, tels des blocages, des valeurs fausses, des actions inadaptées; c'est la compatibilité électromagnétique.

L'OMS relève qu'il existe des risques d'interférences électromagnétiques à proximité de certains appareils médicaux[16]. Selon le rapport de l'Office fédéral de l'environnement suisse, « Il est incontestable que le rayonnement à haute fréquence peut perturber le fonctionnement d'appareils techniques, ce qui peut avoir des conséquences sur la santé, en particulier dans le cas des implants médicaux, tels que les stimulateurs cardiaques. Toutefois, de nombreux appareils sont aujourd'hui insensibles au rayonnement de téléphones mobiles[18]. »

L'utilisation des téléphones mobiles est interdite dans les hôpitaux[réf. souhaitée]. En avion elle peut perturber les liaisons radio pour la navigation sauf si une antenne-relais spécifique est installée.

On peut citer comme appareils pouvant être perturbés quasiment tous les appareils électroniques destinés a être utilisés à domicile qui ont un niveau d'immunité de 3V/m On trouve tous les appareils médicaux comme les thermomètres, les lecteurs de glycémie, les tensiomètres, etc .. et les appareils non classés médicaux (détecteurs de chute dans les piscines, stimulateurs electro-musculaires etc.)

Risques d'explosion ?

Malgré les croyances répandues, le risque d'explosion dans les stations services due à un téléphone portable est extrêmement faible[19].

En ce qui concerne les incidents rapportés d'explosions spontanées de batteries, elles sont attribuables exclusivement à l'utilisation de batterie d'accumulateurs de mauvaise qualité (ou des contrefaçons de modèle standard) ou au rechargement par un système non adapté.

Risques sanitaires liés aux ondes électromagnétiques

Article connexe : Risques sanitaires des télécommunications.

Diverses études scientifiques et médicales portent sur les risques potentiels de cancers engendrés sur le long terme par les champs électromagnétiques générés par les mobiles et les antennes relais. L'interprétation de ces études fait l'objet de controverses régulièrement relayées par les médias.

L'état des connaissances

En se basant sur une revue de littérature d'études épidémiologiques, l'OMS a conclu en 2005 qu'il est peu probable que l'exposition aux ondes électromagnétiques des téléphones mobiles ait des conséquences néfastes sur la santé des usagers[16]. Elle estime qu'« aucune étude nationale ou internationale récente n'a permis de conclure que l'exposition aux champs [de radiofréquence] émis par les téléphones portables ou leurs stations de base a des conséquences néfastes sur la santé » et que les études épidémiologiques « n'ont pas permis d'établir de manière convaincante un lien entre l'utilisation du téléphone portable et un risque accru de cancer ou d'autres maladies »[16]. Concernant les stations relais (ou antennes relais), l'OMS constatant que l'exposition aux champs de radiofréquence provoqués par ces stations est généralement plus de mille fois inférieure à l'exposition aux champs de radiofréquence émis par les téléphones portables, il est peu probable qu'elles aient des effets indésirables[16].

L'Agence française de sécurité sanitaire a publié en juin 2005 un avis sur les mobiles, dans lequel elle conclut elle aussi à une absence de preuve de nocivité en l'état actuel des connaissances mais appelle à la vigilance et à la poursuite de travaux scientifiques[20]. Ce rapport fut cependant dénoncé en 2006 par l'inspection générale des affaires sociales en raison des liens entre les industriels de la téléphonie mobile et les auteurs de l'étude[21]. *Le Canard enchaîné* du 4 mars 2009 rapporte notamment que Bernard Veyret (directeur de recherche au CNRS), qui a signé le rapport de l'Agence française de sécurité sanitaire de l'environnement publié en 2005, siège au conseil scientifique de Bouygues Telecom.

Le ministère français chargé de la Santé a publié un document d'information *Téléphones mobiles : santé et sécurité*, évoquant le principe de précaution.

L'Office fédéral de l'environnement suisse, dans une étude sur l'impact sanitaire des rayonnements haute fréquence, ceux émis par des appareils comme les téléphones mobiles ou les terminaux Wi-fi ou Bluetooth, fondée « sur les recherches présentées dans près de 150 publications scientifiques parues entre 2003 et 2006 », conclut à l'absence de preuve d'effets sanitaires (aux intensités utilisées en Suisse), mais ajoute que « certains effets associés à l'exposition de l'homme aux téléphones mobiles sont à considérer comme probables », souligne l'insuffisance des données scientifiques, tant épidémiologiques, qu'expérimentales, en particulier sur une longue durée. Il note également l'existence d'effets physiologiques sur l'activité électrique du cerveau (gêne possible de la qualité du sommeil)[18].

En novembre 2006, l'OMS a publié un nouveau rapport, basé sur une revue de littérature, selon lequel « les études n'apportent pas de résultats clairs appuyant l'existence d'une association entre émissions électromagnétiques des téléphones mobiles et effets directs sur la santé », tout en rappelant que cette absence d'éléments « ne doit pas être interprétée comme la preuve de l'absence de tels effets »[22].

À l'été 2007, le groupe international de recherche Bioinitiative[23], relayé par l'Agence européenne pour l'environnement, a publié un rapport sur les risques sanitaires liés aux champs électromagnétiques dans lequel il recommande de revoir les mesures de protection des utilisateurs de mobiles car, selon lui, « les personnes qui ont utilisé un téléphone portable dix ans présentent un plus grand risque de développer une tumeur au cerveau[24] ». Le chercheur Jean-Paul Krivine, rédacteur en chef de la revue *Science et pseudo-sciences*, dénonce « l'apparence de sérieux scientifique » de ce rapport et le conflit d'intérêt d'une des co-auteurs, Cindy Sage, propriétaire d'un cabinet homonyme proposant « des solutions pour « caractériser ou atténuer » les impacts des champs électromagnétiques »[25].

Les centres de recherche et organismes internationaux, comme l'OMS[16] et l'AFSSA[20] en 2005, l'Office fédéral de l'environnement suisse en 2006[18], et le groupe de recherche Bioinitiative en 2007[26], soulignent le faible recul dont dispose la science et la médecine concernant les téléphones mobiles, et recommandent de poursuivre les recherches notamment sur des populations plus sensibles comme les enfants.

Le Centre international de recherche sur le cancer (CIRC) coordonne l'étude internationale « Interphone »[27] qui vise à préciser les liens éventuels entre l'utilisation des mobiles et le cancer. Il s'agit de la plus grande enquête épidémiologique menée sur le sujet. En mai 2010, les premiers résultats de l'étude Interphone ont été publiés dans la revue *International Journal of Epidemilogy*[28]. Les premiers résultats publiés, portant sur l'observation de 10700 personnes dans treize pays, concluent qu' «aucune augmentation du risque de gliome ou de méningiome n'a été observé en relation avec l'utilisation du téléphone mobile. Une augmentation du risque de gliome a été suggéré aux niveaux d'exposition les plus élevés, toutefois des biais et des erreurs empêchent d'établir une interprétation causale. » [29] Toutefois, les chercheurs appellent à la poursuite des recherches sur le sujet. Ce rapport n'a pas satisfait les médecins de l'Association Santé Environnement France (ASEF)[30] qui appellent depuis longtemps à la mise en place du principe de précaution et à la protection des personnes les plus vulnérables comme les adolescents, les femmes enceintes , etc.. Selon, l'association le temps nécessaire à la science ne doit pas nuire aux populations.

En juillet 2009, une équipe de recherche israélienne publie les conclusions d'une étude sur l'augmentation du cancer des glandes salivaires depuis 2002 qui suspecte les radiations émises par le téléphone portable d'en être la cause[31].

En octobre 2009, l'Afsset conclut que « les données issues de la recherche expérimentale disponibles n'indiquent pas d'effets sanitaires à court terme ni à long terme de l'exposition aux radiofréquences. Les données épidémiologiques n'indiquent pas non plus d'effets à court terme de l'exposition aux radiofréquences. Des interrogations demeurent pour les effets à long terme, même si aucun mécanisme biologique analysé ne plaide actuellement en faveur de cette hypothèse »[32].

Les Académies de Médecine, des Sciences et des Technologies ont diffusé un communiqué[33] dans lequel elles déclarent que le groupe d'expert mandaté par les Académies « approuve sans réserve les conclusions du rapport scientifique [de l'Afsset] sur les radiofréquences [...] qui confirment celles de nombreuses autres expertises collectives ». Par ailleurs, elles « s'étonnent que la présentation de ce rapport n'ait pas particulièrement insisté sur ces aspects rassurants, mais au contraire sur les 11 études rapportant des effets. Ces études justifient un essai de réplication mais ne constituent pas pour autant des « signaux d'alerte » crédibles. Elles ne sont pas considérées comme telles dans le rapport scientifique dont les conclusions sont différentes. Cette présentation a paradoxalement inquiété le public en proposant, sans justifications claires, des mesures de réduction des expositions. »

Ce consensus pourrait être complètement bouleversé avec la publication le 31 mai 2011 du dernier rapport du Centre International de Recherche sur le Cancer, dépendant de l'OMS : à l'opposé de ses conclusions de 2010, le CIRC a en effet conclu que l'utilisation des téléphones portables entraîne un risque accru de développer un gliome. Par conséquent, les champs radiofréquence sont désormais classés dans la catégorie 2B des cancérogènes potentiels[34],[35].

Autres avis scientifiques

« S'agissant du problème général de la cause des cancers, à l'exception de quelques rapports isolés, aucune corrélation significative n'a été démontrée », a déclaré en novembre 2006 le médecin Jean-François Bach, secrétaire perpétuel de l'Académie des sciences et de l'Académie de médecine[36].

Le 4 mars 2009, l'Académie de médecine, réagissant à la décision de la cour d'appel de Versailles du 4 février 2009 (condamnant Bouygues à démonter une antennes relais dans le Rhône) défend le caractère inoffensif des antennes[21]. Selon l'Académie de médecine, la cour d'appel de Versailles a fait une « erreur scientifique »[21]. Selon *Le Canard enchaîné* du 4 mars 2009, l'Académie de médecine « a agi avec une célérité inhabituelle. Elle s'est auto saisie après la décision de Versailles. Sans même convoquer l'une de ses commissions. Elle a seulement monté, pour l'occasion, un « groupe de travail », qui ne s'est réuni qu'une fois pour auditionner un juriste, un seul… « C'est une procédure complètement inhabituelle », convient-on à l'Académie de médecine. ». De plus, l'auteur du communiqué de l'Académie de médecine est membre du conseil scientifique de Bouygues Telecom[21].

La réaction des opérateurs

Opérateurs et industriels déclarent prendre en compte les risques lors de l'installation des antennes relais. Certaines règlementations (en France par exemple) obligent les constructeurs de téléphones à afficher dans la notice le rayonnement émis par leurs téléphones (évalué par l'indicateur Débit d'absorption spécifique ou « DAS »).

Le débat sur l'indépendance des recherches

Selon plusieurs observateurs les enjeux économiques du secteur sont tels que les opérateurs de téléphonie mobile créeraient des conflits d'intérêt en finançant partiellement les recherches sur la question pour mieux en contrôler les résultats[37].

Les chercheurs Heny Lai[38] et Ross Adey[39] ont tout deux renoncé à continuer à travailler respectivement pour le Wireless Technology Research Center et Motorola qui souhaitaient orienter ou censurer les résultats de leurs expériences[40],[41],[42].

L'épidémiologiste américain George Carlo a affirmé en 2007 que les études « financées par l'industrie ont six fois plus de chances de ne rien trouver que celles qui sont financées de façon indépendante. » Selon lui, « 95 % des études sont financées par l'industrie. L'industrie contrôle quasiment la science et la diffusion des informations scientifiques. Elle contrôle la façon dont le public perçoit ou ne perçoit pas les dangers[43]. »

Dans le même esprit, quatre scientifiques français[44], membres de l'association Comité scientifique sur les champs électromagnétiques, ont publié en 2004 un livre blanc intitulé *Votre GSM, votre santé : On vous ment !*[45].

Le débat sur le principe de précaution

Les avis des scientifiques au sujet des téléphones portables ont longtemps été divergents et le restent encore à la mi-2008. Par conséquent, dans le doute, le débat s'est partiellement reporté sur la nécessité de mettre en garde ou non les usagers du téléphone portable selon le principe de précaution.

En France, l'Académie de médecine déclare pour sa part que « le principe de précaution ne saurait se transformer en machine alarmiste, surtout quand plusieurs milliards de portables sont utilisés dans le monde sans conséquences sanitaires apparentes depuis 15 ans[46]. »

En juin 2008, vingt scientifiques de différentes nationalités, essentiellement cancérologues, ont déclaré qu'il pouvait y avoir un risque et ont appelé à la prudence concernant l'utilisation du téléphone portable, dressant une liste de mesures de précaution qu'ils estiment devoir être prises en attendant une évaluation épidémiologique satisfaisante des risques sanitaires liés à la téléphonie mobile[47],[48],[49]. Cet appel a été vivement critiqué par l'Académie de médecine française dans un communiqué ; elle écrit en réponse[50] « que la médecine n'est ni de la publicité ni du marketing, et qu'il ne peut y avoir de médecine moderne que fondée sur les faits. Inquiéter l'opinion dans un tel contexte relève de la démagogie mais en aucun cas d'une démarche scientifique. On ne peut pas raisonnablement affirmer qu'« un risque existe qu'il favorise l'apparition de cancers en cas d'exposition à long terme » et, en même temps, qu'« il n'y a pas de preuve formelle de la nocivité du portable »[46]. »

Le 4 février 2009, la cour d'appel de Versailles a condamné « l'entreprise Bouygues Telecom à démonter sous quatre mois ses antennes relais installées à Tassin-la-Demi-Lune, près de Lyon » en reconnaissant « l'exposition à un risque sanitaire »[51] et en invoquant le principe de précaution[52]. Le 16 février de la même année, SFR a également été condamné à démonter une antenne relais par le tribunal de Carpentras, mais a fait appel de la décision[53].

La secrétaire d'État à l'Écologie, Chantal Jouanno, s'est déclarée le 27 février 2009 favorable à l'interdiction de l'utilisation du mobile par les enfants, le risque zéro n'existant pas. Elle précise « Sans être catastrophistes, peut-être devrons-nous un jour rendre l'oreillette obligatoire pour tout le monde »[54].

La sensibilité électromagnétique

Plusieurs associations affirment que les systèmes de téléphonie mobile posent des problèmes pour la santé de certains groupes d'individus, qui souffrent de sensibilité électromagnétique. À Prague en 2004 le congrès[55] de l'OMS concluait que la notion de sensibilité aux champs électromagnétiques ne reposait pas sur des fondements scientifiques ; les causes de ces maux sont plutôt liés à l'environnement des individus, ainsi qu'à la peur liée à l'installation de nouvelles antennes relais qui pourrait provoquer des pathologies d'ordre psychosomatiques.

Impact sur les colonies d'abeilles

Selon une équipe de chercheurs de l'université de Coblence, les champs électromagnétiques perturberaient les abeilles dont le sens de l'orientation est basé sur les champs magnétiques terrestres et qui émettent des signaux de 180 à 250 hertz dans leurs danses de communication[56].

Risques sanitaires liés aux germes

Le téléphone mobile contient 500 fois plus de microbes qu'une cuvette de WC, notamment des Escherichia coli, salmonelles, streptocoques ou staphylocoques dorés. L'étude, par des chercheurs en microbiologie de l'université de Manchester, relativise le danger sauf dans le milieu hôspitalier où le mobile est soupçonné d'être un vecteur potentiel d'infections nosocomiales[57].

Le recyclage des terminaux

Un téléphone mobile contient de nombreux polluants, qui pourraient être recyclés, mais selon une étude faite en 2008 par Nokia, dans le monde, seuls 3 % des propriétaires recyclent leur téléphone mobile usagé. Sur 6500 personnes interrogées (en Finlande, Allemagne, Italie, Russie, Suède, Royaume-Uni, Émirats arabes unis, États-Unis, Niger, Inde, Chine, Indonésie et Brésil) 44 % ont dit avoir conservé leurs anciens mobiles sans savoir qu'en faire et 4 % ont avoué s'en être débarrassé dans la nature. Chaque personne interviewée a été propriétaire en moyenne de cinq mobiles. Selon Nokia, ce sont 240000 t de matières premières qui auraient pu être économisées et l'équivalent de 4 millions de voitures sur les routes en termes d'émission de gaz à effet de serre.

En Europe, les téléphones mobiles font théoriquement l'objet d'une collecte sélective. Ils ne doivent pas être jetés (ce qui est rappelé par un sigle sur la batterie par exemple). La directive européenne 2002/96/CE relative aux déchets d'équipements électriques et électroniques impose (en France *via* un décret [58] du 20 juillet 2005) aux fabricants et vendeurs de mobiles d'organiser leur collecte. Lors de la vente d'un téléphone mobile, un distributeur doit désormais reprendre gratuitement tout téléphone mobile usagé remis par le client. Il existe aussi des centres de collecte.

Les déchets électroniques sont dans leur ensemble ceux dont le volume croît le plus rapidement. Ils nécessitent une filière de collecte et de recyclage spécialisée. Un téléphone mobile contient des métaux lourds, notamment sa batterie, qui ne sont pas traités dans les filières classiques car très toxiques (ce sont des déchets spéciaux et/ou dangereux). Une grande partie du recyclage est sous-traitée en Afrique ou en Asie dans des conditions sanitaires précaires[59],[60],[61].

Certains téléphones sont remis en service dans des pays plus pauvres sous l'égide d'organisations humanitaires ou de développement[62].

Le designer chinois Daizi Zheng a créé nouveau prototype de téléphone écologique pour le compte de Nokia. Il fonctionne en générant de l'électricité à partir des hydrates de carbone et tire donc son énergie du sucre. Le téléphone lui-même est entièrement biodégradable[63].

Depuis quelques années, le mouvement Emmaüs participe en France à la collecte des mobiles inutilisés chez les particuliers. Des bornes de collecte sont présentes dans toutes les communautés Emmäus. Ces dernières rapatrient ensuite les téléphones portables jusqu'aux Ateliers du Bocage [64], une entreprise d'insertion membre du mouvement depuis 19 ans. En 2010 l'association traitait 35000 mobiles chaque mois et réemployait 30 % de ses volumes. Agréée par l'éco-organisme Eco-systèmes, de nombreux opérateurs de téléphonie mobile travaillent avec cette structure qui valorisent les matériaux pour créer des emplois durables.

Coût environnemental

Le cabinet d'audit AT Kearney a publié en 2009 une étude sur l'impact environnemental de la téléphonie mobile. Il estime que[65],[66] :

- la consommation en énergie d'une heure de conversation téléphonique équivaut à celle d'une machine de linge à 40 °C.
- l'émission de CO_2 des 3,5 milliards de téléphones portables en circulation dans le monde s'élève à 40 millions de tonnes, soit l'équivalent de 21,5 millions d'automobiles de petite cylindrée
- l'impact environnemental serait très différent d'un opérateur à l'autre.

AT Kearney reconnaît en 2009 que ce sujet n'intéresse presque aucun consommateur[65].

Sociologie et psychologie

Le téléphone mobile, objet de prestige technologique et de curiosité à ses débuts est devenu un bien de consommation courant. Ses conséquences sur la vie quotidienne et le fonctionnement de la société sont nombreux et commencent à être étudiées par les chercheurs.

L'usage est prohibé dans certains transports.

Gêne et savoir-vivre

L'apparition de la téléphonie mobile a engendré une rapide banalisation des conversations téléphoniques dans les lieux publics. Or, entendre une personne téléphoner provoque plus de gène qu'entendre des bruits de fond. Selon un article du quotidien français *Figaro* en 2010, "même si le milieu est bruyant, la conversation dérange tout le monde, prend toute la place et devient vite insupportable."[67] Ce phénomène a été confirmé scientifiquement à la suite d'expériences sur le degrés de concentration, menées en 2010 par une équipe de psychologues pilotée par Lauren Emberson (université Cornell, États-Unis). Cette équipe l'attribue à la nature de "mi-dialogue" (*halflogue* ou *milogue*) d'une conversation téléphonique qui mobilise le cerveau de celui qui l'écoute, même malgré lui. Lauren Emberson explique : "Il s'agit de mécanismes cognitifs qui obligent à écouter une conversation téléphonique et pas du tout une curiosité malveillante."[68].

L'utilisation du mobile a entraîné dès le début des critiques portant notamment sur la question de la gêne sonore occasionnée aux autres. D'où la mise en place progressive d'interdictions dans certains lieux et de nouvelles règles de savoir-vivre. L'utilisation de mobiles est ainsi interdite dans certains lieux (spectacles, cours, etc.). Les salles de spectacle mettent en place des systèmes de brouillage. La psychologue américaine Lauren Emberson (Cornell university), qui a étudié les conséquences des conversations téléphoniques sur l'attention des personnes environnantes, estime en 2010 : "Il est temps de se demander si l'usage du portable ne doit pas être limité ou confiné dans des lieux réservés."[69].

Le mobile brouille notamment les repères entre vie privée et lieux publics : des conversations auparavant privées sont désormais échangées dans des lieux publics.

Le téléphone portable permet un assouplissement de certaines contraintes, tels les rendez-vous, qu'il est plus aisé de modifier ou décaler peu de temps à l'avance. Certains y voient au contraire un instrument de facilité et de mépris d'autrui.

Dépendances

Le téléphone portable brouille la limite, auparavant assez imperméable, entre vie professionnelle et vie privée, notamment en période de vacances.

Le téléphone portable, devenu objet multimédia généraliste, provoque des phénomènes de dépendance psychologique personnelle. Certains lui reprochent de supprimer les « temps morts », désormais consacrés à des conversations, des SMS ou des jeux, et qui permettaient notamment l'observation, la réflexion, etc.

Le mobile a habitué le citoyen du début du XXIe siècle à pouvoir joindre n'importe qui n'importe quand. Ce qui constitue notamment un élément de sécurité important en cas par exemple d'accident dans un lieu isolé. Certains lui reprochent de créer un sentiment d'urgence et d'impatience artificiel, brouillant la hiérarchie entre ce qui est important et ce qui ne l'est pas.

Un élément d'identité fort

En 2000, une étude sociologique en Angleterre (réalisée par Anne Charlton et Clive Bates pour le British Medical Journal) lançait l'hypothèse que le téléphone mobile supplantait la cigarette en tant que symbole du passage à l'âge adulte pour les jeunes adolescents[70],[71],[72]. Cette étude fut contestée en 2003 par une chercheuse finlandaise, Leena Koivusilta, dans le même British Medical Journal[73].

Notes et références

[1] **(en)** 62 réseaux commerciaux supportent le DC-HSPA+ (http://ltewoild.org/blog/62-commercial-networks-support-dc-hspa-drives-hspa-investments)

[2] http://technaute.cyberpresse.ca/nouvelles/telecoms-et-mobilite/200911/30/01-926288-un-telephone-mobile-eteint-peut-trahir-les-secrets-dune-reunion.php

[3] Source : Union internationale des télécommunications (http://www.itu.int/ITU-D/ICTEYE/Indicators/Indicators.aspx), 29 mars 2009. Les exceptions étaient Cuba, les Iles Samoa américaines, Kribati, le Turkmenistan, le Myanmar et le Vietnam.

[4] Deux exceptions: (1) les données américaines du National Center for Health Statistics (voir, par exemple, Blumberg, Stephen J. and Luke, Julian V. (2008) *Wireless Substitution: Early Release of Estimates from the National Health Interview Survey, July-Dec. 2007* (http://www.cdc.gov/nchs/data/nhis/earlyrelease/wireless200805.pdf) Division of Health Interview Statistics, National Center for Health Statistics, 13 May 2008, 14 pp. ; Blumberg, S.J.; Luke, J.V.; Cynamon, M.L. and Frankel, M.R. (2008).*Recent Trends in Household Telephone Coverage in the United States* pp. 56-86 in Lepkowski, J.M. et al., eds.. Advances in Telephone Survey Methodology, John Wiley and Sons, Inc., (). New York, 2008) et (2) celles de l'Institut Harrris - voir Cellular-news (2008) *Cell Phone Usage Continues to Increase in the USA* (http://www.cellular-news.com/story/30323.php) Celllular-News, 4 April 2008 ; HarrisInteractive (2008) *Cell Phone Usage Continues to Increase* (http://www.harrisinteractive.com/harris_poll/index.asp?PID=890) The Harris Poll No. 36, April 4, 2008.

[5] Source Arcep, décembre 2008.

[6] 67 % de la population mondiale dispose d'un téléphone portable (http://blog.pixmania.com/high-tech/2863-telephone-portable.html), blog Pixmania

[7] World Telecommunication/ICT Indicators Database 2009 (13th Edition), juin 2009. La population mondiale était estimée à 6,7 milliards à la mi-2008.

[8] http://www.europarl.europa.eu/news/public/story_page/058-51878-082-03-13-909-20090316STO51832-2009-23-03-2009/default_fr.htm

[9] Fuss, M. and Waverman, L. (2005) *The Networked Computer: The Contribution of Computing and Telecommunications to Economic Growth and Productivity* Digital Transformation Working Paper, London Business School, mai 2005. Leonard Waverman travaille pour les compagnies de téléphone, notamment Vodaphone - voir Röller, Lars-Hendrik and Waverman, Leonard (2001) *Telecommunications Infrastructure and Economic Development: A Simultaneous Approach* The American Economic Review, Vol. 91, No. 4, 2001, pp.909-923 ; Waverman, Leonard; Meschi, Meloria and Fuss, Melvyn (2005a) *The Impact of Telecoms on Economic Growth in Developing Countries*

(http://web.si.umich.edu/tprc/papers/2005/450/L Waverman- Telecoms Growth in Dev.Countries.pdf) Vodafone Policy Paper Series. No. 2, March 2005, 23 pp. ; Waverman, Leonard; Meschi, Meloria and Fuss, Melvyn (2005b) *The Impact of Telecoms on Economic Growth in Developing Countries* pp. 10-23 in Vodaphone (2005) *Africa: The Impact of Mobile Phones* (http://www.vodaphone.com/assets/files/en/AIMP_09032005.pdf) The Vodafone Policy Paper Series; No. 2. Mars 2005, ii + 68 pp.

[10] Lane, Barney; Sweet, Susan; Lewin, David; Sephton, Josie and Petini, Ioanna (04-2006) *The Economic and Social Benefits of Mobile Services in Bangladesh. A Case Study for the GSM Association* (http://www.dirsi.net/english/files/Ovum Bangladesh Main report1f.pdf) GSM Association, avril 2006, ii + 57 pp.

[11] Selon le *New York Times*, 80 % de la population mondiale vit à portée d'un réseau et n'a plus besoin d'être solvable ou de disposer d'un logement pour obtenir une ligne.

[12] Par exemple, Bhavnani, Asheeta; Chiu, Rowena Won-Wai; Janakiram, Subramaniam and Silarszky, Peter (2008) *The Role of Mobile Phones in Sustainable Rural Poverty Reduction* (http://siteresources.worldbank.org/EXTINFORMATIONANDCOMMUNICATIONANDTECHNOLOGIES/Resources/The_Role_of_Mobile_Phones_in_Sustainable_Rural_Poverty_Reduction_June_2008.pdf) ICT Policy Division, Global Information and Communications Department (GICT), The World Bank, 15 juin 2008, 25 pp., Diga, Kathleen (2008) *Mobile Cell Phones and Poverty Reduction: Technology Spending Patterns and Poverty Level Change among Households in Uganda* (http://www.w3.org/2008/02/MS4D_WS/papers/position_paper-diga-2008pdf.pdf) International Development Research Centre, South Africa, avril 2008. Presented at the Workshop on the Role of Mobile Technologies in Fostering Social Development, 2-3 juin 2008, Sao Paulo, Brésil, 4 pp. ; Donner, Jonathan (2008) *Research Approaches to Mobile Use in the Developing World: A Review of the Literature* The Information Society, Vol. 24, No. 3, mai 2008, pp. 140-159 ; Oneworld.net (2008) *In Niger, Cell Phones Bring Down Food Prices* (http://us.oneworld.net/places/yemen/-/article/358288-niger-cell-phones-bring-down-food-prices) ; Roberts, Sheridan (2008) *Measuring the Impacts of ICT Using Official Statistics* (http://www.oecd.org/dataoecd/43/25/39869939.pdf) DSTI/ICCP/IIS(2007)1/FINAL, Working Party on Indicators for the Information Society, Committee for Information, Computer and Communications Policy, Directorate for Science, Technology and Industry, OECD, 4 jan. 2008, 34 pp. ; van Welsum, Desirée (2008) *roadband and the Economy* (http://www.oecd.org/dataoecd/62/7/40781696.pdf) Minsterial Background Paper DSTI/ICCP/IE(2007)3/FINAL, OECD Ministerial Meeting on the Future of the Internet Economy, Seoul South Korea, 17-18 juin 2008, 59 pp. ; Zainudeen, Ayesha; Samarajiva, Rohan and Abeysuriya, Ayoma (2006) Samarajiva Abeysuriya 2006 teleuse strategies.pdf *Telecom Use on a Shoestring: Strategic Use of Telecom Services by the Financially Constrained in South Asia* (http://www.lirneasia.net/wp-content/uploads/2006/03/Zainudeen) Discussion paper WDR0604, WDR Dialogue Theme 3rd Cycle, regulateonline.org and LIRNEasia, Colombo Sri Lanka, mars 2006, iii + 40 pp.

[13] Source; Insee (2007) « Données détaillées de l'enquête Budget de famille 2006 » (http://www.insee.fr/fr/themes/detail.asp?ref_id=ir-bdf06&page=irweb/BDF06/dd/bdf06_serie_a.htm).

[14] *Agüero, Aileen (2008) *Telecommunications Expenditure in Peruvian Households* (http://www.dirsi.net/english/papers/Aguero_final_ingles.pdf) Research Brief Series, Issue 3, DIRSI – Diálogo Regional sobre Sociedad de la Información, Lima, juin 2008, 34 pp. Voir aussi ; [http://lirne.net/test/wp-content/uploads/2008/07/aguero-poster.pdf *Poster* (http://lirne.net/test/wp-content/uploads/2008/07/aguero-poster.pdf), août 2008, 1p. ; Ureta, Sebastian (2005) *Variations on Expenditure on Communications in Developing Countries: A Synthesis of the Evidence from Albania, Mexico, Nepal, and South Africa (2000-2003)* (http://www.lse.ac.uk/collections/media@lse/pdf/Sebastian Ureta comms expenditure 24 Nov 05.pdf) Media@LSE, Department of Media and Communications, 24 nov. 2005, 23 pp.

[15] Accardo, Jérôme (10-2007) *1979-2006 : les structures de consommation évoluent et les écarts entre groupes sociaux se déplacent* (http://www.insee.fr/fr/ffc/docs_ffc/ref/fporsoc07c.pdf) pp.99-112 in Insee *France, portrait social - édition 2007* (Vue d'ensemble - Consommation et conditions de vie) ; Accardo, Jérôme ; Chevalier, Pascal ; Forgeot, Gérard ; Friez, Adrien ; Guédès, Dominique ; Lenglart, Fabrice et Passeron, Vladimir (06-2007) La mesure du pouvoir d'achat et sa perception par les ménages (http://www.insee.fr/fr/ffc/docs_ffc/ref/ecofra07c.PDF), pp. 57-86 in Insee (06-2007) « L'économie française - Comptes et dossiers 2007 - Rapport sur les comptes de la Nation de 2006 ». Insee, juin 2007, ii + 236 pp.

[16] Quels sont les risques sanitaires associés aux téléphones portables et à leurs stations de base ? (http://www.who.int/features/qa/30/fr/index.html), OMS, décembre 2005

[17] Rapport du centre américain des statistiques sur les risques du mobile au volant, 2005 **[PDF]**

[18] *Hochfrequente Strahlung und Gesundheit*, Office fédéral suisse de l'environnement OFEV/BAFU, résumé, pages 19–24 **(fr)**

[19] « Essence et étincelle (http://decouverte.in2p3.fr/fileadmin/fichiers/infos_sciences/matiere_energie/textes/faq/essence_etincelle.pdf) », palais de la Découverte

[20] Avis de l'AFSSET concernant les effets biologiques des ondes électromagnétiques (http://www.afsset.fr/index.php?pageid=712&parentid=424), avril 2005, p. 3, rapport p 99

[21] Jean-Michel Thénard, « Bouygues active ses relais pour sauver ses antennes », *Le Canard enchaîné*, 11 mars 2009, page 4.

[22] « The report shows that the evidence available does not provide a clear pattern to support an association between exposure to RF and microwave radiation from mobile phones and direct effects on health. It however cautions that lack of available evidence of detrimental effects on health should not be interpreted as evidence of absence of such effects and recommends a precautionary approach to the use of this communication technology until more scientific evidence becomes available. » dans l'abstract (p. 2), de *What effects do mobile phones have on people's health?*, OMS, novembre 2006

[23] **(en)** Liste des chercheurs (http://www.bioinitiative.org/participants/index.htm) du groupe Bioinitiative.

[24] **(en)** **[PDF]** « People who have used a cell phone for ten years or more have higher rates of malignant brain tumor and acoustic neuromas. It is worse if the cell phone has been used primarily on one side of the head. », Rapport (http://www.bioinitiative.org/report/docs/report.

pdf) du groupe Bioinitiative, 2007, p. 9. Dans leur résumé les chercheurs écrivent également notamment : « The current standard for exposure to the emissions of cell phones and cordless phones is not safe considering studies reporting long-term brain tumor and acoustic neuroma risks. », p. 10.

[25] Jean-Paul Krivine, « Le rapport BioInitiative, ou l'apparence de sérieux scientifique » (http://www.pseudo-sciences.org/spip.php?article1133), *Science et pseudo-sciences*, n° 285, avril-juin 2009.

[26] **(en)** « Research must continue to define what levels of RF related to new wireless technologies are acceptable. », **[PDF]** Rapport (http://www.bioinitiative.org/report/docs/report.pdf) du groupe BioInitiative, 2007, p. 25.

[27] Étude Interphone (http://www.iarc.fr/fr/research-groups/RAD/RCAd.html)

[28] **(en)** Brain tumour risk in relation to mobile telephone use: results of the INTERPHONE international case–control study (http://ije.oxfordjournals.org/cgi/content/full/dyq079) - *International Journal of Epidemiology*, 2010.

[29] Étude Interphone : pas d'augmentation du risque de tumeur du cerveau pour les utilisateurs de téléphone mobile (http://www.mobile-et-sante.fr/2010/06/30/etude-interphone-pas-dâaugmentation-du-risque-de-tumeur-du-cerveau-pour-les-utilisateurs-de-telephone-mobile/) - mobile-et-sante.fr

[30] Mai 10 - Etude Interphone: les éléments concrets aux abonnés absents (http://www.asef-asso.fr/index.php?option=com_content&view=article&id=545:etude-interphone-sur-la-telephonie-mobile-les-elements-concrets-aux-abonnes-absents&catid=16:nos-communiques-de-presse&Itemid=121) Sur le site asef-asso.fr

[31] **(en)** « Israeli study sees link between oral cancer, cell phones » (http://www.haaretz.com/hasen/spages/1100570.html), *Haaretz*, 16 juillet 2009.

[32] **[PDF]** Rapport (http://www.afsset.fr/upload/bibliotheque/049737858004877833136703438564/Rapport_RF_final_25_091109_web.pdf) de l'Afsset, 2009, p.398.

[33] **[PDF]** Communiqué des trois Académies (http://www.academie-technologies.fr/fileadmin/templates/PDF/presse/MiseAuPoint.pdf) sur le site de l'Académie des Technologies, 2009, p.1.

[34] **[PDF]** Le CIRC classe les champs électromagnétiques de radiofréquences comme « peut-être cancérogènes pour l'Homme » (http://www.iarc.fr/fr/media-centre/pr/2011/pdfs/pr208_F.pdf) sur le site du Centre international de recherche sur le cancer, communiqué de presse n° 208, 31 mai 2011

[35] L'usage des téléphones portables "peut-être cancérogène" (OMS) (http://sante.planet.fr/a-la-une-l-usage-des-telephones-portables-peut-etre-cancerogene-oms.75736.2035.html), Medisite.fr reprenant une dépêche de l'AFP, 31 mai 2005

[36] Séance du 28 novembre 2006, rapportée par Jean de Kervasdoué dans *Les Prêcheurs de l'apocalypse*, 2007, page 20-21.

[37] Voir par exemple « Source de Financement et Résultats des Études sur les Effets sur la Santé de l'Utilisation du Téléphone portable - Janvier 2007 » (http://www.robindestoits.org/Source-de-Financement-et-Resultats-des-etudes-sur-les-Effets-sur-la-Sante-de-l-Utilisation-du-Telephone-portable-Janvier_a312.html) et « Téléphonie mobile: trafic d'influence à l'OMS ? » (http://www.robindestoits.org/Telephonie-mobile-trafic-d-influence-a-l-OMS-_a311.html) sur le site de l'association française Robin des Toits.

[38] **(en)** Page Henry Lai (http://depts.washington.edu/bioe/people/core/lai/lai.html) sur le site de l'université de Washington.

[39] **(en)** Page Ross Adey (http://www.universityofcalifornia.edu/senate/inmemoriam/williamrossadey.htm) sur le site de l'université de Californie.

[40] Pièces et Main d'Œuvre, *Le Téléphone portable, gadget de destruction massive*, L'échappée, 2008, p. 25-26.

[41] **(en)** « Wake-up Call » (http://www.washington.edu/alumni/columns/march05/wakeupcall01.html), *The University of Washington Alumni Magazine*, mars 2005.

[42] **(en)** « WHO: Cell phone use can increase possible cancer risk » (http://www.cprnews.com/articles.cfm?cat=1&id=171), *CPR News*, 4 mai 2004 - consulté le 23 avril 2012

[43] **(en)** **[PDF]** « Nuking the Birds & the Bees. The Explosion of Wireless Technology — At What Cost? » (http://www.acresusa.com/toolbox/reprints/July07_Carlo.pdf), *Acres USA*, vol. 37, n° 7, juillet 2007.

[44] Richard Gautier (docteur en pharmacie), Pierre Le Ruz (docteur en biologie), Daniel Oberhausen (agrégé de physique), Roger Santini (docteur d'état es sciences, chercheur à l'Institut national des sciences appliquées).

[45] Comité scientifique sur les champs électromagnétiques (http://csifcem.free.fr/), site de l'association

[46] « Les risques du téléphone portable - Mise au point », communiqué de l'Académie de médecine du 17 juin 2008

[47] AFP 'Paris, « Appel de cancérologues à la prudence dans l'utilisation des portables (http://afp.google.com/article/ALeqM5glOEZlfld6ePDRnIdEhuVvxvaDpw) » sur http://afp.google.com", *15 juin 2008. Consulté le 16 juin 2008*

[48] **(fr)** Laurent Suply (lefigaro.fr) avec AFP, « Appel à la prudence face aux téléphones portables (http://www.lefigaro.fr/sante/2008/06/15/01004-20080615ARTFIG00055-appel-a-la-prudence-face-aux-telephones-portables.php) » sur *lefigaro.fr*, 15 juin 2008. Consulté le 16 juin 2008

[49] Appel concernant l'utilisation des téléphones portables (http://www.guerir.fr/magazine/telephones-portables/appel-precaution-utilisation-telephones-portables) sur *guerir.fr*, 16 juin 2008. Consulté le 16 juin 2008

[50] Appel sur les dangers du portable : l'Académie de médecine crie à la « démagogie » (http://www.la-croix.com/article/index.jsp?docId=2341306&rubId=5547), *La Croix*

[51] « Bouygues condamné à démonter des antennes mobiles » (http://libelyon.blogs.liberation.fr/info/2009/02/bouygues-condam.html), libélyon, 5 février 2009.

[52] Téléphones portables : bientôt un « Grenelle des antennes » ? (http://www.rue89.com/2009/02/06/telephones-portables-bientot-un-grenelle-des-antennes) - *Rue89*, 6 février 2009

[53] SFR condamné à démonter une antenne-relais (http://www.lefigaro.fr/sante/2009/03/03/01004-20090303ARTFIG00387-sfr-condamne-a-demonter-une-antenne-relais-.php) - *Le Figaro*, 3 mars 2009

[54] Position du gouvernement : Le risque zéro n'existe pas. (http://tempsreel.nouvelobs.com/actualites/societe/20090227.OBS6595/portables__le_risque_zero_nexiste_pas.html?idfx=RSS_notr&xtor=RSS-17)

[55] Article de l'OMS sur l'hypersensibilité au champ électromagnétique (http://www.who.int/mediacentre/factsheets/fs296/fr/index.html), décembre 2005

[56] **[PDF]** **(de)** « Verhaltensänderung der Honigbiene *Apis mellifera* unter elektromagnetischer Exposition » (http://agbi.uni-landau.de/material_download/elmagexp_bienen_06.pdf), Hermann Stever, Stefan Kimmel, Wolfgang Harst, Jochen Kuhn, Christoph Otten, Bernd Wunder, 2006.

[57] Laura Thouny, « Le téléphone portable, plus sale que la cuvette des WC (http://www.lexpress.fr/actualite/sciences/sante/le-telephone-portable-plus-sale-que-la-cuvette-des-wc_906661.html#xtor=AL-447) » sur *L'Express*. Mis en ligne le 16 juillet 2010, consulté le 19 juillet 2010

[58] http://www.legifrance.gouv.fr/WAspad/UnTexteDeJorf?numjo=DEVX0400269D

[59] « Déchets, les recycleurs et les recyclés » (http://www.monde-diplomatique.fr/cartes/atlas-dechets), *Le Monde diplomatique*, février 2006.

[60] « Le recyclage des téléphones portables en débat à Bali » (http://www.france24.com/fr/20080623-environnement-bali-telephones-portables-recyclage), France 24, 23 juin 2008.

[61] « Une goutte dans l'océan des déchets électroniques » (http://www.swissinfo.ch/fre/infos/suisse_et_le_monde/Une_goutte_dans_l_ocean_des_dechets_electroniques.html?siteSect=126&sid=8164945&cKey=1188887026000&ty=st), swissinfo.ch, 4 septembre 2007.

[62] Opération Solidarcomm (http://www.solidarcomm.ch/)

[63] Le téléphone qui fonctionne au coca cola (http://www.korben.info/coca-cola-telephone.html) Sur le site korben.info

[64] http://www.ateliers-du-bocage.com/

[65] *La téléphonie mobile en proie au doute*, *La Tribune*, 27 mai 2009, p. 17

[66] Étude originale disponible sur le site atkearney **[PDF]** (http://www./images/global/pdf/Why_Go_Green.pdf) Sur le site atkearney.com

[67] *Les effets insidieux des conversations téléphoniques*, in *Le Figaro*, 30 septembre 2010, page 15.

[68] *Psychological science*, revue en ligne, citée in *Le Figaro*, 30 septembre 2010

[69] Cité in *Le Figaro*, 30 septembre 2010, page 15

[70] Sources : Mobiles magazine, déc. 2000, n° 34, p. 20

[71] Cigarettes ou portables : les ados ont choisi (http://www.doctissimo.fr/html/dossiers/tabac/articles/2922-tabac-portable-ados.htm) Sur le site doctissimo.fr - consulté le 23 avril 2012

[72] **(en)** Decline in teenage smoking with rise in mobile phone ownership: hypothesis (http://www.bmj.com/content/321/7269/1155.1.extract?sid=384522e4-2584-45c5-b195-dc6fb776bc68) Sur le site .bmj.com - consulté le 23 avril 2012

[73] **(en)** Mobile phone use has not replaced smoking in adolescence (http://www.bmj.com/content/326/7381/161.1.extract?sid=384522e4-2584-45c5-b195-dc6fb776bc68) Sur le site bmj.com - consulté le 23 avril 2012

Voir aussi

Bibliographie

- George Carlo et Martin Schram, *Téléphones portables : Oui, ils sont dangereux !*, Carnot, 2006, (ISBN 2-912362-59-8)
- Pièces et Main d'Œuvre, *Le Téléphone portable, gadget de destruction massive*, L'échappée, 2008, (ISBN 2-915830-17-7)

Articles connexes

- Liste des sigles de la téléphonie mobile
- Téléphone portable jetable
- *Téléphonie mobile, sommes-nous tous des cobayes ?*
- Rapport Reflex
- Périphérique nomade
- Géolocalisation par GSM

Liens externes

- Catégorie Téléphonie mobile (http://www.dmoz.org/World/FranÃ§ais/Commerce_et_Ã©conomie/TÃ©lÃ©communications/TÃ©lÃ©phonie/Mobile) de l'annuaire dmoz
- Cartoradio (http://www.cartoradio.fr/) Carte de l'Agence nationale des fréquences (ANFR) précisant les lieux d'implantation des antennes relais
- Mobile et Santé (http://www.mobile-et-sante.fr) Site d'information et de conseils santé (opérateurs mobiles)

Article Sources and Contributors

Nokia 5800 XpressMusic *Source*: http://fr.wikipedia.org/w/index.php?title=Nokia_5800_XpressMusic *Contributors*: Abracadabra, Arnaud.Serander, Bapti, Bastien Sens-Méyé, Bertol, Cantons-de-l'Est, CommonsDelinker, Dhatier, Emericpro, FR, France64160, Gemini1980, GwenofGwened, Gzen92, HAF 932, Isaac Sanolnacov, Koko90, Kvardek du, Kyro, LUDOVIC, M@rco, Mac LAK, MathsPoetry, Matrix76, MicroCitron, Mimideschamps, Noritaka666, P'tit frappé, Pautard, Prosopee, Sardur, Servaisjph, Symac, Vascer, Womow, Xofc, Zetud, 14 anonymous edits

Smartphone *Source*: http://fr.wikipedia.org/w/index.php?title=Smartphone *Contributors*: 16@r, Abrahami, Ahe, Arafael, BMR, Baronnet, Barraki, Bayo, Bbullot, Beauval, Brunodesacacias, Bub's, Cantons-de-l'Est, Chatsam, CommonsDelinker, Constantin-Xavier, Convivial94, Coyote du 86, Cpartiot, Dauphiné, Deansfa, Deep silence, Dijibiz, Draky, Duloup, EDUCA33E, Electzik, Elnon, En passant, Erdnaxeli, Forgoodnice, Fortin, Frakir, François GOGLINS, GL, Gilbertus, Goof-Fr, Gzen92, GôTô, Hadrianus, Hkabla, IAlex, JB, JLM, Jimmy, Jmex, Jules78120, Kelson, KevinPerros, Kornfr, Kyro, LLM, Laurent Nguyen, Laurent75005, Levitrailleur, Lithium57, Loicsoft, Lppa, Ludo29, Lylvic, Maloq, Manu1400, Manuguf, Matei13, MeGAmeS1, Mebwaster, Melvin2502, MerveillePédia, Michel BUZE, MicroCitron, Mish4icata, Mkaczor2000, Moez, Neros, Nezdek, NicholasR, Nico2caen, Nicolasnaf, Nilruk, Nodulation, Nono64, Nouill, Nyco, Okno, Orlodrim, P'tit frappé, Pautard, Peyot, Phduquesne, Piglop, Planete-samsung, Quarante-quatre, Rhadamante, Romanc19s, Rune Obash, Sanblihac, Sebleouf, Skull33, Smart1954, Smily, SniperMaské, Speculos, Spray&Pray, Superjuju10, Syvolc, Telcoco, Teofilo, Thomaskpi, Tiraden, Touam, TwoWings, Versgui, Visite fortuitement prolongée, Vlaam, Vyk, Wikig, Wikiponga, Winged-stone, Xavier Combelle, Zil, 158 anonymous edits

Lecteur multimédia *Source*: http://fr.wikipedia.org/w/index.php?title=Lecteur_multim%C3%A9dia *Contributors*: 16@r, A3 nm, Andre Engels, Badmood, Boeb'is, Brhm, DocteurCosmos, Eltouristo, JB, JLM, JonathanDurand1985, Julien1311, Koko90, Leag, M-le-mot-dit, ManaNano, Manu1400, Marc Mongenet, Maurilbert, Michel BUZE, Nodulation, Nono64, Pamputt, Phe, Prodiff, Raphounet, Romainhk, TulipVorlax, Vacnor, Wikig, Zivax, 29 anonymous edits

Nokia *Source*: http://fr.wikipedia.org/w/index.php?title=Nokia *Contributors*: 16@r, Agnesdecayeux, Aintneo, Al.henry, Aleden, Alex-cessna, Alno, Arnaud.Serander, Arnaudh, ArséniureDeGallium, Ash Crow, Axou, Badmood, Bayo, Ben Siesta, Blone, Bobochan, Brunodesacacias, Cantons-de-l'Est, Clem23, Coyote du 86, Crouchineki, Curry, Daniel*D, David Berardan, Donar, Eden2004, Ediacara, Edrysark, Elg, En passant, Ertezoute, Escaladix, Esprit Fugace, Fm790, France64160, Fred zen, Freewol, Frelaur, GLec, Gadro, Gdgourou, Gede, Gonioul, Gribeco, Gscorpio, Guigau44, Guérin Nicolas, Gyrostat, Gz260, Gzen92, GéGé twin, Head, INyar, Isaac Sanolnacov, Jacknaquunoeil, Jamcib, Jiefsourd, Jon207, Jules78120, Kanabiz, Ken2k, Kilianours, Kilom691, Korg, Leuviah, Liquid 2003, Lithium57, LittleSmall, Lomita, MJbeguin, ManiacKilla, Manu1400, Markadet, Maxxtwayne, MetalGearLiquid, Michel BUZE, Milena, Murphy, Murthag06, Nclm, NeMeSiS, Nezdek, Nguyenld, Nokia CustomerCare, Nono64, Norailyain, Okno, Oli west, Oliezekat, Orlodrim, Orphée, Pano38, Phetu, Pimousse92a, Ramuond, Raptor.cbre, Ryo, Rémih, Saber68, Semnoz, Seraphita, Shawn, Sherbrooke, Sinklar, Siren, Sorcier blanc, Steven Rogers, Suda984, SuperResistant, Ultratomio, Urban, Urelianu, Valdor65, Vascer, Vlaam, Webmast Gab, Wikig, Youssefsan, Zelda, Zetud, 133 anonymous edits

Symbian OS *Source*: http://fr.wikipedia.org/w/index.php?title=Symbian_OS *Contributors*: Alcoran, AntiSpam, Arnaud.Serander, Badmood, Baksanir, Bob08, Chtfn, Clark1750, CommonsDelinker, Coyote du 86, Criric, Cévé, David Berardan, Denisg, Didier Misson, Dsant, E-Electronix, Elimerl, Elisa74, Epok, Fils du Soleil, France64160, FrancoisA, GTSBaka, HybridTheory2, Isaac Sanolnacov, Jacknaquunoeil, Jef-Infojef, Juklien, Koyuki, Lanredec, Leag, Leplucooldu14, Linan, Litlok, LogicBloke, Loran, Manu1400, Mkossa, Nezdek, Nnemo, Orlodrim, Pamputt, Pano38, PatriceDarrieulat, Peter17, Pierref, Planete, Rkf, Robinet sauvage, Rohanec, Romanc19s, Romanito, Romulfe, Rosen, Roudoule, Skippy le Grand Gourou, Skull33, Stéphane33, Syph, Tavernier, Terloup2, Tophe17, Toutoune25, Vascer, Visite fortuitement prolongée, Vlaam, YoranM, Z653z, Éric Chassaing, 89 anonymous edits

iPhone *Source*: http://fr.wikipedia.org/w/index.php?title=IPhone *Contributors*: (:Julien:), -Nmd, 5afd4770411ca76c, A.BourgeoisP, A2, Aashaa, Abrahami, Abscons, Aeleftherios, Agnesina, Alain.Darles, Alchemica, Alex-F, Alex2099, Alexandre Garbugli, Alexandre1311, Alohadesign, AppleMan41, Arafael, Aranya istya, Arceus13127, Archeos, Arka Voltchek, Arkhos94, Arnaud.Serander, Arnaudh, Axelpillas, Aydchery, Aze-aze-aie, Badmood, Bapti, Baronnet, Barraki, Bastien Sens-Méyé, Bayo, BeWog, Benben, BenjaminGP, Benoit Rochon, Benoitpozo, Bertrouf, Bidule200, Binabik155, Blackdea45, BlueGinkgo, Bmiche, Boblegrand, Boretti, Boris.oriet, Bradipus, Bunsen, Byakugan, Béotien lambda, Cacadududu78, Caius bonus, Calcineur, Calico, Cantons-de-l'Est, Capbat, Captainm, Cgx, Charlie Pinard, Chatsam, Chtito, Ciavaldp, Ciccio, Cjp24, Cl;nintendods, Cluc, Clément 50, Colindla, CommonsDelinker, Conq08Rom, Cortes48, Coyau, Coyote du 86, Cquest, Cutter, D4m1en, DaiFh, Dam2500, Dark Attsios, David Berardan, David-suisse, David33170, Da®kthor, Dfarreny, Dhackking, Dhatier, Djidane39, DocteurCosmos, Dr Brains, Dracauseb, Draky, Dudu highschool, Ela-aisbl association, Electzik, ElfeJediBiochimiste, Empty 49, En passant, Enzo-live, Eric Bajart, Etiiennee, Ewokdu30, EyOne, Fabcara, Fabrice Ferrer, Fabrisss, Fafnir, Fboas, Fcarcena01, FerdinandC, Fhdfg, Flopasques, Florian.Tosello, Fluti, Fma16, Francois 75015, Free French, Freewol, GFDL fan, GLec, Garfieldairlines, Garyclosse, Gede, Ggal, Ghugot, GigaTouch, Gillesdej, Gnagnael, Gonioul, Greteck, Gribeco, Grondin, Gronico, Gugus15, Guillaumeg33, Guy59650, Gz260, Gzen92, Gédé, GôTô, Haanadar, Happylewie, Hardshooter, Hatonjan, Hercule, Hlm Z., IAlex, Ico, Indif, Iridium, Isaac Sanolnacov, JB, JLM, JackPotte, Jb33450, Jdesvages, Jerem372, Jerome66, Jimmy, Jmex, Julien06200, Juraastro, Karl1263, Kart, KevMed, KevinPerros, Kilith, Killeur1107, Kyro, Laddo, LairepoNite, Laurent Nguyen, Laurent Verset, Leag, Lebolossdu59, Lebouletdu17, Leslie222, Letartean, Leuviah, Lgd, Lilyu, Litlok, LnFlaux, Lomita, Loreleil, Louis-garden, Lppa, Ludof78730, Ludovic89, Lynix, Maggic, Majorlefou, Malek-78, Maloq, Malta, Mandrak, Manu1400, Manuguf, Manutaust, Marc07, Marckl, Marsu15, Martin, Mateo34, Mathieuw, Matpib, Matth97, Maurilbert, Maxlelubre, MeGAmeS1, Mebwaster, Medhinou, Medium69, Melodawny, MerveillePédia, MetalGearLiquid, Michco, Michel BUZE, MicroCitron, Mingle Trend, Mirgolth, Mirmillon, MisterColour, Moala, Modifiant, Moipaulochon, Mycpowah, Nakor, Natha311, Nbrouard, Neilime, Nekrozys, Nells, Nic00laas, NicDumZ, Nick Name, Nickele, NicoV, Nicourse, Ninety, Nofrep, Noritaka666, Nouga67, Numbo3, ObiWan Kenobi, OccultuS, Ocmey, Ofol, Oli west, OlivierFils, Oliviergallon, Olmec, Orlodrim, Orphée, Ouser, PV250X, Padawane, Paindur, Palpalpalpal, Paul.louis, Paulouu, Pautard, Perceval Hyrule, Petitdeviendragrand, Phe, Phil Goud, Pierre Bauduin, Pikachuyann, Pingui-King, Plyd, PolyPrograms, Poulos, PowaSky, PsY.cHo, Punawa, Quark67, Quick79, RM77, Remi.mahel, Rems4, Rhadamante, Ricky.coxhoward, Sahaa1992, Sambaby98, Samèyuy, Saranghae, Sebleouf, SharedX, Sheners, Sherbrooke, Sigismund, Sigruhn, Sinuhe20, Smily, SoWiFo, Sobrienti, Sofian, Source12, SourisseR, Sputnick, Starus, Steven Rogers, Stéphane33, Supremeangaka, Surdox, SychiO, Sylenius, Sylvain05, Symbolium, Taguelmoust, Tatam, Tdoune, Tejgad, Tenep, Theoliane, Theotimegaat, Thewarrior, Thorus974, Tib44, Tiino-X83, Timlemothey, Tiraden, Tkhalbiz, Tos42, Toto Azéro, Totodu74, Toub, Tracouti, Trafalguar, Treehill, Trex, Tvesin, Ukhbar, Untiitled, Valoche65, Vascer, Vicnent, Vincent Lextrait, Vincent Marcillaud, Vivarés, Vlaam, Vyk, Wheepy, Wikig, Wikyvema, Woozz, Wuyouyuan, X Silver, XDSL, Xfigpower, Xiglofre, Xofc, Yacine112002, Yassine256, YmFzZTY0, Zarg, Zeex, Zelda, Zetud, Zil, Zumhir, ~Pyb, 831 anonymous edits

Bluetooth *Source*: http://fr.wikipedia.org/w/index.php?title=Bluetooth *Contributors*: 16@r, Arnaud.Serander, Arnaud.trebaol, BafS, Baronnet, Bech, Bob08, Bvs-aca, Béotien lambda, Ccmpg, Cfoucher, ChrisJ, Chrismagnus, Cousteru, Coyote du 86, Céréales Killer, Cœur, D4m1en, David.mig, Demanciel, DocteurCosmos, Dr.mariebernard, Dromygolo, Elechene, Elg, Fikk, GLec, Garfieldairlines, Gz260, Gédé, Gérard, HAF 932, Hemmer, Herr Satz, Info dev, Inisheer, Iznogood, Jef-Infojef, Jeremy33150, Jibeem, Josselindlb, Karl1263, Keikomi, Kiary, Kilith, Koko90, Labbaipierre, Lamlis, Laurent Nguyen, Lilyu, Litlok, Lmaltier, Louis-garden, LuisMenina, Markadet, Markko, Melyadon, MetalGearLiquid, Michco, Mikayé, Min's, Mirgolth, Nataraja, Nicolas Halftermeyer, Nicolas Ray, Nmrk.n, Nono64, ObiWan Kenobi, Ofol, Orthogaffe, Pano38, Pautard, Peyodroop, Phe, Pixeltoo, Ploum's, Polmars, PouX, RroccoMaroc, Ryo, SRombauts, Salsero35, Sbrunner, Sebleouf, Serged, Sigo, Slm85, Speculos, Sum, THA-Zp, Tegu, Tejgad, The RedBurn, ThuGFaCe, TiChou, TiKnard, Tieno, Toutoune25, Tucsouffle, Ultratomio, Vahé Tildian, Vargenau, Wikig, Xfigpower, Xpo, Yann, Yohannflavier, Yomele, Zetud, Zil, Zubro, 169 anonymous edits

High Speed Downlink Packet Access *Source*: http://fr.wikipedia.org/w/index.php?title=High_Speed_Downlink_Packet_Access *Contributors*: Adhame95, Alkarex, Bertrand.roussel, Bibi Saint-Pol, Brunodesacacias, Bub's, Coyote du 86, Damjeux, Doud69, Eclos, Emirix, Emma, En passant, Ericse, Fma40700, Former user 1, Franckiz, Ggal, Gscorpio, Gzen92, JB, Jrenier, Kalu34, Lafud, Leag, LogicBloke, MetalGearLiquid, Michco, Narlou, NicoV, Nono64, Norz, Samson.samson, Sanao, Sculldér, Sherbrooke, Slasher-fun, Smiley, Vyk, Xavier Combelle, Yf, Zil, 45 anonymous edits

Assisted GPS *Source*: http://fr.wikipedia.org/w/index.php?title=Assisted_GPS *Contributors*: AnTeaX, Arnaud.Serander, BrunoCr, Efbé, Greenski, Isaac Sanolnacov, Jmarechal, Pautard, The RedBurn, 5 anonymous edits

Wi-Fi *Source*: http://fr.wikipedia.org/w/index.php?title=Wi-Fi *Contributors*: -Nmd, 16@r, AFAccord, Abrahami, Actarus Prince d'Euphor, Albedo, Aldébaran, Alecs.y, Alexis.robert, Alibaba, AmiFavilla, Annuairewifi, Anymora, Aquilae, Arnaud.Serander, ArséniureDeGallium, Aureliengeron, Awxdfcgmkl, B-noa, Balougador, Bayo, Bazzanella, Beatrin, Benjism89, Bijaz, Bobodu63, Boism, Bradipus, BrightRaven, Buenaventura, Cantons-de-l'Est, Ccmpg, Chatsam, Chtfn, ChtiTux, Circular, Cirdec, Cjoathon, CommonsDelinker, Coyau, Coyote du 86, Cr0vax, Cthevenet, Cumulus, Céréales Killer, D4m1en, DC2, Dadu, Dake, Daniel*D, Dark Wiki, Darkoneko, Dauphiné, Davgrps, David Berardan, David.leloup, Deep silence, Denisg, Deuxtroy, Diablo992, Didier Misson, DocteurCosmos, Domino-potter, Don-vip, Dsant, Démocrite, Dénaé, EDUCA33E, Edhral, Eek, Efkbl, Emirix, Escaladix, Esteban17, Eusebius, Eutvakerre, Evpok, Fabrice Ferrer, Fauvette des roseaux, Fcartegnie, Fcoronis, Fesnouf, Fimac, Franckiz, Fredciel, Freewol, GFDL fan, GLec, Ghost dog, Girard Chips, Gollou, Greudin, Gribeco, Guerby, Gwalarn, Gédé, Hashar, Haypo, Heavysilence, Hemmer, Henri Hudson, Hercule, Herve s, Hopea, IAlex, Inisheer, Isabelle Y. Grondin, Iuchiban, JB, JLM, JMaxR, Janseniste, Jblndl, Jeanot, Jef-Infojef, Jerome66, Jimmy, Jmax, Jotun, Jujudu49, K!roman, Kelson, Kerox, Kilith, Kornemuz, Kurapik, Kyro, Kyroo01, Laurent Nguyen, Laurent1martin, Laurentdata, Le gorille, Len'Alex, Letartean, Lgd, Lilious, Liquid 2003, Ljardel, Lopio, Lrz35, Ludo29, MaCRoEco, Manu1400, Manuguf, Mathias.peron, Mathieuw, Matthieu Houriet, Mbcmf217, MetalGearLiquid, Michco, Micthev, Mikayé, Mike-m, MioZ, Mirgolth, MisterMatt, Moala, Moineau44, Mokuhi, Mro, Murphy, Muy, Mykey, Nanax, Nanoxyde, NeMeSiS, NicoV, Nicodu95, Nodulation, Nondemarion, Nono64, Nuptia, Oblic, Olivier d'ALLIVY KELLY, Olivier1961, Oliviosu, Orthogaffe, Oxo, Oz, Pabix, Palpalpalpal, Papillus, Pautard, Phe, Philippe Batreau, Pingui-King, Pio, Pld, Polarman, Pontauxchats, Proutie66, Punx, Quentinv57, Reyvax, Rhodeisland, Rinaku, Roby, Romanc19s, Romanceor, Romanito, RudyWiki, Rune Obash, SN, Sam Hocevar, Samirchikhi, Sanao, Sarenne, Sbrunner, Sebleouf, Sepper, Sergan, Serge Nueffer, Sherbrooke, Sitelec, Ske, Speculos, Stéphane Veyret, Stéphane33, Sub, Sylenius, Tarquin, Tchai, The SpaceFox, Theoliane, Theon, ThomasClavier, ThomasGee, Thomasdubaele, TiChou, Tibtib51, Tieno, Tintamarre, Tmilard, Traumrune, Tu5ex, Turb, Twin, Vanoost, Vargenau, Vascer, Versgui, Vincent.marliac, Vinz1789, Wikidon, Wikig, Wikizen, Withor, Witoki, Wizou, Womow, Xeniphon, Yaminou, Yelkrokoyade, Yoha, Zedh, Zil, Zolico, Zonag, Zoneadsl, Zubro, 559 anonymous edits

Carl Zeiss *Source*: http://fr.wikipedia.org/w/index.php?title=Carl_Zeiss *Contributors*: Apropos, Arnaud.Serander, Badmood, Bob08, Bouchecl, Brunodesacacias, CommonsDelinker, Coyote du 86, FMMMC, Fabien1309, Goliadkine, Hercule, Jmax, K'm, Korg, L'amateur d'aéroplanes, Marc Mongenet, Nezdek, Pld, Richardbl, Romainsu, Skull33, Verbex, Vibby, Z653z, 11 anonymous edits

Appareil photographique numérique *Source*: http://fr.wikipedia.org/w/index.php?title=Appareil_photographique_num%C3%A9rique *Contributors*: 5afd4770411ca76c, AXRL, Afsgang, Alphos, Azurfrog, Benoit Rochon, Bibi Saint-Pol, Blood Destructor, Carotoc, Cdang, ChrisJ, Correlation, Coyau, Céréales Killer, Deelight, Deep silence, DocteurCosmos, Dup libre, Fm790, Fred.th, GCloutier, GabHor, Gdgourou, Gronico, Herman, Iznogood, Jaubouin, Jaymz Height-Field, Jean-Jacques MILAN, Julien Jorge, Kai Fr, Lbarbisan, Le gorille, Le pro du 94 :), Lelan2310, Lgd, Medium69, Moxfyre, Nono64, Noritaka666, Oblic, Pem, Plbcr, Pld, Plook, Ploum's, Ptyx, Radam30, Romanc19s, Salsero35, Serged, Spack, Sum, The RedBurn, Tontonflingueur, Wikig, Xerus, Ziron, 80 anonymous edits

BenQ *Source*: http://fr.wikipedia.org/w/index.php?title=BenQ *Contributors*: 16@r, Badmood, Chrislareau, David Berardan, Desirebeast, Dr gonzo, Eiktee, Enhor, Fabienamnet, Garfieldairlines, Gribeco, Grondin, Isaac Sanolnacov, Jamcib, Koko90, Masterdeis, Meodudlye, Mschlindwein, Nostradamus, Rastrojo, Romanc19s, Rutao, Sinklar, Urhixidur, Witoki, 4 anonymous edits

Ovi Maps *Source*: http://fr.wikipedia.org/w/index.php?title=Ovi_Maps *Contributors*: Dhatier, France64160, GDLX31, Gz260, Kyro, Matpib, Nezdek, P'tit frappé, Pautard, Rémih, Sebleouf, Zetud, 7 anonymous edits

Global Positioning System *Source*: http://fr.wikipedia.org/w/index.php?title=Global_Positioning_System *Contributors*: 16@r, Abracadabra, Acer11, Akzo, AlainC, Almak, Alvaro, Am13gore, AnTeaX, Andromeda, Archeos, Aristy88, Arn00s, Artvill, Ascaron, Asfr, Auxerroisdu68, Bazook, Benjism89, Bobodu63, Boism, Breuilpinier, Bserin, CLV, Cadmium57, Calrosfking, Cantons-de-l'Est, Capbat, CaptainHaddock, Captainm, Cdang, Ceehho, Chaoborus, Chatsam, ChrisJ, Chtimi44, Cjp24, Condor42, Cortomaltais, Coyau, Coyote du 86, Criric, Céréales Killer, DainDwarf, Darkoneko, David Berardan, Desirebeast, Dhatier, DocteurCosmos, Dr Brains, Dsant, Duch, En passant, EricMarillier, Esprit Fugace, Faager, Ffelix, Fixdine, Flfl10, Flo-bre, Florian733r, FoeNyx, Foxandpotatoes, GLec, Ggal, Globu, Gribeco, Guiling, Gzen92, Hadj2008, Handco, Hatonjan, Haypo, Herpe, Howard Drake, Hulsy, Hypersite, IP 84.5, Ico, Inisheer, IoSono, Isaac Sanolnacov, Janhsh, Jb.henry, Jduno, Jef-Infojef, Jmax, Jpm2112, Julien2512, Jyp, Kasos, Kasos fr, Kassus, Kelson, Kilith, Kinek, Korrigan, Koxinga, Koyuki, L'amateur d'aéroplanes, Lady9206, Laurent Nguyen, Laurent Simon, Leag, Lgd, Link Mauve, Litlok, Lluc, LogicBloke, Lomita, Looxix, Lpele, Ludo29, Luk, M LA, Malost, Malta, Mandrak, Manu1400, Manuguf, Marcel.c, Mayerwin, Megajoule, Michco, Michmeuch, MicroCitron, Mmenal, Moala, Moipaulochon, Moustikcc, Moyg, Mutatis mutandis, Neef, Neymad, Nezdek, Nguyenld, NicoV, Nicolas Ray, Nicopedia, Nk, Nod gwen, Nono64, Néflier, ObiWan Kenobi, Oblic, Orthogaffe, Oz, PSGPS, Pabix, Pano38, Pautard, Pem, Phe, Plastique hurlant, Pline, Ploum's, Poulos, Pseudomoi, Ptitboss, Pulsar, RenaudDubois, Rhizome, Roby, Romary, Ryo, Rémih, Salsero35, Sam Hocevar, Sanao, Sebjarod, Serein, Sherbrooke, Skiff, Spedona, Squalyl, Sssseeeebbbb, Stankov, Sts, Sulky, Taguelmoust, Tavernier, Tchai, Tintamarre, Tomworld10, Torpii, Traroth, Triniton, Tryptophane06, Tu5ex, Turb, Uh-rond, Valéry Beaud, Vivarés, W'rkncacnter, Wikig, Willeouff, Wiz, Xofc, YannTech, YourEyesOnly, Zetud, Zil, Zubro, Zulu, script de conversion, ²°¹°°, 400 anonymous edits

JPEG *Source*: http://fr.wikipedia.org/w/index.php?title=JPEG *Contributors*: 16@r, Aadri, Aajajim, Agrafian Hem Rarko, Arnaud.Serander, Arnaud.deramecourt, Arnaudpi2, Bap0044, Bayo, Cantons-de-l'Est, Caton, Cesar.douady, Cesi, Cfoucher, Céréales Killer, Dadu, Dake, Davgrps, David Berardan, Dhatier, Domsau2, Emirix, Escaladix, Flo, Fylip22, GLec, Glecolle, Hemmer, Isaac Sanolnacov, JB Dumont, Jean-no, Jerome66, Kilith, Koko90, Korg, Krissou, Leag, Loizbec, M'vy, M0tty, Marc BERTIER, Marc Mongenet, Mig, Mirgolth, Mwarf, Nataraja, Neustradamus, Nono64, Quentinv57, Romainhk, Sbrunner, Solveig, Speculos, Stargatejojo, Sylenius, Thesa, Trassiorf, Vermicelles, Vi..Cult..., Wikig, Yvesd, 85 anonymous edits

RealPlayer *Source*: http://fr.wikipedia.org/w/index.php?title=RealPlayer *Contributors*: 16@r, AFAccord, Christophe2reims, Dc-mic, Dsliq, Fm790, Gd romain, Gregmiret, Gz260, Hashar, Hercule, Il Palazzo-sama, Lovasoa, Mandres, Manu1400, Markadet, Mf9000, Michel BUZE, Misi91, Moez, Nairod.brain, NeMeSiS, Neustradamus, Okno, Pierrotws, Piston, Pyb, QDK01, Romain C, Romainhk, Tael, Tchai, Toto Azéro, Vascer, Vivelefrat, 16 anonymous edits

AZERTY *Source*: http://fr.wikipedia.org/w/index.php?title=AZERTY *Contributors*: 16@r, A Pirard, A pirard, A2, Afsgang, Alain Schneider, Alchemica, Alibaba, Alvaro, Amic, Anthere, Aoineko, Aqw96, Archimatth, ArséniureDeGallium, Aruspice, Azser, Badmood, Badplayer, Baoud, Barraki, Beatnick, Bentz, Bonjour, Cantons-de-l'Est, Chtit draco, Coyau, Coyote du 86, Cœur, D4corp, DSCH, David96, DocteurCosmos, Dominique ANID, Drazzib, Elfix, Escherichia coli, Esprit Fugace, Flot2, Frakir, Francois Trazzi, François Melchior, Fred.th, Fu Manchu, GL, Gede, Geralix, Ggal, Guernica, Gvf, Gédé, Harmonia Amanda, Hashar, Hemmer, Herr Satz, Hémant, Izwalito, JLM, Jbar, JeanMichel, Jef-Infojef, Jemdk, Jimmy, Johannjs, Jules78120, Keul, Kilith, Kndiaye, Korg, Kropotkine 113, Kyro, LUDOVIC, Lagroue, Le13ememarseillais, Leag, Leandro, Lebelot, Leszek Jańczuk, Like tears in rain, Livajo, Louhike, Lucma, Lyhana8, Maloq, Med, MetalGearLiquid, Mikayé, Milord, Mine abou, Moa18e, Moe, Monpanda, Moyogo, Mro, Mudoli, Muphin, Nataraja, Nberger, Nico@nc, Nnick2003, Nodulation, Nojhan, Od1n, Olympi, Orlodrim, Pabix, Phe, Phmagnabosco, Pinailleur, Pol, Pyerre, Pymouss, Quark67, Quetzal91, Rdb, Rems4, Rhizome, Rigolithe, Ripounet, Romainhk, Ronko, Rune Obash, Ryanblu, SalomonCeb, Sam Hocevar, Samyra000, SanMatt, Sbrunner, Scoopfinder, Sculkler, Sebletouloulsain, Serged, Sevenstones, Shalhulud, Sherbrooke, SsxSmax, Stéphane Veyret, SuperCodeLyoko, Suprememangaka, Tavernier, TigH, Tiot, Tohuvabohuo, Toto Azéro, Traroth, Tu'imalila, Urhixidur, Vandales, Verdy p, Vi..Cult..., Xinpeijin, ZeMeilleur, ZeroJanvier, ²°¹°°, 236 anonymous edits

Nokia N97 *Source*: http://fr.wikipedia.org/w/index.php?title=Nokia_N97 *Contributors*: Acélan, Alchemica, Archimëa, Arnaud.Serander, Axou, Bloody-libu, Common Good, Daniel*D, France64160, Gdgourou, Isaac Sanolnacov, Kyro, Linedwell, Marin M., Mati24, Maurilbert, Nezdek, Orphée, P'tit frappé, Rapha222, Rinaku, Vascer, Vlaam, Wt-distribution, Z653z, 8 anonymous edits

Ovi (Nokia) *Source*: http://fr.wikipedia.org/w/index.php?title=Ovi_%28Nokia%29 *Contributors*: Abracadabra, Arcade Padawan, Bloody-libu, Coyote du 86, Entouane1, Fouky, France64160, Gz260, Isaac Sanolnacov, Kyro, Matpib, Murthag06, Nezdek, P'tit frappé, Pautard, Zetud, 11 anonymous edits

Nokia 5730 XpressMusic *Source*: http://fr.wikipedia.org/w/index.php?title=Nokia_5730_XpressMusic *Contributors*: Arnaud.Serander, France64160, Isaac Sanolnacov, K'm, Kyro, Misi91, OlivierFils, P'tit frappé, Vlaam, VonTasha

Téléphonie mobile *Source*: http://fr.wikipedia.org/w/index.php?title=T%C3%A9l%C3%A9phonie_mobile *Contributors*: 16@r, A1b2c, A2, A3 nm, ABACA, Aintneo, Alain V, Alchemica, Alexx997, Alixmarchetti, Alphos, Antivolt, AntonyB, Antr, Apokrif, Arafael, Archibald, Arnaud.Serander, ArséniureDeGallium, Asavaa, Awk, Aydchery, BMR, Badmood, Bapti, Barthelemy, Bayo, Beatrin, Bibi Saint-Pol, Bigs, Blone, BlueSkyStorm, Bob08, Boism, Boly38, Bombastus, Boulon111, Brunomahiet, Bub's, Buddho, Caerbannog, Cdang, Celia01, Ceridwen, Charlie Pinard, ChrisJ, Chtit draco, Cl;nintendods, ClementSeveillac, CommonsDelinker, ConradMayhew, Copyleft, Coyote du 86, Cpartiot, CreatixEA, Crete, Cédric, Céréales Killer, DC2, Dadr, Dadu, Daniel*D, Darkoneko, Dauphiné, Davgrps, David Berardan, David Latapie, David.leloup, Deelight, Deep silence, Delroth, Desaparecido, Didierv, Didoudu17, Dihouai, Djibe89, DocteurCosmos, Draky, Drongou, EDUCA33E, Eden, Eden2004, Eiffele, El Diablo, El turisto, Eldino, Emmanuel, En passant, Epsilon0, Erasoft24, Escaladix, Eumachia, Fabrice Ferrer, Fafnir, Fbordage, Ffx, FircadelleGSM, Fobos, Foxandpotatoes, Francois Trazzi, Fredduf, Freewol, FremyCompany, Frenchballer, GLec, GaBs34, Gangel, Gdgourou, Ggbb, Giordano Bruno, Glk, Greteck, Greudin, Gribeco, Grobert, Gronico, Grook Da Oger, Guaka, Guillaume, Gwadago, Gz260, Hemmer, Herve.oiry, Hexasoft, Hulsy, Hussonl, Hégésippe Cormier, Hémant, IAlex, IP 84.5, InXtremis, Indeed, Isaac Sanolnacov, Isabelle Y. Grondin, Iunity, JB, JFamadei, JKHST65RE23, JLM, Jabuz72, Jarfe, Jastrow, Jeanpascalcb, Jeanthomas.caron, Jecr, Jef-Infojef, Jerome66, JeromeJerome, Jmax, Jmskobalt, Journaliste.nl, Jules78120, Julien06200, Kelson, Kepoui, Khalid hassani, Kikoogay, Kilith, Koui², Koyuki, Kyro, Lamiot, Langladure, Lastpixl, Laurent Nguyen, Le sotré, LeMorvandiau, Leag, Lechristo, Lgd, Linan, Liquid 2003, Litlok, Lopio, Lucyin, Ludovic89, Lunavorax, Lutin jovial, MaCRoEco, MalcolmMix, Maloq, Malta, Maurilbert, Mayayu, Measureplace, Mebwaster, Med, Medium69, Michco, Michel BUZE, Mig, Min's, Mit-Mit, Mith, Mmenal, Mu, Mudares, Mutatis mutandis, Netgold1908, Nguyenld, Nicname123, NicoV, Noel.guillet, Nojhan, Nono64, Nonopoly, Noritaka666, Oli west, Olivier Hammam, Orlodrim, Orthogaffe, Overmind, Oz, PASSEPASSE, Panda, Pano38, Pantoine, Papillus, Pautard, Peitho, Personne1212, Philikos, Philmarso, Piku, PivWan, Planete-samsung, Pld, Plyd, Pmaillot, Poleta33, Poppy, Proz, Pseudomoi, Ptonino, Pulsar, RaFoU, Raoul Deux, Rhizome, Rigolithe, Romanc19s, Romram, Roulio, Rune Obash, Ryo, Saarfranzose, SalsaForte, Salsero35, Sam Hocevar, Samsa, Sanao, Sarfata, Schnouki, Seb35, Sebleouf, Seibmoloc, Serein, Serge Harvey-Gauthier, Serged, Shawn, Sherbrooke, Shoubaka, Sinklar, Smiley, Speculos, Ste281, Steff, Steven Rogers, Stylographe, Stéphen Kerckhove, Séb, Séraphin 01, T, TahitiB, TangN, Tavernier, Tdavid666, Tejgad, Termininja, The RedBurn, Théodore DUVAL, TiChou, Tibauk, Tibourtineaidel, Titou42000, Touchatou, Traroth, Tryptophane06, Vargenau, Veilleur, Vev, Vivarés, Vlaam, Vonvon, Wanderer999, Wikig, Wikizen, Windsurfer34, Xavier Combelle, Xofc, YSidlo, Youssefsan, Yves.morel, ZeMeilleur, Zedh, Zelda, Zgabom, Zil, Ziron, ~Pyb, 584 anonymous edits

Image Sources, Licenses and Contributors

Fichier:Nokia5800xpress.png *Source*: http://fr.wikipedia.org/w/index.php?title=Fichier:Nokia5800xpress.png *License*: Creative Commons Attribution-Sharealike 3.0 *Contributors*: Nokia_5800_XpressMusic_Browser.jpg: Jupter-manzana derivative work: TheAdam0s (talk)

Image:Black x.svg *Source*: http://fr.wikipedia.org/w/index.php?title=Fichier:Black_x.svg *License*: Public Domain *Contributors*: File:X mark.svg by User:Gmaxwell This derivative by User:Howcheng

Fichier:Nokia 5800 XpressMusic Camera.jpg *Source*: http://fr.wikipedia.org/w/index.php?title=Fichier:Nokia_5800_XpressMusic_Camera.jpg *License*: Creative Commons Attribution 2.0 *Contributors*: Paulo Ordoveza from Washington, DC

Fichier:A-View-Of-Makra-Pahari.jpg *Source*: http://fr.wikipedia.org/w/index.php?title=Fichier:A-View-Of-Makra-Pahari.jpg *License*: Creative Commons Attribution-Sharealike 3.0 *Contributors*: Mughees Ahmed

Image:Interrieur du Nokia 5800 XpressMusic sans baterrie.JPG *Source*: http://fr.wikipedia.org/w/index.php?title=Fichier:Interrieur_du_Nokia_5800_XpressMusic_sans_baterrie.JPG *License*: Creative Commons Attribution-Sharealike 3.0,2.5,2.0,1.0 *Contributors*: France64160

Image:Ecouteur du Nokia 5800 XpressMusic.JPG *Source*: http://fr.wikipedia.org/w/index.php?title=Fichier:Ecouteur_du_Nokia_5800_XpressMusic.JPG *License*: Creative Commons Attribution-Sharealike 3.0,2.5,2.0,1.0 *Contributors*: France64160

Image:Support du Nokia 5800 XpressMusic.JPG *Source*: http://fr.wikipedia.org/w/index.php?title=Fichier:Support_du_Nokia_5800_XpressMusic.JPG *License*: Creative Commons Attribution-Sharealike 3.0,2.5,2.0,1.0 *Contributors*: France64160

Image:Médiator du Nokia 5800 XpressMusic.JPG *Source*: http://fr.wikipedia.org/w/index.php?title=Fichier:Médiator_du_Nokia_5800_XpressMusic.JPG *License*: Creative Commons Attribution-Sharealike 3.0,2.5,2.0,1.0 *Contributors*: France64160

Image:Câble de conexion USB du Nokia 5800 XpressMusic.JPG *Source*: http://fr.wikipedia.org/w/index.php?title=Fichier:Câble_de_conexion_USB_du_Nokia_5800_XpressMusic.JPG *License*: Creative Commons Attribution-Sharealike 3.0,2.5,2.0,1.0 *Contributors*: France64160

Image:Câble de conexion TV du Nokia 5800 XpressMusic.JPG *Source*: http://fr.wikipedia.org/w/index.php?title=Fichier:Câble_de_conexion_TV_du_Nokia_5800_XpressMusic.JPG *License*: Creative Commons Attribution-Sharealike 3.0,2.5,2.0,1.0 *Contributors*: France64160

Image:Chargeur du Nokia 5800 XpressMusic.JPG *Source*: http://fr.wikipedia.org/w/index.php?title=Fichier:Chargeur_du_Nokia_5800_XpressMusic.JPG *License*: Creative Commons Attribution-Sharealike 3.0,2.5,2.0,1.0 *Contributors*: France64160

Image:Housse de protection du Nokia 5800 XpressMusic.JPG *Source*: http://fr.wikipedia.org/w/index.php?title=Fichier:Housse_de_protection_du_Nokia_5800_XpressMusic.JPG *License*: Creative Commons Attribution-Sharealike 3.0,2.5,2.0,1.0 *Contributors*: France64160

Image:Smartphone share current.png *Source*: http://fr.wikipedia.org/w/index.php?title=Fichier:Smartphone_share_current.png *License*: Creative Commons Attribution-Sharealike 3.0 *Contributors*: -- Eraserhead1 <talk> 12:49, 3 March 2010 (UTC) Graph created by myself. Original uploader was Eraserhead1 at en.wikipedia

Fichier:1112FIC326x550.jpg *Source*: http://fr.wikipedia.org/w/index.php?title=Fichier:1112FIC326x550.jpg *License*: GNU Free Documentation License *Contributors*: Badseed, Glenn, GreyCat, KJG2007, Satmap, Sbsbessa, Shyam, VanGore, Yann, 2 anonymous edits

Fichier:Flag of Finland.svg *Source*: http://fr.wikipedia.org/w/index.php?title=Fichier:Flag_of_Finland.svg *License*: Public Domain *Contributors*: Drawn by User:SKopp

Fichier:Increase2.svg *Source*: http://fr.wikipedia.org/w/index.php?title=Fichier:Increase2.svg *License*: Public Domain *Contributors*: Sarang

Fichier:Decrease2.svg *Source*: http://fr.wikipedia.org/w/index.php?title=Fichier:Decrease2.svg *License*: Public Domain *Contributors*: Sarang

Fichier:Nokia HQ.jpg *Source*: http://fr.wikipedia.org/w/index.php?title=Fichier:Nokia_HQ.jpg *License*: Creative Commons Attribution-Sharealike 3.0,2.5,2.0,1.0 *Contributors*: -Majestic-

Fichier:IPhone 4S No shadow.png *Source*: http://fr.wikipedia.org/w/index.php?title=Fichier:IPhone_4S_No_shadow.png *License*: Creative Commons Attribution-Sharealike 3.0 *Contributors*: User:Zach Vega

Fichier:Apple Newton and iPhone.jpg *Source*: http://fr.wikipedia.org/w/index.php?title=Fichier:Apple_Newton_and_iPhone.jpg *License*: Creative Commons Attribution 2.0 *Contributors*: Blake Patterson from Alexandria, VA, USA

Fichier:iPhone sales per quarter simple.svg *Source*: http://fr.wikipedia.org/w/index.php?title=Fichier:IPhone_sales_per_quarter_simple.svg *License*: Creative Commons Attribution-Sharealike 3.0 *Contributors*: MySchizoBuddy, as advised and refined by HereToHelp. This file is updated every quarter; see version history for more.

Fichier:iPhone 3G Availability.svg *Source*: http://fr.wikipedia.org/w/index.php?title=Fichier:IPhone_3G_Availability.svg *License*: Creative Commons Attribution-Sharealike 2.5 *Contributors*: Lokal_Profil, Eraserhead1

Fichier:AS ZH iPhone3GS Launch.JPG *Source*: http://fr.wikipedia.org/w/index.php?title=Fichier:AS_ZH_iPhone3GS_Launch.JPG *License*: Creative Commons Attribution-Sharealike 3.0,2.5,2.0,1.0 *Contributors*: Manutaust

File:3frontiphoneviews.jpg *Source*: http://fr.wikipedia.org/w/index.php?title=Fichier:3frontiphoneviews.jpg *License*: Creative Commons Attribution 2.0 *Contributors*: Yutaka Tsutano

File:3rareiphoneviews.jpg *Source*: http://fr.wikipedia.org/w/index.php?title=Fichier:3rareiphoneviews.jpg *License*: Creative Commons Attribution 2.0 *Contributors*: Yutaka Tsutano

Fichier:IPhone-chords-screen.jpg *Source*: http://fr.wikipedia.org/w/index.php?title=Fichier:IPhone-chords-screen.jpg *License*: Creative Commons Attribution 3.0 *Contributors*: Martin H. Samuel / Pierre Bernard

Fichier:Giant iPhone Fido.jpg *Source*: http://fr.wikipedia.org/w/index.php?title=Fichier:Giant_iPhone_Fido.jpg *License*: Creative Commons Attribution 3.0 *Contributors*: Benoit Rochon

Image:H-rune.gif *Source*: http://fr.wikipedia.org/w/index.php?title=Fichier:H-rune.gif *License*: Public Domain *Contributors*: Dbachmann, Holt, Maksim, Razorbliss, 2 anonymous edits

Image:Runic letter berkanan.svg *Source*: http://fr.wikipedia.org/w/index.php?title=Fichier:Runic_letter_berkanan.svg *License*: Public Domain *Contributors*: ClaesWallin

Image:BluetoothCouches.png *Source*: http://fr.wikipedia.org/w/index.php?title=Fichier:BluetoothCouches.png *License*: GNU Free Documentation License *Contributors*: Original uploader was THA-Zp at fr.wikipedia

Image:Bluetooth headset.jpg *Source*: http://fr.wikipedia.org/w/index.php?title=Fichier:Bluetooth_headset.jpg *License*: GNU Free Documentation License *Contributors*: User:Ed g2s

Image:USB-Bluetooth.JPG *Source*: http://fr.wikipedia.org/w/index.php?title=Fichier:USB-Bluetooth.JPG *License*: Creative Commons Attribution-ShareAlike 3.0 Unported *Contributors*: BafS

Image:Bluetooth Piconet (fr).svg *Source*: http://fr.wikipedia.org/w/index.php?title=Fichier:Bluetooth_Piconet_(_fr_).svg *License*: Creative Commons Attribution-Sharealike 3.0,2.5,2.0,1.0 *Contributors*: Bvs-aca

Image:BluetoothScatternet.png *Source*: http://fr.wikipedia.org/w/index.php?title=Fichier:BluetoothScatternet.png *License*: GNU Free Documentation License *Contributors*: Utilisateur:THA-Zp

Fichier:Wireless ap outdoor.jpg *Source*: http://fr.wikipedia.org/w/index.php?title=Fichier:Wireless_ap_outdoor.jpg *License*: GNU Free Documentation License *Contributors*: Quique251, Tothwolf, Ustas

Fichier:Voip-wifi.jpg *Source*: http://fr.wikipedia.org/w/index.php?title=Fichier:Voip-wifi.jpg *License*: Creative Commons Attribution *Contributors*: FSII, GreyCat, Liftarn, MMuzammils, Omegatron

Fichier:Quart onde 003.jpg *Source*: http://fr.wikipedia.org/w/index.php?title=Fichier:Quart_onde_003.jpg *License*: Attribution *Contributors*: Original uploader was Serge Nueffer at fr.wikipedia

Fichier:Carl Zeiss 47.png *Source*: http://fr.wikipedia.org/w/index.php?title=Fichier:Carl_Zeiss_47.png *License*: Public Domain *Contributors*: ArtMechanic, Ies, Luinfana

Image:Microscope Zeiss 1879.jpg *Source*: http://fr.wikipedia.org/w/index.php?title=Fichier:Microscope_Zeiss_1879.jpg *License*: Public Domain *Contributors*: Dr. Timo Mappes, www.musoptin.com Mappes

Image:Small sipix ubt.jpeg *Source*: http://fr.wikipedia.org/w/index.php?title=Fichier:Small_sipix_ubt.jpeg *License*: Creative Commons Attribution 2.5 *Contributors*: © 2003 by

Image:APN Legende.jpg *Source*: http://fr.wikipedia.org/w/index.php?title=Fichier:APN_Legende.jpg *License*: Creative Commons Attribution-Sharealike 3.0,2.5,2.0,1.0 *Contributors*: Laurent BARBISAN

Image:APN LCD.jpg *Source*: http://fr.wikipedia.org/w/index.php?title=Fichier:APN_LCD.jpg *License*: Creative Commons Attribution-Sharealike 3.0,2.5,2.0,1.0 *Contributors*: Laurent BARBISAN

Image:APN LCD ViseurDirect.jpg *Source*: http://fr.wikipedia.org/w/index.php?title=Fichier:APN_LCD_ViseurDirect.jpg *License*: Creative Commons Attribution-Sharealike 3.0,2.5,2.0,1.0 *Contributors*: Laurent BARBISAN

Image:APN LCD ViseurElectronique.jpg *Source*: http://fr.wikipedia.org/w/index.php?title=Fichier:APN_LCD_ViseurElectronique.jpg *License*: Creative Commons Attribution-Sharealike 3.0,2.5,2.0,1.0 *Contributors*: Laurent BARBISAN

Image:APN Reflex.jpg *Source*: http://fr.wikipedia.org/w/index.php?title=Fichier:APN_Reflex.jpg *License*: Creative Commons Attribution-Sharealike 3.0,2.5,2.0,1.0 *Contributors*: Laurent BARBISAN

Image:APN Reflex Ouvert.jpg *Source*: http://fr.wikipedia.org/w/index.php?title=Fichier:APN_Reflex_Ouvert.jpg *License*: Creative Commons Attribution-Sharealike 3.0,2.5,2.0,1.0 *Contributors*: Laurent BARBISAN

Image:APN Reflex LCD.jpg *Source*: http://fr.wikipedia.org/w/index.php?title=Fichier:APN_Reflex_LCD.jpg *License*: Creative Commons Attribution-Sharealike 3.0,2.5,2.0,1.0 *Contributors*: Laurent BARBISAN

Image:APN_Reflex_ViseurElectronique.jpg *Source*: http://fr.wikipedia.org/w/index.php?title=Fichier:APN_Reflex_ViseurElectronique.jpg *License*: Creative Commons Attribution-Sharealike 3.0,2.5,2.0,1.0 *Contributors*: Laurent BARBISAN

Image:APN Reflex ViseurElectronique Ouvert.jpg *Source*: http://fr.wikipedia.org/w/index.php?title=Fichier:APN_Reflex_ViseurElectronique_Ouvert.jpg *License*: Creative Commons Attribution-Sharealike 3.0,2.5,2.0,1.0 *Contributors*: Laurent BARBISAN

Image:SensorSizes.svg *Source*: http://fr.wikipedia.org/w/index.php?title=Fichier:SensorSizes.svg *License*: Public domain *Contributors*: Hotshot977. Subsequently reworked extensively by User:Moxfyre for correct, exact sensor size dimensions and accurate captions.

Fichier:Flag of the Republic of China.svg *Source*: http://fr.wikipedia.org/w/index.php?title=Fichier:Flag_of_the_Republic_of_China.svg *License*: Public Domain *Contributors*: 555, Abner1069, Bestalex, Bigmorr, Denelson83, Ed veg, Gzdavidwong, Herbythyme, Isletakee, Kakoui, Kallerna, Kibinsky, Mattes, Mizunoryu, Neq00, Nickpo, Nightstallion, Odder, Pymouss, R.O.C, Reisio, Reuvenk, Rkt2312, Rocket000, Runningfridgesrule, Samwingkit, Sasha Krotov, Shizhao, Tabasco, Vzb83, Wrightbus, ZooFari, Zscout370, 74 anonymous edits

Image:Navstar.jpg *Source*: http://fr.wikipedia.org/w/index.php?title=Fichier:Navstar.jpg *License*: Public Domain *Contributors*: Bomazi, Bricktop, Dodo, F l a n k e r, GDK, Túrelio, 6 anonymous edits

Image:KyotoTaxiRide.jpg *Source*: http://fr.wikipedia.org/w/index.php?title=Fichier:KyotoTaxiRide.jpg *License*: GNU Free Documentation License *Contributors*: Paul Vlaar

Image:Garmin in Aktion.jpg *Source*: http://fr.wikipedia.org/w/index.php?title=Fichier:Garmin_in_Aktion.jpg *License*: Creative Commons Attribution-ShareAlike 3.0 Unported *Contributors*: Haya, MB-one

Image:Global Positioning System satellite.jpg *Source*: http://fr.wikipedia.org/w/index.php?title=Fichier:Global_Positioning_System_satellite.jpg *License*: Public Domain *Contributors*: Scott Ehardt

Image:GPS Receivers.jpg *Source*: http://fr.wikipedia.org/w/index.php?title=Fichier:GPS_Receivers.jpg *License*: GNU Free Documentation License *Contributors*: Bdk, Head, Jensens, Lzur, MB-one, Partyzan XXI, Ustas, WikipediaMaster, 1 anonymous edits

Image:GPS signal modulation scheme.svg *Source*: http://fr.wikipedia.org/w/index.php?title=Fichier:GPS_signal_modulation_scheme.svg *License*: Creative Commons Attribution-ShareAlike 3.0 Unported *Contributors*: Denelson83, Glenn

Image:JPEG example flower.jpg *Source*: http://fr.wikipedia.org/w/index.php?title=Fichier:JPEG_example_flower.jpg *License*: GNU Free Documentation License *Contributors*: Andreas -horn- Hornig, Bitplane, Maximaximax, Nbarth, Riana, WikipediaMaster, YolanC, 1 anonymous edits

Image:Compression JPEG.svg *Source*: http://fr.wikipedia.org/w/index.php?title=Fichier:Compression_JPEG.svg *License*: GNU Free Documentation License *Contributors*: Stéphane Brunner

Fichier:Sous-échantillonnage JPEG.png *Source*: http://fr.wikipedia.org/w/index.php?title=Fichier:Sous-échantillonnage_JPEG.png *License*: Creative Commons Attribution-Sharealike 3.0 *Contributors*: Aajajim

Image:CompressionJPEGImage13.gif *Source*: http://fr.wikipedia.org/w/index.php?title=Fichier:CompressionJPEGImage13.gif *License*: GNU Free Documentation License *Contributors*: Utilisateur:Sbrunner

Image:CompressionJPEGImage14.gif *Source*: http://fr.wikipedia.org/w/index.php?title=Fichier:CompressionJPEGImage14.gif *License*: GNU Free Documentation License *Contributors*: Utilisateur:Sbrunner

Image:CompressionJPEGImage17.gif *Source*: http://fr.wikipedia.org/w/index.php?title=Fichier:CompressionJPEGImage17.gif *License*: GNU Free Documentation License *Contributors*: Utilisateur:Sbrunner

Fichier:Clavier-Azerty.svg *Source*: http://fr.wikipedia.org/w/index.php?title=Fichier:Clavier-Azerty.svg *License*: GNU Free Documentation License *Contributors*: KB_France.svg: Yitscar (English Wikipedia) Michka B (French Wikipedia) derivative work: David96 (talk)

Fichier:Belgian pc keyboard.svg *Source*: http://fr.wikipedia.org/w/index.php?title=Fichier:Belgian_pc_keyboard.svg *License*: Creative Commons Attribution-Sharealike 3.0,2.5,2.0,1.0 *Contributors*: Jaksmata (and others: this was based on Image:French pc keyboard.svg (from en.wikipedia), which was based on Image:KB Swiss.svg, which was based on... etc.) copied on 24 April 2008 Michka B

Fichier:Nokia n97 mobile phone .JPG *Source*: http://fr.wikipedia.org/w/index.php?title=Fichier:Nokia_n97_mobile_phone_.JPG *License*: Creative Commons Attribution-Sharealike 2.0 *Contributors*: Stefanos Kofopoulos from Athens, Greece

Fichier:Nokia_N97_vs_N97_mini.jpg *Source*: http://fr.wikipedia.org/w/index.php?title=Fichier:Nokia_N97_vs_N97_mini.jpg *License*: unknown *Contributors*: Espen Irwing Swang, Mobilen.no

Fichier:Nile_in_Cairo.jpg *Source*: http://fr.wikipedia.org/w/index.php?title=Fichier:Nile_in_Cairo.jpg *License*: Creative Commons Attribution-Sharealike 3.0 *Contributors*: Ghaly

Fichier:Georgy Nokia 5730 Homepage.JPG *Source*: http://fr.wikipedia.org/w/index.php?title=Fichier:Georgy_Nokia_5730_Homepage.JPG *License*: Public Domain *Contributors*: Georgy90 Georgy created that

Image:Sagem My700xd.png *Source*: http://fr.wikipedia.org/w/index.php?title=Fichier:Sagem_My700xd.png *License*: Creative Commons Attribution-Sharealike 3.0,2.5,2.0,1.0 *Contributors*: derivative work: Xdjack (talk) Sagem_My700x.jpg: KoS

Image:Telstra Mobile Phone Tower.jpg *Source*: http://fr.wikipedia.org/w/index.php?title=Fichier:Telstra_Mobile_Phone_Tower.jpg *License*: Creative Commons Attribution-ShareAlike 3.0 Unported *Contributors*: Nachoman-au

Image:Telephone mobile.png *Source*: http://fr.wikipedia.org/w/index.php?title=Fichier:Telephone_mobile.png *License*: GNU Free Documentation License *Contributors*: Original uploader was Ggbb at fr.wikipedia

Image:Siemens S65 Kamera.JPG *Source*: http://fr.wikipedia.org/w/index.php?title=Fichier:Siemens_S65_Kamera.JPG *License*: GNU Free Documentation License *Contributors*: Florian K

Image:Dépense annuelle moyenne de télécommunications par ménage selon le revenu par UC France 2006.png *Source*: http://fr.wikipedia.org/w/index.php?title=Fichier:Dépense_annuelle_moyenne_de_télécommunications_par_ménage_selon_le_revenu_par_UC_France_2006.png *License*: unknown *Contributors*: -

Image:FGW HST Standard Class coach A headrest cover 2005-06-09.jpg *Source*: http://fr.wikipedia.org/w/index.php?title=Fichier:FGW_HST_Standard_Class_coach_A_headrest_cover_2005-06-09.jpg *License*: unknown *Contributors*: Afrank99, Bukk, Geof Sheppard, Gildemax, J o, Jed, Mattes, Thryduulf

CPSIA information can be obtained at www.ICGtesting.com
Printed in the USA
LVOW050800260612

287678LV00003B/34/P